DÉCOUVERTE

DE

L'ORBITE DE LA TERRE.

ASTROSTATIQUE.

... Éclairant tout dans son cercle.... le soleil s'élance comme un géant pour fournir sa carrière....

... il retourne à sa place; et là, recommence sa course, passe par le Sud et tourne vers le Nord.

... *Lustrans universa in circuitu* (1)...

... *exultavit ut gigas ad currendum viam* (2)...

... *ad locum suum revertitur, ibique renascens gyrat per Meridiem et flectitur ad Aquilonem* (3).

(1) Eccl. v. 5.   (2) Ps. 18. 6. 7.   (3) Eccl. c. 1. v. 5.

Se vend à Paris,

Chez
{ KŒNIG, Quai des Augustins;
FIRMIN DIDOT, rue de Thionville, n°. 10;
DELANCE, rue des Mathurins St.-J., hôtel Cluny.

DÉCOUVERTE

DE

L'ORBITE DE LA TERRE

DU POINT CENTRAL

DE L'ORBITE DU SOLEIL

Leur Situation, et leur Forme ; de la Section du Zodiaque,
par le plan de l'Équateur, et du Mouvement concordant
des deux Globes.

AVEC FIGURES.

PAR M.ʳ C. J. E. H. D'AGUILA
Ancien Élève du Génie.

PARIS

DE L'IMPRIMERIE DE DELANCE.

1806.

ASTROSTATIQUE.

PREMIÈRE PARTIE,

Contenant l'Historique et l'Analyse des Hypothèses sur la Sphère céleste, jusqu'au XIXe. siècle.

ORIGINE

DE CET OUVRAGE.

Pendant 3600 ans, l'Astronomie n'avoit pu faire rencontrer l'existence de l'Orbite de la Terre. La Découverte de cette Orbite et du lieu qu'elle occupe sera du plus grand avantage pour les connoissances humaines.

Toutes les Hypothèses sur la Sphère Céleste ne tendirent qu'à suppléer la présente Découverte ; ainsi elles se remplacèrent fort infructueusement, puisqu'elles restoient très-éloignées du but qui devoit réaliser la science.

Après avoir été assuré des principes inexpugnables que je publie, j'ai eu la curiosité, depuis mon retour en France (1), d'examiner les Théories des plus anciens Académiciens. Elles approchent de celles des meilleurs observateurs étrangers ; mais

(1) Vers la fin de 1802.

quant à ce qui s'est publié depuis près d'un siècle sur la partie ASTROSTATIQUE, on ne rencontre qu'un amas fastidieux d'indigestes compilations, détériorées les unes par les autres, et livrées à une physique pitoyable et fausse.

Le goût des connoissances solides venant à renaître, l'ASTROSTATIQUE, terme qui appartient à la THÉORIE EXACTE *de la situation des* GLOBES CÉLESTES *et de leur* ORBITE, ne se trouvera plus un vain savoir; mais une instruction si palpable, d'un accès si facile, d'un accroissement si rapide, que des personnes de tout âge pourront et voudront même y participer; alors les plus indifférentes auroient à rougir de l'ignorer.

A l'aide du sophisme, ou de la raison obscurcie, l'esprit faux peut briller longtemps et augmenter les erreurs; cependant, lorsqu'une fois on sait le soumettre à la pointe du compas, quelque subtil que soit l'esprit paradoxal, quelque nombreux que puisse être le parti qui le soutient, il n'en doit pas moins disparoître devant la réalité, comme l'éclat du phosphore est anéanti par la présence du Soleil.

La Providence seule peut soutenir le courage que montrent quelques hommes pour éviter la sorte de contagion d'un savoir imaginaire, tandis que d'autres hommes le recherchent avec avidité, le répandent avec passion. Inconcevable direction de certains esprits, qui les entraîne à suivre l'erreur la plus rebutante! Bientôt l'incapacité de leurs propres moyens les conduit à ne plus vouloir qu'on la discute; ils ne permettent pas même le doute.

Ce n'est donc pas sans qu'il en résulte une parfaite satisfaction, qu'on doit chercher constamment à échapper au joug fatal des opinions qui repoussent la sagesse. C'est une vertu! Et quand on parvient une fois à l'obtenir, les circonstances de la vie semblent toutes concourir à la fortifier. Alors si on envisage quelque but utile pour une véritable instruction, la Providence nous y fait arriver par des voies si particulières, que souvent elles restent incompréhensibles. Qui pouvoit mieux me le confirmer que cet Ouvrage? J'y suis parvenu d'après une pensée constante, et que je regarde comme une inspiration.

JE DOIS CE PREMIER HOMMAGE A **DIEU**, et je le lui rends publiquement ; car la principale conduite de l'âme est de ne jamais s'écarter de la plus juste reconnoissance : Qu'IL daigne agréer ce sentiment par lequel J'OSE LUI DÉDIER la Découverte.

Elevé pour un Corps où, principalement, la Géométrie, la Mécanique, etc., doivent entrer dans les élémens de la raison, je m'aperçus, très-jeune encore, que si l'étude de la Sphère Céleste restoit hors de mes conceptions, *cela devoit provenir des principes sur lesquels s'appuyoit l'enseignement.* Cette réflexion me préserva d'être séduit par une foule d'erreurs qui poursuivent l'existence humaine.

Rien ne peut mieux former un jugement sain, que de chercher à se définir les principes avec lesquels un parti tend à semer des erreurs, et les motifs par lesquels il est dirigé à les soutenir : alors on peut pénétrer la Conscience et le Génie de ce parti.

Ainsi je vis, quant à la prétendue *Physique* de divers systèmes, que si leurs partisans se croyoient en opposition, et ne pouvoient s'accorder, c'étoit faute de se comprendre, par la nullité des moyens. Que les RÉALITÉS n'étoient pas ce qui divisoient et maîtres et disciples, puisque tous méconnoissoient également ces réalités.

Je pouvois les juger avec cette rigueur, lorsque, pour moi, le *Plein* et le *Vide*; l'*Attraction*, la *Pression* et la *Répulsion*; les *Cieux Solides* de *pierre* ou de *crystal*; les *Tourbillons*, la *Gravitation*; les *Épicycles*, les *Orbites* en *ellipses* ou en *ovales*, ne se trouvèrent plus que des IDÉALITÉS. En effet, la vraie science ne peut avoir de règles contradictoires pour déterminer un même objet, *lorsqu'il est connu*; et toute science est fausse, ou plus qu'imparfaite, tant que quelques principes qu'elle doit essentiellement Étudier et positivement Définir, restent soumis à des suppositions contraires et extrêmes: *Donc à l'Arbitraire.*

Des opinions scientifiques aussi bizarres ne pouvant que répugner à toute imagination réglée: un grand et *important* problême, parce qu'il étoit soutenu *comme vrai*, devoit enfin fixer seul mon attention; mais jamais il ne put s'emparer de la bonne volonté que je mettois en cherchant à l'adopter: c'étoit *l'hypothèse du Soleil fixe, et de l'Écliptique métamorphosée en ellipse pour servir à la course annuelle de la Terre, emportée sur cette route immense.*

En vain les prétendus beaux esprits venoient à l'appui des *sophismes démonstratifs;* en vain une Ode (1) assez pompeuse célébroit le résultat de ce qu'ils ne comprenoient pas; cette course immense pour le globe terrestre m'offroit toujours

(1) Elle parut, dans le temps des professions de FOI de la secte DU NATURALISME, sous ce titre: LE SOLEIL FIXE ENTRE LES PLANÈTES. On y lisoit:

« *Que sommes-nous foibles atômes....*
» *............................*
» *Nous qui dans l'Océan des êtres*
» *............................*
» *Nageons tristement confondus.*
» *Nous dont l'existence légère....*
» *Commence, paroît et n'est plus.* »

Un Épicurien Français, quelque temps avant, s'exprimoit plus naïvement dans ces vers:

« *Je contemple à loisir cet amas de lumière,*
» *Ce brillant tourbillon, ce globe radieux,*
» *Et cherche s'il parcourt en effet sa carrière,*
» *Ou si, sans se mouvoir, il éclaire les Cieux.*

UNE IMPOSTURE, *d'après les lois de la mécanique et de la saine physique.*

Mon destin étoit de voyager beaucoup; la quantité de pays et de peuples que j'ai vus, le temps que j'y ai employé, ont servi à m'en convaincre. Le premier point de mes Voyages fut l'Amérique, et c'est alors que je fus frappé du spectacle étonnant de la mer, ce produit de la Création, immense réservoir d'un élément qui semble y exister tout entier, dont les différentes dénominations locales s'y confondent sous celui d'Océan; et où, par sa violente et dangereuse perturbation, on ne retrouve que trop souvent l'image terrible du Déluge. Je partis en 1770, fort occupé du bonheur de voir un *autre Monde;* il m'étoit bien permis alors de me le figurer dissemblable à la vieille Europe; mais je fus bientôt détrompé en trouvant partout le même homme. En 1772 je passai d'Angleterre en Norwège (1); ensuite venant pour la

(1) Vers ses côtes on trouve la mer Lumineuse, mais ses eaux n'ont rien de phosphorique comme plusieurs le croient.

première fois (1) sur la Mer Baltique et les eaux de la Bothnie, je vis une partie de la Finlande et l'Uplande, où confinent les contrées paisibles, même silencieuses, des *Lapp-Marks*.

Qui pouvoit plus fortement émouvoir mes sens, exciter mon âme à l'admiration, me remplir de profondes pensées, que l'aspect merveilleux du Ciel le plus pur et du Soleil lançant ses feux sur ces horizons, sans disparoître pendant des jours, des semaines et des mois?

Dans les endroits moins avancés en latitude: à Abo, à St.-Pétersbourg, à Upsal, le brillant et chaud crépuscule de la fin d'une journée, est à la fois l'éclatante et brûlante aurore de la journée qui recommence.

C'est dans ces momens de contemplation et d'un juste enthousiasme, qu'il appar-

(1) Je dis la première fois, ayant fait sept voyages sur toute l'étendue de cette mer, deux autres dans les mers du Nord, et un à travers les glaces: spectacle qui, en le voyant, fait oublier les dangers par l'étonnement qu'il inspire. On s'en rappelle ensuite l'image avec un sentiment qu'il est impossible d'exprimer, et qui n'est pas sans attrait.

tient d'examiner si *le prétendu mouve-ment de la Terre autour du Soleil* peut être admissible pour un habitant des environs du Pôle; et je songeai alors qu'il étoit assez surprenant que quelque Savant du fond du Nord, ne se soit pas appliqué à chercher les moyens de prononcer sur la plus importante question qui puisse exister. Il est vrai que l'un des plus éclairés et des plus laborieux Astronomes du XVIe. siècle, *Tycho - Brahé*, l'avoit entrepris, mais en voulant considérer la Terre comme immobile. En quittant le Danemarck, je vis à mon passage, dans le détroit du *Sund*, l'emplacement du célèbre Observatoire d'*Uranibourg*, élevé par ce grand homme, et où il obtint les plus sages recherches qui pouvoient embellir la science. Observatoire dont on ne peut plus rencontrer les traces (1). Il fut presque ravagé sous les yeux du fondateur par ses ennemis.

(1) Tycho-Brahé fit construire dans l'île de Hwen, entre les côtes de Suède et celles de Danemarck, un magnifique bâtiment pour se loger avec sa suite, qui étoit assez nombreuse, et fit élever un bel Observatoire qui fut achevé en 1580. Tout cela n'a pas duré 20 ans.

En 1774 je reçus les passeports pour me rendre de Venise à Constantinople. J'aurois pu encore me promettre d'observer un Ciel si différent de celui qui entoure le cercle polaire ; les contrariétés qui se multiplient trop souvent, me firent négliger quelques réflexions ; un souvenir fugitif ne peut m'en faire sentir de bien vifs regrets. M'étant trouvé de nouveau éloigné de la France, en 1789, j'eus, dans un espace de quatorze années, le loisir de parcourir tous les États de l'Allemagne.

En 1791 je revis la SUÈDE avec joie ; mes anciennes idées s'y réveillèrent, et j'en tirai parti ; elles ne me quittèrent plus, et me suivirent de nouveau en Angleterre, en Holstein, enfin en Russie.

Tycho Brahé fut forcé par une violente cabale suscitée contre sa renommée, de quitter l'île de Hwen en 1597, et on s'empressa de ruiner ce superbe établissement, dont j'ai les plans. Plusieurs Souverains ont honoré la mémoire de ce Savant, en visitant cette île. En 1671, Picard, Académicien de Paris, donna la latitude de ce lieu : 55° 54' 15". 130 ans après lui, ses successeurs, qui rapetissent tout, l'ont réduite à 55° 54' 10". Tycho-Brahé, qui s'en occupa avec soin, a trouvé 55° 54' 45". Et si on rejette avec raison l'ambiguë réfraction des Modernes, on peut regarder cette latitude de 55° 55' 0".

Les malheurs des temps fixèrent mes regards, moralement et physiquement, vers le Ciel: je l'avais vu sous tant d'aspects différens! Les phénomènes qui étonnent dans un climat, parce qu'ils sont rares, deviennent si communs dans d'autres, que mes observations et mes réflexions, en s'accumulant et se fortifiant les unes par les autres, dans mes voyages, m'amenèrent enfin à me familiariser avec ce qui paroissoit le plus mystérieux, à réaliser mon ancienne idée: QUE LA TERRE AVOIT UNE ORBITE PARTICULIÈRE, ET QUE LE SOLEIL AVOIT LA SIENNE SUR L'ÉCLIPTIQUE.

Il ne s'agissoit que de résoudre ce grand aperçu, déjà pour moi si sensible. Bientôt la géométrie sut le rendre évident, et LA DÉCOUVERTE se confirma d'elle-même, en détruisant toutes les difficultés *que ne pouvoient vaincre des hypothèses suivies depuis tant de siècles.*

Par l'inspiration qui me guidoit, je me gardai tellement le secret, qu'excepté quelques discussions avec des Savans sur les données communes, je suis assuré qu'aucunes de mes plus intimes connoissances n'ont pu soupçonner que je m'occupois d'un aussi grand travail. Peut-être est-ce le cas de dire ici : que le vrai mérite de la bonne société seroit de chercher à pénétrer les hommes ; c'est, heureusement pour les uns, et malheureusement pour les autres , ce dont on s'occupe le moins : l'amour du vrai savoir y doit céder le pas à l'engouement des plus mobiles frivolités, et l'éducation *morale* y est même sacrifiée.

Malgré cette réflexion, applicable à l'Amérique *moderne* et à tous les pays de l'Europe, on doit dire que la Suède, la Russie, la Pologne, l'Autriche possèdent des hommes fort éclairés et amis des Sciences, et quelques Astronomes très-zélés ; l'Angleterre peut s'honorer aussi d'en avoir (1) ; mais c'est l'Allemagne (2) qu'on peut dire être féconde à cet égard.

---

(1) Les *Newtoniens* Français seroient bien confondus, s'ils voyageoient dans les trois royaumes , de voir qu'à *Dublin*, *Londres* , *Édimbourg*, les meilleurs esprits regardent *Les Institutions Attractionaires* comme un ingénieux Roman.

(2) On y trouve des hommes voués à la profondeur des bonnes études, et quantité de Savans qui dédaignent les intrigues de la célébrité ; on se rappelle , après leur

La France qui, en tout, prétend ne le céder à aucun autre pays, eut aussi quelques habiles Praticiens; leurs détails sur l'Astronomie serviroient (s'il étoit nécessaire) à prouver l'excellence de la Découverte, que toutes les Nations vont connoître avec intérêt; car toutes, malgré les erreurs qui dominent, aiment la vérité. « *Quid fortiùs desiderat anima quàm » veritatem.* »

Dans les grandes villes, ces spacieux et tristes mausolées, décorés de toutes les illusions terrestres, et où s'engloutit le sentiment contemplatif, l'homme paroît insensible aux merveilles qui embellissent de toutes parts l'étendue des Cieux; son esprit s'occupe plus du mécanisme des passions que du mouvement des Globes célestes;

conversation, cette devise de la modestie : « *Plus être que paroître.* »

En Astronomie, ceux qui s'expriment le plus clairement sont les *Tychoniciens.* J'y ai rencontré fort peu de *Coperniciens* décidés ; le plus fort argument de ceux-ci étoit *la base inconnue des apparences ;* et leur conclusion: « qu'on la découvre, tant mieux pour » la science. »

enfin son cœur y est plus affecté et séduit par le faux brillant des ambitions, que l'âme, affaissée sous le poids des dissipations, ne peut l'être par la présence admirable et ravissante de cette multitude d'Astres qui ornent le Firmament; mais il faut le dire: les obstacles qui existoient, pour pouvoir s'en former une idée raisonnable , contribuèrent à l'indifférence de s'en occuper.

Par ce motif même, je dois Espérer qu'en publiant cette Découverte ce sera, en généralisant une aussi belle connoissance, obtenir plus promptement le succès qu'elle mérite; ramenant le goût du vrai, Elle l'entretiendra, et prouvera : que ce goût reste toujours indestructible.

DISCOURS
PRÉLIMINAIRE.

Une des premières connoissances qui s'élevèrent dans l'esprit de l'homme, par l'observation et la réflexion, fut l'Astronomie ; ce n'est donc pas exagérer de dire qu'elle développa insensiblement les conceptions humaines en les portant à l'examen, et qu'elle fut la génératrice de presque toutes les sciences et d'une partie des arts.

L'imagination voulut comparer les figures et les nombres ; de là : la géométrie et le calcul ; le positif et l'idéal enfantèrent ensuite les mathématiques : ainsi les principes de la mécanique et les élémens de l'optique en furent les résultats nécessaires ; et quant aux sciences et aux arts qui n'en provinrent pas directement, elle n'en concourut pas moins à quelque partie de leur ensemble.

L'Astronomie a pour objet l'examen pratique du mouvement de tous les globes célestes, ou les astres ; elle fut une suite de l'admiration et de la contemplation ; et elle devint une science , lorsqu'elle s'occupa de déterminer le mouvement de ces globes dans l'espace, qu'elle chercha à évaluer leur grandeur et les distances, à prévoir leur passage, les rapports particuliers et généraux qui y conviennent, afin de concilier les inégalités *apparentes* qu'une observation longue, assidue, difficile et même pénible à suivre, pouvoit seule obtenir.

Cette Science , depuis les temps primitifs et ceux moins antiques où elle acquit quelque forme, eut en sa faveur trois grandes époques. On la vit alors fort considérée et honorée.

La première époque, lorsqu'elle fut pratiquée par les chefs des peuples, temps fort inconnus en ce qui concerne l'origine directe, la capacité réelle de ces chefs, et les premiers rassemblemens des hommes sous un mode quelconque de gouvernement.

La deuxième, lorsqu'elle fut l'apanage des pontifes (1), et qu'elle fit aussi partie de leur culte, comme chez les Chaldéens, etc., ou qu'elle fut liée à l'initiation dans les mystères religieux, ce qui eut lieu sous les prêtres de Memphis, pour les Egyptiens, et sous les Druïdes pour les

(1) ..... Que les prêtres qui ont la charge de marquer les jours, etc..... Job, liv. III. 5.

Gaulois, les anciens Bretons et les autres peuples du nord de l'Europe.

La troisième, dans les VIIIe. et IXe. siècles, lorsqu'elle fut relevée par les Arabes qui l'apportèrent en Espagne, plusieurs de leurs princes s'y distinguèrent. Vers ce même temps elle obtint une grande considération à la Cour de France.

Charlemagne, qui protégeoit toutes les sortes de sciences, et qui aimoit toutes les sortes de gloire, cultiva l'astronomie. Il tenoit ce goût de son père (1). Cette grande faveur disparut après son fils Louis, Empereur d'Allemagne et Roi de France.

Depuis ces siècles, on vit encore d'autres princes des différentes parties de l'Europe la cultiver avec passion, ou la protéger avec tant d'ardeur, qu'il s'y fit de nouvelles acquisitions utiles. Cependant après les Alphonse (2), les Frédéric (3),

(1) Alors l'Astrologie avoit subordonné à ses oracles l'Astronomie, qui n'en étoit plus qu'une branche secondaire. On sait que les Astrologues avoient soi-disant prédit à *Pepin* la grandeur future de *Charles* son fils; ce qui confirme cette tradition, c'est qu'en effet ils furent fort aimés par ces Princes. Une telle prédiction pouvoit dans ce temps donner une haute idée de l'Astronomie.

(2) *Alphonse*, roi de Castille.

(3) *Frédéric III*, empereur.

les Rodolphe (1), les Guillaume (2), les Charles
(3), on ne peut pas dire que cette science ait
positivement reçu un accueil aussi direct de la
part des chefs des gouvernemens en Europe (5).
Ce qu'ils firent en sa faveur, depuis deux siècles,
n'y fut que co-relatif par le besoin d'assurer la
navigation, et d'éclaircir quelques points obscurs
de la géographie, principalement ceux difficiles
des longitudes. Voilà ce qui les conduisit à entretenir ou à ériger des observatoires (5); mais sans

(1) *Rodolphe II*, empereur.

(2) *Guillaume II*, landgrave de Hesse-Cassel.

(3) *Charles XI*, roi de Suède. *Charles II*, roi d'Angleterre.

(4) Excepté le duc, *Ernest*, régnant de Saxe-Gotha.
Il a procuré à son observatoire de Serberg plusieurs
instrumens précieux, entre autres un télescope de 16
pieds. Il y a dans ses États des astronomes et quantité
d'autres savans encouragés par sa munificence.

(5) Les premiers observatoires, en Europe, ont été
ceux du landgrave de Cassel et de Tycho-Brahé; mais il
y a eu des tours, des colonnes d'observation dans différens lieux.

L'observatoire de Greenwich fut bâti et fondé, en
1674 et 1675, par *Charles II*, relativement aux travaux
sur les longitudes.

L'observatoire de Stockholm fut fini, et l'inauguration
s'en fit en 1752. Il est le plus avantageusement placé de

y apporter le généreux intérêt de cette curiosité savante qui désire faire faire des progrès pour connoitre plus réellement la magnifique organisation d'une quantité de phénomènes célestes qui entourent l'existence de l'homme. Ainsi disparut une multitude de souverains et de peuples, sans rien savoir de la véritable position de la terre et du soleil, et sans se définir les mouvemens de l'un et de l'autre; car les plus instruits n'ont eu connoissance que des hypothèses qui se sont perpétuées jusqu'à présent.

En rappelant que dans ces derniers temps l'Astronomie se ressentit fort peu de la considération publique, c'est dire qu'elle ne sut point s'attirer cette attention particulière qui s'accorde si bien avec l'estime distinguée que l'on doit à une science dont les succès sont désirables; celle-ci l'obtenoit d'autant moins, que parfaite dans de certaines parties, grâce aux travaux des Anciens, elle étoit devenue défectueuse dans d'autres; qu'étant assez connue pour être assez bien démontrée dans ses rapports à l'*état du temps*, elle l'étoit très-peu dans les principes de la *statique*, qui doit le plus intéresser l'instruction

tous ceux de l'Europe, au-delà du faubourg du Nord, dans un beau site, et il est meublé de beaucoup de bons instrumens.

générale ; qu'ainsi le principal moyen qu'elle auroit eu de fixer les regards sur elle , étoit vague,
ou plutôt nul, jusqu'à ce moment où l'on publie
par la DÉCOUVERTE une des premières bases
qui y manquoient, et celle-ci doit être assez
favorable pour lever les incertitudes et écarter
les erreurs.

Ce qui nuisit beaucoup aux succès de cette
science , et y apporta un grand découragement,
fut une suite d'opinions *dogmatiques* , créées
par des idées absurdes, qui dominèrent jusqu'au
siècle, soi-disant le plus éclairé, et qui subju-
guèrent les prétendus amis de la science avec un
tel fanatisme , qu'ils voulurent les faire regarder
comme des vérités : idées qui, cependant, reçues
avec défiance, dans les temps reculés y avoient
été sagement jugées impossibles à s'attirer quelque croyance. Les principaux auteurs des opinions qui absorbèrent la plus saine raison, en
l'emportant contre la prudence de l'examen de
leurs principes, firent abandonner la route unique des vérités pour conduire leurs admirateurs
dans le labyrinthe d'une physique nouvelle : non
que ces hommes, qui firent tant de prosélytes ,
n'aient eu, peut-être, le désir d'aider la science ,
et qu'on puisse positivement les accuser d'avoir
voulu semer des erreurs ; mais leurs sectateurs ,

trop enthousiastes des rêveries de leurs maîtres, ont superstitieusement fait d'un mélange de mensonge un *dogme sacré* envers lequel ils ne permettoient plus aucun doute. C'est donc sur l'intolérance de ceux-ci que pourroit un jour retomber l'accusation, si les générations n'étoient pas destinées à les oublier eux-mêmes.

Les hommes qui veulent jouir d'une fausse célébrité, abusent toujours de la généreuse confiance ou de la crédulité. Peut-on s'y méprendre quand l'opinion ne s'établit que par un esprit de parti, que c'est l'aveuglement qui y domine, et qu'elle se soutient ensuite par toutes les faussetés qui s'y accumulent? Ne devroit-on pas savoir que les résultats appuyés sur des suppositions, ont plus particulièrement besoin d'être divisés, comparés et choisis par les plus nettes conceptions, lorsque surtout on prétend par ces suppositions diriger l'instruction des hommes, et que toute science ne peut mériter ce titre si, à défaut de principes essentiellement vraisemblables, elle admet des raisonnemens factices qui restent indéfinissables, et que, comme tels, on peut interpréter en sens totalement opposés?

Un grand exemple, dans ce qu'on nomme les bases de l'Astronomie, confirmera ce qui vient d'être dit. « Ou c'est le soleil qui tourne autour

» de la terre, ou c'est celle-ci qui tourne autour
» de lui. Mais le soleil est un corps si grand, par
» rapport à la terre, laquelle *n'est, pour ainsi*
» *dire, qu'un point par rapport à lui,* que
» le centre *commun de gravité* de ces deux
» corps, doit se trouver dans le soleil même,
» *et peu loin de son centre.* La terre tourne
» donc autour d'un point qui est situé *dans le*
» *corps même du soleil,* ET ON PEUT DIRE
» conséquemment QU'ELLE TOURNE AUTOUR
» DU SOLEIL. »

Telle est la conclusion donnée par Newton et
ses adhérens, par les Coperniciens et les admirateurs des ellipses de Kepler, etc. etc. Ce problême singulier devoit-il si long-temps rester le
principal fondement d'une instruction qui ne
peut être trop rigoureusement définie? Cependant voilà où elle en étoit encore au commencement du XIXe. siècle, dans une des parties les
plus intéressantes, celle qui entre dans l'éducation générale sous le nom de Cosmographie.

Il est facile de concevoir qu'aucune science ne
peut être plus intimement liée à la première
époque de l'existence humaine que la science
Astronomique. Elle se pressentit par l'âme, dès
que l'homme osa fixer les cieux qui, se renou-
velant à chaque instant, lui offroient au premier

aspect le spectacle confus et curieux de ces milliers d'astres qui frappoient sa vue. D'abord ils parurent placés dans un sublime désordre, et bientôt on chercha à les distinguer, à les re-connoître, à former des remarques sur les temps de leur passage ; c'est ainsi qu'on jeta , sans s'en douter, les premiers fondemens d'une étude qui prit le nom bien simple d'Astronomie. Aujour-d'hui ce mot renferme la complication de toutes les opérations ou procédés mécaniques (1) qu'on a jugés indispensables pour pratiquer cette science.

Observer, calculer et *démontrer* furent les progressions qu'on suivit dans cette vaste car-rière ; mais on y négligea celle de tout comparer, à laquelle souvent l'habitude ne veut point s'as-sujétir , et que la sagesse emploie toujours avec succès, y ajoutant ensuite la recherche d'une juste définition , qui l'emporte sur la démons-tration (2).

(1) En différens pays on procède de diverses manières , non-seulement pour observer, mais pour les résultats des calculs nécessaires à l'Astronomie moderne , comme par exemple dans les hypothèses de la *réfraction*, l'obliquité de l'écliptique, etc. , etc.

(2) Il n'est que trop certain qu'on peut démontrer d'après tout système, tout sophisme, tout paradoxe.... mais on ne peut définir que par la vérité.

S'il seroit ridicule de penser à généraliser la science Astronomique, en voulant la faire regarder comme nécessaire à l'éducation, il seroit absurde aussi de croire qu'une de ses principales bases ne soit pas essentielle dans l'achèvement de l'instruction, pour toute bonne éducation, qu'elqu'ordinaire que puisse être cette instruction.

L'Astrostatique est donc d'abord un terme positif, que l'on a dû appliquer à la découverte. Ce terme fixe lui-même le genre de connoissances qui lui appartient ; car l'indication qu'on joint à cet ouvrage des travaux et des succès de l'Astronomie, fort intéressans d'ailleurs, n'y est admise que pour donner à connoître et à juger de l'ensemble, et y faire puiser les preuves de la vérité qu'on publie. Il est d'ailleurs incontestable que LA STATIQUE ne pouvoit exister sans la base principale, qui est *la vraie position et le lieu réel de la terre et du soleil dans la sphère céleste*, et c'est cette base qui, *ayant toujours manquée à l'Astronomie*, devoit créer l'Astrostatique. A ce terme appartient : l'examen raisonné de l'organisation et direction du mouvement des globes célestes et la définition de tout ce qui dépend de la découverte de l'orbite de la terre, le point central de cette orbite et de celle du Soleil, leur véritable situation, position, équation dans leur cours annuel, et dans les relations du zodiaque qui dépendent du mouvement concordant, etc. etc. De là une THÉORIE CLASSIQUE (1) des principes simples et perfectionnés de tout ce qui a rapport A L'ÉTUDE DE LA SPHÈRE CÉLESTE D'APRÈS LA DÉCOUVERTE, c'est-à-dire totalement dégagée de la burlesque routine enfantée par des suppositions, depuis que les antiques principes furent rejetés. Une méthode nette et facile, ainsi qu'il appartient à toutes les vérités, la rendra également digne d'intéresser et d'instruire toutes les nations du monde, tous les âges, et toutes les conditions; elle répandra l'enseignement physique et moral qui lui appartient : moral, en ce que les choses qui y exigent la recherche du principe sont directement l'ouvrage du CRÉATEUR, et visiblement le choix de son éternelle prévoyance autant que l'effet de sa toute-puissance et de son excessive bonté.

La connoissance du mouvement du monde a été, jusqu'à présent, nulle pour l'instruction qu'on prétendoit en donner; parce que tant d'hypothèses confondues dans les ouvrages nommés

(1) On travaille à mettre au jour la Théorie qui convient à l'usage des maisons d'instruction.

Cosmographie, Études de la Sphère, Intro-duction à la Géographie, etc., étoient, par l'in-cohérence et l'embrouillement de leurs fausses explications, inintelligibles ; on n'en pouvoit re-cueillir que le doute, l'indécision du choix et le vague d'un très-faux raisonnement ; toutes choses (à part de l'indifférence dans l'étude) également désastreuses pour l'esprit de la jeunesse, qu'on ne sauroit trop tôt affermir dans sa marche pour obtenir la précision qui, seule, peut former un jugement sain.

Quelques sciences semblent dépendre, plus ou moins, d'un mode arbitraire, à proportion de ce qu'elles émanent plus ou moins directement de l'esprit humain, c'est-à-dire de son *imagination* et des modifications de sa volonté. Pour l'Astro-nomie, il en doit être autrement ; elle n'a point été *imaginée,* elle n'a pas été *créée* par l'homme ; mais l'homme la doit à elle-même ; c'est pourquoi elle n'offrira jamais de vrais succès que par l'em-preinte de la réalité qui doit lui appartenir. Voilà ce qui mit sans cesse une très-grande dis-tance entre elle et l'*imagination* de l'astrologie, au triomphe de laquelle, cependant, elle fut en-chaînée pendant plusieurs siècles : temps où les idées étoient encore moins superstitieuses que portées au merveilleux.

C'étoit pour l'amour du vrai, qu'on vit d'anciens sages sacrifier leur temps et souvent leur fortune pour parvenir à développer cette science-mère, l'Astronomie, et ils y obtinrent presque tout ce qu'on en peut connoître de plus important jusqu'aux siècles de sa propagation en Europe; car lorsque la combinaison des *lieux* et des *mouvemens* tomba sous l'arbitraire des suppositions, elle ne fit plus de progrès : *La statique des corps célestes sembloit ne devoir plus rapporter aucun fruit ;* quoiqu'il fût possible de voir, très-positivement, *que la base,* qui pouvoit ou détruire ou fixer les indécisions nombreuses dans la pratique, *manquoit essentiellement* au complément des observations.

Copernic lui porta un coup fâcheux, en publiant une défectueuse hypothèse, que l'ignorance lui attribua en entier, que la crédulité lui accorda en partie, et qu'un sévère examen lui enlève en totalité.

Tycho-Brahé, l'un des plus savans astronomes de l'Europe, aperçut dans cette hypothèse la chute de la raison pour une science qu'il idolâtroit; à part des grands travaux qu'il a laissés, il voulut réintégrer la statique en détruisant la fausse opinion des Coperniciens; mais la vie des sages et des grands hommes est toujours trop courte.

Kepler, disciple de Tycho-Brahé qui l'honora de son amitié, loin d'être l'émule fidèle de son maître et de son bienfaiteur, s'occupa de renverser ce projet ; il se fraya une autre route en s'appuyant du système *copernicien ;* et y ajoutant de nouvelles erreurs, il voulut anéantir l'opinion primitive et par excellence du mouvement des astres sur des cercles exacts ; à cet effet il confondit toutes les orbites sous une figure composée, *donc imparfaite ;* enfin ces mouvemens ne furent plus organisés que sur des *ellipses,* et l'écliptique devint un *ovale* immense que la terre sembloit devoir parcourir.

Ces nouveautés, moins ingénieuses que hardies, furent un encouragement pour les suppositions les plus erronées.

Le ton dogmatiseur de la philosophie *éclectique,* qui fit tant de ravage depuis le XV.e siècle, cherchant à détruire toutes les vérités de sentiment, se répandit facilement partout ; il trouva un libre accès dans l'Astronomie, livrée à un petit nombre de savans, et qui ne l'étoient pas assez pour se garantir du piége, ou qui eurent la foiblesse de se laisser séduire. Dès lors les mathématiques, qui auroient dû y ramener des lumières, ne purent échapper à l'influence fatale de la métaphysique nouvelle, ou physique des sophistes modernes; elles y furent soumises par deux hommes dont la célébrité tendit à obscurir la renommée des Hypparque, des Ptolémée, des Tycho-Brahé, qu'elle ne peut heureusement jamais effacer.

Et on parle encore de la célébrité, dans un temps où la plus juste gloire, la plus éclatante sagesse et la plus pure vertu furent tour à tour éclipsées par l'effronté charlatanisme du faux bel esprit!

Et on montre encore la vaine prétention de se survivre dans la mémoire des générations, sans y joindre la nécessité de leur être utile!

Quoi! cette réflexion : « à celui qui connoit » bien les hommes, c'est une grande folie d'écrire » pour leur instruction. » Seroit-elle assez généralement vraie? Serviroit-elle un jour à affirmer que les futilités du savoir doivent finir par détruire les bons principes des sciences, et que l'homme peut, en s'éloignant ainsi de l'utile, rétrograder insensiblement vers une sorte de barbarie? Car c'est en vain que les faux savans du XVIIIe. siècle parloient du progrès des lumières par les idées libérales; ils ont laissé les lugubres résultats, qu'il s'en faut bien que les idées les plus libérales soient toujours les plus généreuses et les plus vraies.

Après avoir composé un univers tout en *ovales,* puisqu'on prétendit y assujétir aussi la forme des globes célestes, on sortit *de la mythologie du peuple Indien* une vieille idée allégorique, mystérieuse même pour ceux qui alloient se l'approprier ; on en forma une opinion ; et rajeunie, comme tant d'autres, elle prit le plus haut rang parmi les prétendues découvertes de ces derniers temps. Newton écrasa la saine physique, il aimanta la terre par la lune ; et en adoptant son hypothèse d'un univers totalement magnetisé, on n'aperçut pas que c'étoit un vieux levain de *l'astrologie* qui fermentoit, sous une autre apparence, dans l'esprit des sophistes ; comme les restes du paganisme triomphent encore sous la plume des poëtes, qui n'ont pu également avoir d'autre imagination que de ressasser la mythologie grecque et égyptienne. Partout il étoit facile de reconnoître le savoir uniquement placé dans des mots. Ainsi, en dépit de la sagesse qui est ordonnée aux hommes par le principal motif de leur existence, on en vit triompher par les cris de leurs disciples ; ils les proclamèrent les *illustres* d'un siècle où les erreurs et les

extravagances

extravagances les plus inouies (1) devoient servir à une renommée trop futile pour n'être pas éphémère.

Quoi qu'il en soit, le mot *attraction* devint une puissance si extrême, en servant à tous les effets les plus opposés, que si l'épouvantable manie du matérialisme n'eût pas prévalue, ce mot eût été érigé en divinité. Enfin par les abus de la parole, plus sans doute que par ceux de la réflexion, on nia tout ce qu'il falloit croire, et l'on crut tout ce qu'il falloit rejeter.

Mais des suppositions arbitraires, même en empruntant les secours dociles de l'algèbre, ne pouvoient heureusement influer sur l'harmonie préétablie entre les mouvemens des globes cé-lestes, harmonie pour laquelle un Pythagore s'enflamma et se créa la plus étonnante illusion.

Au milieu du chaos des opinions modernes, la découverte de la base des mouvemens particu-liers et concordans de la terre et du soleil, ne

______

(1) Il y en eut même d'assez repréhensibles. V. l'*Origine des Planètes*, par *Buffon*, où il dit que les planètes se sont formées d'une parcelle de matière enlevée au soleil par le choc d'une comète qui vint le heurter......

Voyez les Coperniciens tout employer pour faire : *la terre une planète*. D'après cela, voyez le succès du ma-térialisme, etc.

devoit point être perdue de vue, et ne put qu'être retardée. Cette connoissance devenoit aussi intéressante que nécessaire dans un siècle où tous les peuples de l'Europe semblent avoir également le ferme désir d'une saine instruction, dont ils ont d'ailleurs le plus grand besoin; car il est indispensable de faire renaître à la fois le goût du vrai savoir, et de ce sens droit qui place l'homme au-dessus de tous les sentimens matériels; elle sera donc plus utile que jamais, en définissant avec facilité *l'organisation de la marche des globes terrestre et solaire*, et son accord pour rendre raison des inégalités supposées dans le mouvement des autres globes, qu'on doit considérer aussi comme soumis rigoureusement à la loi d'une précision encore voilée pour l'esprit humain.

L'Astronome, dévoué à la science et au sincère désir de la rendre positive, reconnoîtra promptement la réalité du principe, lequel tire ses preuves de toutes les sciences qui concourent au développement de l'Astrostatique; telles sont les mathématiques et la géométrie, la mécanique et l'optique.

Le navigateur, livré aux grands voyages, y trouvera des motifs généraux d'occuper ses loisirs, dans les observations qu'il peut fournir, et principalement dans l'utilité de former des re-marques plus détaillées sur le *flux*, et en donnant des notions plus étendues sur les courans des mers qu'il pratiquera. Ces connoissances ser-viront par les faits, à confirmer les vrais prin-cipes de la physique naturelle sur le mouvement particulier et général des eaux, et à éloigner *cette physique artificielle de cabinet* qui auroit dû passer avec le dernier siècle, et qui retint trop long-temps la raison sous le joug le plus odieux, celui des idéalités.

La géographie, connoissance encore trop im-parfaite pour occuper la place qui pourra par la suite lui convenir parmi les hautes sciences, ac-querra infailliblement les moyens nécessaires pour s'établir au rang où elle aspire.

Pour épurer les SCIENCES, *les difficultés sont en raison des chimères qui peuvent s'y sou-tenir.* La physique moderne appliquée à l'Astro-nomie par les faux astrostaticiens, y augmenta l'embrouillement; et l'astronome zélé pour la vérité, entraîné par des opinions tyranniques, erroit dans un vague continuel sans oser lutter contre les écueils qu'il voyoit.

Tels les premiers navigateurs, ne connoissant que des points généraux dans le firmament, et aucun moyen pour traverser les mers avec sûreté, suivoient les côtes sans pouvoir s'en écarter; et malgré la longeur du temps, et l'imperfection de leurs entreprises, ils n'en excitoient pas moins à leur retour la curiosité par le récit de choses peu exactes, mais que l'étonnement faisoit admettre comme autant de réalités. Pilote plus heureux, j'invite la science à traverser l'océan des contradictions, à braver les flots tumultueux élevés par le choc des vieilles opinions et des modernes erreurs ; car ce n'est qu'en abordant le port de la Sagesse, qu'elle pourra se débarrasser des *idéalités* qui l'arrêtèrent au milieu de sa noble et vaste carrière.

TRAITÉ MORAL

SUR

LE MONDE
ÉLÉMENTAIRE.

L'ART de penser, ou de bien exprimer la raison, et de chercher à distinguer les causes des effets, fut presque toujours celui des Anciens ; l'art de dire, ou de parler en confondant tout, et en plaçant les causes dans les effets, fut trop souvent celui des modernes.

Une imagination basée sur la sagesse ou les vérités utiles, voilà seulement ce qui montre l'homme digne d'honorer son existence.

De même que le monde élémentaire ou physique est circonscrit dans un cercle, de même il en est pour le moral de l'homme, et c'est bien en vain que celui-ci croit y échapper. Tel fut l'ordre suprême que le CRÉATEUR mit dans l'organisation immense de tout ce qui compose l'univers, ordre aussi sublime qu'il est étonnant par sa simplicité. Mais hors de ces cercles, sans aucun doute, il n'y peut succéder que les désordres et la confusion : ceux-ci d'autant plus affreux que le néant ne peut exister ; et c'est le chaos que présente en effet l'esprit de l'homme lorsqu'il se soulève contre la raison.

Le mouvement, soit général, soit particulier, fut la première loi fondamentale que Dieu établit pour l'existence relative au monde élémentaire ; la nécessité de cette loi fut la *création de l'homme ;* mais cette nécessité ne fut en même temps que la volonté du Créateur.

Le moyen qui perpétue le mouvement, **est** donc cette volonté ; ainsi il reste un profond mystère et on n'en peut rien connoître que l'exécution ou ses effets. Mais on doit croire que le mouvement général, dans toutes et pour toutes les parties qui composent ce qu'on nomme le monde élémentaire, ne tient pas à la même essence que celui donné à l'homme, et qu'il ne peut être assimilé qu'à celui générateur des autres produits purement élémentaires ; car Dieu joignit à la formation humaine, ce qui se trouva le motif de la création, L'AME, qui devoit pénétrer l'homme d'une double existence, lui donner un double mouvement, c'est-à-dire, la liberté de l'action ou le sentiment moral, et mettre ainsi la distance la plus infinie entre lui et l'avilissement de l'existence machinale dont les animaux lui présentoient la triste image. Cette liberté de l'action, dont l'âme étoit déjà favorisée, fut donc innée dans la création de l'homme ; et la prescience du Créateur le voulut ainsi pour replacer l'âme parmi les esprits célestes, après qu'elle auroit rempli *librement* les fins de cette modification.

Les effets du mouvement moral et physique peuvent donc être discernés, examinés et calculés par l'homme ; mais ses efforts pour en découvrir le mobile secret ne pourroient être que vains et superflus, et les suppositions formées en résultats matériels, ne seroient que des fruits d'égarement ou de mensonge. Ainsi l'équilibre, la gravitation, la pesanteur, la chute, etc., ne peuvent pas même être appliquées pour causes secondes ; mais, seulement, comme des suites dépendantes de la loi fondamentale et divine du mouvement. Puisque toutes ces choses qui prouvent l'existence du mouvement ne peuvent, en quoi que ce soit, expliquer la série des différentes actions du mouvement général de la matière, pour arriver à connoître physiquement le mobile unique en qui réside le principe de son organisation : ce n'est donc qu'à peu près qu'il est possible de calculer le mobile de l'action par les effets. Cependant la raison de l'homme doit observer ceux-ci pour ses relations avec tout ce qui existe de visible, et pour ce qu'elle en peut pressentir d'invisible ; c'est sous ce rapport qu'il est permis à l'homme de s'en occuper, et principalement *pour les fins de sa propre existence,* qui est de reconnoître la puissance éternelle du DIVIN AUTEUR DU MONDE ; et cette action humaine est l'effet du mouvement moral ou de la raison, dont le moteur est l'âme.

En donnant à tout ce qui existe le nom collectif de *nature,* il est important d'abord de désigner ce qu'est la nature par elle-même, et la séparer de ce que pendant quelques siècles d'erreurs on a voulu qu'elle soit. Déjà on vient de donner à cet égard la distinction entre les êtres animés, par la séparation qu'on doit faire de la nature humaine et des autres natures.

Le terme *nature* ne peut représenter aucune cause ou principe direct d'existence, mais simplement un effet qui contient plusieurs effets. En tout la nature physique est la matière, et celle-ci n'est que par les élémens. Ainsi elle a son origine, elle est inerte par son essence, et n'a de facultés que par modifications ; ces étonnantes modifications sont le pur résultat *de la création;*

par celle-ci, la *matière inerte et insipide* fut tirée du chaos en recevant un mouvement ordonné, général et particulier; de là ses parties divisées, subtilisées par un principe régulier défini, exécutent ou plutôt sont le vaste dépôt où s'exécute de toutes parts, et dans un silence profond, cette loi des reproductions de tous les objets inanimés, et qui sont cependant pénétrés d'une sorte de vie par le mouvement, et d'une existence toute particulière entre elles.

Le maître de l'univers en voulant déposer le premier homme dans un espace particulier, tira un sol habitable, d'une masse d'abord inerte (1) et inféconde, en donnant de suite à cette masse le mouvement; et la vie intérieure de la terre se manifesta aussitôt par l'existence de tout ce qui devoit la couvrir et l'embellir, en l'ornant de la plus abondante fécondité (2). Parmi les sublimes modifications que Dieu forma, il en fit paroître

(1) *Terra autem erat inanis et vacua.* La terre étoit informe et aride. Genèse, créat. 3e. jour.

(2) Le 3e. jour les productions confiées à la terre furent créées; elle se trouva aussitôt couronnée de fleurs et de fruits. Depuis le superbe palmier et le pin orgueilleux jusqu'à l'humble violette et l'herbe la plus abjecte, tout avoit déjà reçu sa propre semence en soi-même.

Théorie de l'Existence.

une qui, lorsqu'on s'en représente la composition et la grandeur, peut remplir de terreur, et ne permettre à la pensée de l'homme de se rassurer que par sa confiance dans le Créateur : cette modification est le soleil, dépôt principal de l'élément du feu, agent de la chaleur, seul flambeau de la lumière répandue sur la terre, et qui étoit si nécessaire à l'homme pendant son malheureux exil. Par l'action du mouvement que Dieu régla entre les élémens, ils subirent une magnifique transformation; c'est ainsi que par la suppression du chaos, les élémens furent dirigés, et que l'immensité de l'univers vit naître dans son sein un nouvel univers !

L'existence humaine est d'une autre conséquence que celle partagée à toutes les modifications de la *nature ;* et dans celles-ci se comprennent les animaux qui peuplent la terre, l'eau et l'air.

L'homme seul fut doué de la *faculté morale ;* il reçut de Dieu même l'âme, et par elle la plus libre intelligence, tandis que tous les autres produits de la création assujétis simplement au mobile de la génération, devoient exister matériellement. Voilà le cercle borné de la *matière* ou la *nature physique ;* et l'âme de l'homme en étant totalement indépendante , la nature humaine le fut aussi.

Dieu est donc avant tout le principe unique , et par sa volonté la cause suprême de tout ce qui nous est connu et inconnu ; il est enfin le bienfaiteur et le seul soutien de l'existence. L'Ecriture ne pouvoit pas s'expliquer plus fortement qu'en disant : « *Dieu fit l'homme à son » image.* » C'étoit dire nettement qu'il le sépara par l'âme de toute analogie avec ce qui devoit l'entourer pendant la vie terrestre.

Ainsi l'homme , au milieu de cette nature , est surnaturel ; Dieu le voulut ainsi ; et, on ne sauroit trop s'en convaincre, il est absolument hors des modifications de la matière. Il n'y eut que l'aveuglement des sens qui put donner à l'effet général les moyens de la cause particulière. On ne doit donc pas admettre *la nature ,* dans quoi que ce puisse être , comme principe des effets auxquels elle est assujétie ; mais on doit sans cesse reconnoître les ouvrages de Dieu dans leurs effets : la nature.

Les sophistes des derniers siècles gâtèrent tout, en voulant tout expliquer par de fausses analogies ; ils présentèrent les choses inconnues ou indéfinissables, sous une mauvaise apparence, et ils défigurèrent d'une manière dangereuse celles connues, parce qu'ils ne vouloient pas adopter les bons principes. Ce désordre eut d'abord lieu pour la physique (1), bientôt la morale s'en ressentit. Chacun s'y contredisoit, tous mutuellement se méprisoient, quoiqu'en cherchant à arriver au même but, une célébrité usurpée. A la science révélée ils substituèrent un prétendu savoir *spéculatif* pour faire naître du hasard ce monde miraculeux, qui n'en existoit pas moins, d'après l'autorité divine, avec un ordre et une majesté bien suffisans pour ramener la foiblesse des *esprits forts* vers la sagesse. Mais l'esprit humain cherche plus souvent à éblouir qu'à être vrai, parce qu'une vérité ne produit jamais cette complication d'idées qui, vides de sens, n'en étonnent pas moins les ignorans, et flattent la vanité de ceux qui croient les comprendre.

La vérité est seule utile, voilà son premier attrait; elle est toujours simple, voilà ce qui la

(1) Dans un million de preuves, que l'homme se laissa entraîner à s'avilir lui-même par un faux savoir, lisez l'Histoire naturelle, ou des ouvrages de physique; on y trouve : « Le règne animal se partage en six classes .. La première classe renferme 1°. l'*homme* et le *singe*. » Je le demande au Public, est-ce un singe qui a inventé cette turpide amalgame? Pour moi, je réserve la réponse à cette question dans la Théorie de l'Existence.

fait admirer ; elle est dans tous les temps satisfai-
sante, voilà pourquoi tôt ou tard elle obtient
le triomphe qui lui est dû. Mais, en s'accordant
avec la saine raison, elle détruit les raisonneurs,
et c'est là , incontestablement, le motif qui peut
conduire un grand nombre d'hommes ou à la
méconnoître ou à la fuir.

*Atômes, monades, tourbillons, plein, vide,
attraction,* etc. etc., voila les bases uniques et par
excellence sans lesquelles, à en croire les *sages
de la terre,* LEUR NATURE, d'ailleurs par eux si
puissante, N'EST PLUS CAPABLE DE RIEN FAIRE.
Mais ce qui doit affliger la vraie sagesse, c'est de
voir que les mathématiques furent mises à la
torture et dégradées, pour faire passer les plus
folles idées. Ainsi Dieu ne peut diriger, sans
d'aussi ridicules moyens, ce que notre petite vue,
assez bornée à cet égard , semble régler avec
tant de sapience ; et l'on aime mieux chercher
fort platement a démontrer *les moyens propres
de la nature dans un principe matériel* (1) ,
que d'avouer hautement ce que chacun peut voir,
la grandeur et le merveilleux arrangement de

(1) Voy. « *Les Facultés intellectuelles* » , par un auteur dont la démence fut une épidémie ; malheureusement les hommes de ce temps prêtoient beaucoup à cette
contagion de l'esprit.

l'existence sous la direction immédiate de son divin auteur.

L'opinion si long-temps conservée, que la TERRE étoit un globe *stationnaire* ou sans mouvement, tandis que le ciel offre tant de corps de diverses grandeurs qui décrivent des orbites, et que d'autres, aussi jugés *fixes* pendant quelques mille ans, se trouvèrent depuis parcourir l'espace; la supposition qu'on fit ensuite que la terre *devoit tourner sur son axe*, les preuves apparentes que de longs examens en ont pu acquérir, enfin *un mouvement annuel* qu'on *devina* par suite d'observations multipliées, mais *sans pouvoir déterminer l'étendue assignée à ce mouvement*; tout cela étoit bien fait pour se prêter beaucoup à diverses imaginations.

S'il étoit indispensable, pour la gloire du Créateur, que l'opinion du globe terrestre sans aucun mouvement, soit un des articles sacrés sur lequel on ne put pas discuter, on devroit laisser de côté tout examen et s'y soumettre; mais DIEU a donné la pensée aux hommes, et le mouvement à l'univers; et puisqu'il y a un mouvement général et une infinité d'autres mouvemens particuliers qui frappent nos regards; que cet ensemble est aussi étonnant que superbe, qu'une telle harmonie, en élevant l'âme, montre autant la puissance et la sagesse du Créateur, que s'il eût tout placé dans des distances respectives et dans l'immobilité, il est juste de croire que non-seulement il a permis, mais de plus qu'il veut que l'on s'occupe de son sublime ouvrage. En effet, une si noble occupation, lorsqu'elle est dirigée par l'amour de la vérité ou de l'utilité, ne peut que ranimer davantage notre respectueuse admiration pour sa prévoyance, et notre devoir de reconnoissance pour ses soins et ses bontés, dans tout ce qui devoit concourir à l'avantage de sa créature chérie.

Les premiers enfans d'Adam, et par conséquent les plus occupés de la magnificence que le ciel déploie, se sont empressés d'y fixer leurs regards; ils ne cessoient de jouir de ce surprenant spectacle. Placés au centre des vastes pays qui devoient recevoir les générations, se trouvant au milieu d'une abondance continuelle, et sous le plus délicieux climat, ils consacroient les jours et les nuits à l'admiration de ces grands mouvemens des astres; long-temps sans doute ils parurent nouveaux pour eux. Un Historien Juif rapporte, d'après la tradition et les anciens livres hébreux, qu'avant le déluge : « les descendans » de Seth ayant appris d'Adam que le monde » périroit par l'*eau* et par le *feu*, la crainte

» qu'ils eurent que les observations ou les dé-
» couvertes qu'ils avoient faites dans l'astrono-
» mie et quelques sciences, ne vinssent à se
» perdre et à être ensevelies dans l'oubli, les
» porta à élever deux massifs de pierres et de
» briques, sur lesquels ils gravèrent les con-
» noissances qu'ils avoient acquises. » Ces colonnes étoient placées en Syrie; leurs remarques
ou observations furent ainsi préservées du Déluge; et peu après que les eaux eurent pris
la place qui leur étoit assignée, les Chaldéens
s'empressèrent de cultiver l'astronomie.

Philon dit: « que Tharé, qui étoit né plus de
» cent ans avant la mort de Noé, enseigna à
» son fils Abraham cette science. » Et Josephe
l'Historien assure: « que la connoissance qu'eut
» Abraham du cours du soleil, de la lune et
» des étoiles, lui avoit fait juger qu'il n'y a
» qu'un seul Dieu (1), que l'univers est l'ou-
» vrage de sa volonté, qu'il en a réglé les
» mouvemens, et que sans sa puissance toutes
» choses tomberoient dans la confusion et le
» désordre. »

(1) Les familles, déjà assez nombreuses, vivoient sépa-
rées comme autant de peuples différens; l'idolâtrie avoit
fait des progrès parmi la plupart, et c'étoit dans la lignée
d'Abraham que se conservoit la vraie tradition des œuvres
de Dieu.

L'Écriture

L'Écriture elle-même nous représente mysté-rieusement le véritable mouvement du soleil, par les paroles de Josué, lorsqu'il supplia Dieu de l'arrêter (1), PUISQU'EN EFFET LE SOLEIL TOURNE AUTOUR DE LA TERRE ; mais de plus, ce prodige devoit servir à rappeler aux Israélites que cet astre, dont plusieurs peuples avoient fait leur divinité, n'étoit créé *que pour la terre et subordonné à son avantage.* Vérité incontestable, que l'esprit des ténèbres pouvoit seul entreprendre d'obscurcir, en cherchant à corrompre un monde où il tend sans cesse à établir sa funeste domination en l'avilissant.

Le psaume 113, où David expose les mer-

(1) « Sol *contra vallem* Aïalon : *steteruntque* Sol *et* » Luna, *donec ulcisceretur se gens de inimicis suis.* » *Stetit itaque* Sol *in medio cœli, et non festinavit oc-* » *cumbere spatio unius diei, obediente Domino voci ho-* » *minis.* » Jos. 10.

Le *Soleil* étoit contre la vallée d'Aïalon.

Le *Soleil* et la *Lune* s'arrêtèrent, jusqu'à ce que la nation se fût vengée de ses ennemis.

Le *Soleil* s'arrêta donc au milieu du ciel, et ne se hâta point de se coucher pendant l'espace d'un jour, le Seigneur cédant à la voix d'un homme.

Pour l'époque, voyez Bibl. chronol. Ste., 4°. âge du monde. « Sur la fin de l'année 2553 de la création, » avant l'ère Chrét. 1451, *Josué* arrêta le Soleil. »

veilles que Dieu opère, et où il définit si posí-
tivement le mauvais emploi des facultés humaines, nous annonce, sous le même langage
mystérieux, tous les mouvemens créés par la
volonté suprême, et dans lesquels on trouve
ceux de la terre. « *La mer le vit* (Dieu) *et
» s'enfuit...... Les montagnes sautèrent
» et les collines.... La terre a été ébranlée
» à la vue du Seigneur.* » Ne lit-on pas dans
ces passages du Roi-prophète, l'indication du
mouvement de la terre? Salomon, son fils, sut
bien indiquer le mouvement du sang (1).... Le
passage de l'Ecclésiaste, tracé par ce monar-
que, d'abord si distingué en piété et en sagesse,
est trop curieux pour n'être pas cité : « Avant
» que la cruche soit brisée sur la fontaine, et
» que la roue soit rompue sur la citerne. »
Définition qui, dans le style figuré, marque
parfaitement la cessation du mouvement matériel de la vie, la mort du corps, et la distinction
essentielle de l'existence immortelle de l'âme.
Ce style s'entendoit très-clairement. Tel étoit
pour ces temps, et parmi les enfans des Hébreux, l'usage de s'exprimer en leur peignant

(1) Si l'on en croyoit les modernes, ce seroient encore
eux qui auroient fait la découverte de la circulation du
sang.

les effets et les actions du Monde physique et moral.

Ainsi qu'il sera développé dans un autre Ouvrage (1), la sublime et seule science véritable, c'est-à-dire, celle de toutes les choses bonnes et nécessaires à connoître, est des plus anciennes, et elle fut inspirée ou annoncée tour à tour aux hommes par l'expresse volonté de Dieu, pour les diriger vers le but heureux où ils doivent chercher à arriver. C'est sous de tels auspices qu'on publie le DÉVELOPPEMENT DE L'ORGANISATION MÉCANIQUE DE LA SPHÈRE CÉLESTE, et les mouvemens qui déterminent LA MARCHE CONCORDANTE des principaux objets créés pour l'existence passagère de la vie humaine : LA TERRE ET LE SOLEIL.

Ce n'est donc plus un vain système qui va frapper les regards avides de l'homme, brûlant de tout savoir, et s'égarant trop souvent en cédant à cet impétueux désir. Ici c'est une de ces grandes et rares vérités, qu'un pressentiment général fait chercher dans tous les siècles, qui ne se rencontre dans le temps que par inspiration, et qui jette dans le même étonnement celui qui la publie, et ceux qui

(1) Théorie de l'Existence.

viennent à la connoître. Puisse-t-elle éclairer la raison de ces générations naissantes, fortement menacées d'être les infortunées héritières des plus décevantes opinions et des plus perfides erreurs! Puisse-t-elle donner aux âmes la sublime élévation qui leur convient pour se transporter dans cette vaste région que nous parcourons trop matériellement, et pour y reconnoître partout la toute-puissance de son Divin Auteur!

L'idée de rejeter totalement la terre hors d'un centre où l'Écriture et les plus sages hommes de l'antiquité l'avoient considérée, pour lui faire, par ce déplacement, parcourir journellement une immense étendue, auroit dû ne pouvoir entrer que dans la tête de quelques hommes aveuglés par une hypothèse aussi singulière que gigantesque, et qui ne pouvoit produire que des déductions fausses. Aujourd'hui, réduite à toute la nudité de son imposture, elle devient la preuve d'un défaut total de justes réflexions pour ceux qui auroient adopté un déplacement aussi extravagant.

La marche rétrograde, pour parler une dernière fois comme on l'a fait jusqu'à présent, *qu'on croit voir exécuter par le soleil et aussi par les planètes,* ne présentant point d'issue à l'esprit pour apercevoir, ou pour exprimer sous quels rapports devoit se déterminer ce mouvement, on profita de cette indécision et du tumulte des innovations du XVe. siècle, pour innover en Astronomie. Les Modernes ne cherchèrent point à pénétrer l'erreur qu'ils embrassoient, et loin de pouvoir en sortir la plus petite définition pour se faire comprendre, ils furent contraints, non sans laisser pénétrer leurs regrets, de suivre toujours les anciennes démonstrations comme elles se trouvoient employées avant cette chimérique supposition.

C'étoit bien là le témoignage évident de l'égarement où s'étoient librement plongés ces instituteurs du genre-humain, qui soutenoient et enseignoient ce qu'ils ne pouvoient s'expliquer; et du peu de cas que ces faux savans faisoient du reste des hommes, en leur voulant affirmer ce qu'ils n'entendoient pas eux-mêmes.

Ainsi disparurent les générations, laissant aux autres une science de paroles et de contradictions qui absorba toute idée de réfléchir, et fit languir toutes les combinaisons du génie.

Enfin le siècle *dit* des Lumières, disparut aussi dans les ténèbres qu'il avoit trop su multiplier, et qui lui acquerront par la suite l'af-freuse célébrité d'un blâme général.

On arriva au XIXe. siècle avec cette incohé-rence d'opinions sur l'un des premiers points qui devoient, ou affermir l'idée des vrais pro-grès de la science parmi les Modernes, ou la détruire. C'est dans ce nouveau siècle qu'il faut espérer que la *science matérielle*, en cher-chant à faire oublier ses trop fameux écarts, n'empêchera plus de rendre au CRÉATEUR ce qui lui est dû; et que les erreurs attaquées, poursuivies de toutes parts, laisseront replacer la créature dans le cercle heureux de toutes les vérités; qu'enfin l'homme n'aura plus le pré-somptueux et funeste orgueil de vouloir s'en éloigner pour se précipiter dans l'abyme.....

Si, à part de l'Écriture, quelque témoignage humain pouvoit ajouter aux preuves que notre Monde a eu son commencement, lequel n'est éloigné de ce siècle que de fort peu de milliers d'années, ce seroit la marche même de l'esprit des sciences. On y remarque, de loin en loin, quelques lumières qui s'obscurcissent tour à tour en se succédant; d'autres qui brillent plus for-tement dans leur comparaison avec celles pro-duites dans les temps plus éloignés. Cette grada-tion semble expliquer une sorte de perfection;

mais bien médiore en effet dans la proportion de ce que l'homme doit obtenir d'après les sublimes facultés dont il est pourvu par sa double existence.

Eusèbe nous apprend pourquoi l'homme est encore si reculé de la perfection morale et scientifique ; quel est le singulier obstacle qui l'éloigne de la sagesse, si simple dans sa qualité propre qu'elle n'en est que plus agréable à cultiver : cet obstacle se trouve *dans la foiblesse de l'esprit, toujours préférant de s'abandonner à l'orgueil et à une présomption chimériques.* De là son incapacité sans cesse renaissante, et le peu d'accroissement des vraies lumières; car les prétendus philosophes n'ont fait que créer des disputes éternelles (1).

C'est ainsi que les siècles, les âges, les années ont vu recevoir et vanter des opinions qui n'avoient ni solidité, ni utilité, tandis qu'elles en faisoient rejeter de nécessaires ou de mieux fondées. Que peut-on exiger de plus pour juger palpablement de l'esprit et du cœur humain? La contradiction et l'abus des mots, voilà quel fut le résultat du

(1) Dieu a livré le monde à leurs disputes, sans que l'homme veuille reconnoître les ouvrages que Dieu a créés depuis le commencement jusqu'à la fin.

ECCLES. III, 11, VII, 17.

savoir philosophique ; c'est pourquoi il est plus que jamais *une véritable folie* (1). Ce prétendu savoir est la mesure des sciences humaines, leur grand défaut est de renfermer deux écueils ; on arrive à l'un en voulant démontrer ce qui est totalement inconnu, et à l'autre en voulant nier ce qu'il y a de plus probable : comme il est impossible de tout expliquer, le juste milieu est difficile à tenir ; mais un égarement pernicieux pour le bonheur promis à l'homme, est de tout nier. CE FUT LA STUPIDITÉ QUI PRODUISIT LES ATHÉES (2)! Hors de la vraie religion il n'y a qu'incertitude et confusion. Hors de la vérité il n'y a qu'ignorance et ridiculité.

On ne doit donc estimer la science, ou l'instruction, que sous un seul aspect, c'est-à-dire, qu'autant qu'elle ne s'écarte point de la raison et de la conception ; mais on doit la mépriser lorsqu'elle s'achemine imprudemment dans les innombrables détours de sentiers impraticables où elle s'amplifie de contradictions pour faire briller un instant quelques hommes qui l'égarent.

Vous, Générations, dont les temps d'existence doivent succéder à des temps de calamités et de

(1) S. Paul.

(2) *Dixit* insipiens *in corde suo non est.*

deuil pour la raison humaine, cherchez à éviter que vos enfans ne les renouvellent. Donnez-leur pour première éducation l'instruction religieuse, et pour règle de leurs devoirs, sa morale. Ouvrez les livres sacrés, ils renferment les principes de toutes les sciences (1). Tournez le cœur de vos foibles enfans vers le ciel, et pénétrez leur intelligence de ces paroles du Prophête-Roi, qui en élevant avec transport son âme vers le Créateur, lui disoit : « *Les ténèbres n'ont rien d'obscur* » *pour vous... car l'obscurité et la lumière ne* » *sont qu'une même chose auprès de votre* » *gloire.* » C'est ainsi qu'ils auront la science de

(3) L'Ecclésiaste répond avec une profonde sagesse à cette intéressante question : « Pourquoi les fleuves, qui » vont se perdre dans la mer, n'ont-ils pas fait déjà » déborder l'espace qu'elle occupe? » — « Les fleuves, » dit l'Écriture, entrent dans la mer et elle ne regorge » pas; ils reviennent à la source d'où ils étoient partis, » pour recommencer de nouveau leurs cours. » Voy. Bibl. univers.

Jamais la physique moderne ne pourra donner une définition plus concise et plus juste sur cette grande question ; tout s'y trouve résolu, et l'émanation des vapeurs qui fournissent les pluies, et les courans de la mer qui amortissent les effets du flux, etc.

Flumina a mare veniunt, et ad mare redeunt.

S. SAPIENTA.

la sagesse, qu'ils jouiront de cette perfection dans les vertus que vos pères recherchoient dans les erreurs; et par la félicité que vous procurerez à vos descendans vous pourrez préparer la vôtre.

Dites-leur, en leur définissant les preuves que vous en recevez journellement, que la nature n'a pu se produire d'elle-même, et que c'est parce qu'elle a été créée qu'elle opère. Que les plus savans hommes, ayant à leur disposition plusieurs soleils, n'auroient pu ni éclairer, ni réchauffer la matière inerte, cette terre froide et insipide, comme Dieu le fit avec un seul; et que, partout et dans tout, il engendra miracles sur miracles, prodiges sur prodiges, et phénomènes sur phénomènes. Qu'ils acquièrent dès l'enfance la notion du mouvement commun de la terre et du soleil, et de l'effet particulier que vulgairement on désigne sous les termes de *lever* et de *coucher* des astres, apparition qui produit le jour et la nuit distribués en vingt-quatre heures pour représenter *la durée ou le temps.* Qu'ils conçoivent ensuite que c'est le mouvement concordant ou annuel de la terre et du soleil qui produit les équinoxes, les solstices : de là les saisons et les variations des climats. Ils trouveront facilement ensuite que les premières distributions, sous le nom d'heures, ont été déterminées par la recherche du point du méridien, que le matin et le soir y sont des parties relatives au temps qui a été conçu par la durée. La *durée* se trouva dans la mesure du mouvement, et cette mesure détermina l'espace ; ce sont là les connoissances de conventions vulgaires ; mais expliquez-leur aussi que toutes ces choses qui paroissent très-positives, ne sont à la vue du Tout-puissant que purement idéales et relatives à l'homme dans sa position d'habitant de la terre, et qu'elles tromperoient toujours ses sens aussi foibles que grossiers, si l'âme ne tendoit à pénétrer la vérité.

Pour l'univers il n'y a point d'heures, de temps, de durée, de mesure et d'espace. C'est la privation de la lumière qui produit la nuit, effet qu'une surface de la terre dirige sur une autre de ses surfaces ; la cessation du jour n'existe jamais pour la terre entière. C'est le moment présent qui forme le temps, il ne se mesure point ; mais on le suppose susceptible d'être mesuré par le mouvement ou l'action ; sans action comment distribuer le temps ? et comment en juger quand le mouvement est terminé ? La durée se prend sur l'éternité, donc on ne peut déterminer la durée ; car un espace sans limites n'est plus un espace : c'est l'immensité ; l'immensité voilà l'univers. Mais l'univers est incompréhensible? oui, et bien plus il est effrayant si l'on n'y découvre pas le but magnifique et mystérieux de la félicité de la créature humaine dans la gloire du Créateur.

Le plan de l'Ordonnateur de l'univers est un des grands miracles éclatans, parmi tous ceux qu'il a plu à sa providence de manifester. Il devoit être pendant long-temps difficile à définir, parce que l'homme errant dans ce plan de l'organisation, ne supposant dans sa curiosité *que des causes du hasard qu'il admettoit partout,* ne désiroit pas de rencontrer un miracle ; car la nature n'en peut opérer. En effet, que celui-ci est grand ! Mais les ouvrages de Dieu sont sublimes et inimitables ; c'est dans leur simplicité même qu'est leur grandeur, et c'est par cette simplicité qu'ils doivent le plus frapper nos âmes. L'offrir par la DÉCOUVERTE aux yeux de tous les habitans de ce monde créé, c'est rappeler fortement leur attention vers la région céleste, dont la pensée ne sauroit trop s'occuper.

Le Fondateur de cette sublime organisation rendit le globe terrestre indépendant de tous les autres globes, par la place qu'il lui assigna. Son orbite touche au centre apparent de toute l'organisation céleste créée pour la terre. Par ce moyen le globe terrestre semble en occuper le milieu, quoiqu'il en reste toujours indépendant par suite de son mouvement annuel. Son orbite, enfin, commande à celle du Soleil, dans l'espace de laquelle elle est prise.

Ainsi le soleil décrit annuellement, en parcourant l'écliptique, un cercle parfait autour de la terre, et quoique les rayons de ce cercle au point central de l'écliptique soient égaux, la déclinaison s'opère. Cette position concordante à tous les mouvemens, prouve avec évidence que le soleil est, dans son existence, dépendant de l'existence de la terre, ET QUE SON TRANSPORT ANNUEL ÉTANT RÉEL AUTOUR DE LA TERRE, *il est son satellite* (1). Par leur grand mouvement com-

---

(1) *Dixit Deus fiant luminaria in firmamento cœli et dividant diem ad noctem.* Dieu dit aussi que des corps de lumière soient faits dans le firmament, et qu'ils divisent le jour et la nuit. GENÈSE, Créat. 4e. jour.

« Le 4e. jour, le soleil et la lune furent créés, l'un
» pour déterminer le jour et la chaleur, l'autre pour
» réfléchir la lumière absente, tandis que les étoiles
» devoient faire oublier l'horreur des ténèbres. Tous
» furent formés pour un monde déjà plus ancien qu'eux.
» Le soleil étoit moins âgé que la fleur des champs.
» La nécessité de ces astres ne fut qu'un accessoire à
» l'ensemble d'un nouvel état de chose que DIEU voulut
» en créant la nature humaine, qui bientôt alloit occu-

mun, leur marche est tellement combinée, que, dans tout le cours de la révolution annuelle, ils se replacent chacun dans les mêmes points opposés de leur orbite ; et il est impossible de décider si ces deux globes cherchent à s'éloigner ou à se rapprocher.

Voilà ce que présentera, dans tous les détails qui y appartiennent, la deuxième partie de cet ouvrage : et la DÉCOUVERTE doit définir aux sens l'unique organisation de ce qui constitue *toutes les apparences* qui s'unissent aux mouvemens ordinaires et compliqués des autres parties *de la sphère céleste.*

Il est temps d'échapper à une métaphysique insensée qui fomenta l'athéisme avec lequel on vouloit dégrader ce séjour destiné à la créature

» per son lieu d'exil ; tout cela ne fut que l'effet de sa » bonté la plus prévoyante et la plus paternelle. »

THÉOR. DE L'EXIST.

Je demande où la nature matérielle auroit pris cette suprême vertu de bonté la plus prévoyante et la plus paternelle ? Comment aussi le soleil, moins âgé que la fleur des champs, s'est trouvé depuis regardé comme l'âme et le centre unique de l'univers ?

Ego dixi in excessu meo : omnis homo mendax.

J'ai dit dans mon transport : tout homme est menteur. Ps. 115.

humaine, pour des fins dont elle ne sauroit trop se pénétrer, et dont elle fut malheureusement trop détournée, pendant ces derniers siècles, par le faux savoir, qui étendit partout et dans tout sa destructive domination.

Quant à la Physique, elle laissa découvrir son aveuglement, lorsqu'elle crut pouvoir franchir la barrière respectable que lui opposoit l'essence de la nature humaine; elle méconnoissoit les heureux produits de cette essence, puisqu'elle osa chercher à l'analyser par des combinaisons matérielles. La terre, l'eau, l'air, le feu, peuvent-ils être les moteurs de la sagesse, de la bonté, de la raison, de la bienfaisance, de la contemplation, de la méditation, enfin de l'abnégation de soi-même, sublime vertu de l'âme? La physique prétendit assigner aussi des lois aux globes célestes; voudra-t-elle prévoir l'époque de leur dissolution, de leur anéantissement, que Dieu fixa en les créant? Et lorsque le Monde élémentaire aura disparu dans l'éternité, que l'homme ne conçoit pas encore, que deviendra ce fatras trompeur de quelques fausses expériences? « *Porrò unum est ne-* » *cessarium?* » S. Luc, 10. Car, *après tout,* » *il n'y a qu'une chose nécessaire.* »

INTRODUCTION

A l'Abrégé historique de la formation et accroissement de la science Astronomique.

DE toutes les traditions historiques et fabuleuses qui, dans les temps primitifs, ont pu donner quelques connoissances provenantes de la description et de l'examen du cours des astres, c'est la mythologie qui l'emporte, parce que les noms que ces astres ont encore sont une partie de ses bases.

Composée du produit de toutes les imaginations qui établirent des cultes idolâtres, lors de la formation des divers peuples après le déluge, la mythologie confondit ce qui appartenoit aux Chaldéens, aux Ethiopiens (1), aux Egyptiens, etc.

(1) Un des premiers peuples policés et instruits dans ces temps antiques. SCHOLI.

« *Lucien, de Astrologia*, p. 985, fait naître la science » Astronomique en Éthiopie, et de là en Égypte. »

Et

Et les Grecs, fiers de se l'approprier, regardèrent ensuite la composition de l'univers comme l'œuvre de leurs ancêtres, qui se trouvoient être les dieux du ciel, de l'eau, du feu, de tous les élémens et de toutes les productions. Ces dieux et les nymphes avoient peuplé la terre seulement de héros et de grecs; ces héros la purgeoient de tous les brigands que le *mal* et la *nature* avoient engendrés, et de tous les monstres que le limon du déluge avoit produits. Aussi dans l'opinion des anciens Grecs il n'y avoit d'annales véritables du monde que les leurs, et cependant ces annales n'étoient que la mythologie.

Un assemblage aussi fabuleux, malgré ses prétentions, n'offre absolument rien qui puisse se transporter au delà *de la véritable histoire de la création;* il commence en l'indiquant confusément et, sans y mettre de suite, il passe au déluge qui forme le même tableau que celui de l'écriture. Aussitôt le mensonge s'empare de l'ouvrage, ou si l'on veut, la mythologie se forme, et c'est par l'embarras même de son début, qu'elle peut être en quelque sorte regardée comme plus historique qu'on ne le pense communément. Dans la supposition que presque tous ses dieux et ses demi-dieux venoient du ciel et de la mer, elle découvre dans son obscurité une foible lueur qui laisse pénétrer : *que l'examen des astres et l'art de la navigation existoient avant la mythologie.* Mais ce tissu d'allégories, où la chronologie ne pouvoit convenir, et où le désordre de la généalogie étoit inséparable de sa composition, semble se plaire à entasser avec la plus brillante magnificence une apparence historique, et à la plonger sans cesse dans les ténèbres de l'énigme, sous laquelle elle enveloppe ses personnages et ses contradictions.

La mythologie est obscure parce que tout mensonge entraîne avec lui cette qualité, mais elle n'est devenue difficultueuse que par les explications qu'on a prétendu en tirer ; on a voulu la *métaphysiquer*, en cherchant dans ses bizarres et spirituels travestissemens les mystères de toutes les opérations qu'on désiroit attribuer à *ce qu'on nomme la nature,* et obtenir par ce futile moyen, des argumens physiques contraires aux argumens si précis de l'Ecriture Sainte. On n'a peut-être que trop réussi, mais ce n'est toujours que vis-à-vis de l'ignorance ; car plus on a laborieusement étudié l'origine des peuplades, plus on est ramené aux différens textes de l'Ecriture qui l'indiquent si positivement.

C'est aussi sous ce seul point de vue qu'on va rappeler les temps fabuleux qui appartiennent à une partie de l'histoire de la formation de la science Astronomique.

L'ÉCRITURE.	*MYTHOLOGIE.*

Noé sort de l'arche l'*an du monde* 1657.

Il avoit trois fils : *Japhet, Sem* et *Cham.*

Japhet eut plusieurs fils qui formèrent différens peuples.

De Sem sortit la race des Hébreux, par son fils *Heber,* qui s'établit dans le pays nommé depuis *la Médie ;* et c'est dans cette lignée que se conserva la langue originelle ou primitive.

Cham ou *Ham,* roi de Thèbes d'*Égypte,* où il fut désigné sous le nom de *Menès.*

An du monde 1658.

Chus, un de ses fils, s'établit en *Éthiopie,* qui, en hébreux, s'appelle *Chus.*

Noé meurt, an du monde 1998. Avant l'ère Chr. 2006.

Il bénit Japhet avant de mourir, en disant : « Que

Saturne, père de *Jupiter, Japet* ou *Japhet.* Ce Saturne étoit fils d'Uranus ou *Cœlus,* le Ciel, qui étoit fils de l'Air ou de la Terre.

Prométhée, fils de *Japhet* et de *Clymène.*

Atlas, son frère, fils de *Jupiter* et de *Clymène.*

Prométhée forma les premiers hommes de terre et d'eau; il monta au ciel avec le secours de Pallas, et y déroba le feu pour les animer. Jupiter, irrité de ce larcin, commanda à Mercure de l'attacher sur le mont Caucase, où un vautour rongeoit son foie à mesure qu'il renaissoit.

HÉSIODE.

Atlas reçut de son père Jupiter la commission de soutenir le ciel sur ses épaules. L'oracle l'ayant averti de craindre un de ses frères, il devint soucieux, et ne

L'ÉCRITURE.	*MYTHOLOGIE.*

» Dieu multiplie la posté-
» rité de Japhet, qu'il ha-
» bite dans les tentes de
» Sem, et que Canaan soit
» son esclave. »

Voilà la primauté du nom de Japhet établie sur les noms de tous les chefs des peuples.

Il eut sept fils, qui peuplèrent une partie de l'Asie et l'Europe.

De Javan sont venus les Grecs.

Madaï s'empara du pays, qui de là prit le nom de *Médie.*

C'est ainsi que la postérité de Japhet habita dans les tentes de Sem.

Tant de peuples sortis des frères et des fils de Japhet, et qui tombèrent dans l'idolâtrie, en firent le *Jupiter* de la Mythologie, et lui attribuèrent les actions de ses frères et fils, ou plutôt ils ont fait de ceux-ci autant de *Jupiter.*

voulut plus communiquer avec les étrangers. Ce frère étoit Persée, autre fils de Japet ou Jupiter, et qui, fâché de n'être point reçu chez Atlas, y pénétra, eut l'adresse de dérober des *pommes* qu'il gardoit soigneusement, et trouva le moyen de lui présenter la *tête de Méduse,* avec laquelle il le changea en montagne.

Atlas, qu'on croit inventeur de la sphère, ayant méprisé Persée, et voulant lui cacher sa science des astres, est chassé dans la montagne qui porte son nom.

Persée vainquit les peuples du mont Atlas, fonda la ville de Mycène, et érigea une académie d'observateurs des astres, etc.

On croit que cet Atlas fut contemporain de Moïse; ce qui ne peut être, puisqu'il est dit qu'Hercule apprit d'Atlas l'Astronomie, et la

L'ÉCRITURE.

On sait que le Jupiter Égyptien, était surnommé *Hammon*, de *Ham* ou *Cham*, frère de *Japhet.*

Magog, fils de Japhet, de qui sont venus les Gètes et les Scythes, etc. Il sortit de la Chaldée, et devint roi de Scythie.

Il y fut le premier qui éclaira les hommes; il établit quelques arts mécaniques et fondit des métaux, etc.

Voilà le Prométhée de la Mythologie. Ces traits suffiront pour marquer l'analogie à travers les vérités et les fables que présente l'enfance et l'orgueil des peuples.

MYTHOLOGIE.

transmit dans le pays de Javan, aux Grecs primitifs, et qu'il vivoit vers l'an 2000 avant l'ère Chr.

Prométhée, roi de Scythie, fit ses observations sur le mont Caucase; il y étoit tellement assidu, que cela fit naître dans un langage sans cesse allégorique, la fiction ingénieuse qui a déjà été assez interprétée. Quant au nom véritable du héros, il aura été travesti chez les Grecs lorsqu'ils en firent un demi-dieu; car à Athènes il y avoit une fête en son honneur : *la course avec des flambeaux allumés*, pour avoir enseigné aux hommes l'usage du feu. On croit aussi qu'il fut le premier qui ébaucha avec de la terre une statue.

On arrêtera là les notions sur ces deux fils de Jupiter ou Japhet; mais il en est un troisième encore plus intéressant pour l'histoire de la formation de l'Astronomie, c'est *Persée*, dont la conduite politique fut couverte d'une adroite atrocité, puisque ce fut toujours par mégarde qu'il tua son grand-père, ses oncles, etc. « *Persée* » *obtint de Jupiter que Cassiopée, sa belle-* » *mère, seroit placée parmi les étoiles; il en* » *fut de même pour Céphée et Andromède.* »

Une partie des *Atlantides ou filles d'Atlas,* fut aussi métamorphosée en *étoiles* et placée *sur la poitrine du taureau,* parce que leur père avoit *voulu lire dans le ciel.* Ce sont les *Pléyades;* sous ce nom, pour la fable, elles étoient sept : *Maïa* est la plus brillante; quand on parle au singulier, son étoile est nommée la pléyade. Toutes ensemble forment une constellation.

Persée repentant des assassinats qu'il avoit commis sur sa propre famille, fut aussi changé en une constellation; elle est placée dans celles septentrionales, et est composée selon Ptolémée et Tycho-Brahé de 29 étoiles, et d'après le catalogue britannique de 67.

Devenir une *étoile* ou une constellation étoit donc, dans ces temps reculés, le plus beau titre de l'apothéose. Les Astronomes *Egyptiens* peuplèrent aussi le ciel des personnes dont ils vouloient consacrer la mémoire : *Syrius*, roi de Thèbes en Égypte, qui vivoit l'an du monde 2050 fut aussi mis au rang des étoiles; c'est la *luisante* du grand chien.

A ce qui vient d'être indiqué, *d'après les livres les plus connus,* il faut y joindre quelques réflexions. Le ciel sur les épaules d'Atlas renferme un sens fort intelligible : c'étoit un prince remarquable, dit-on, par sa sagesse, occupé d'affaires importantes ; on le vit diriger à la fois le gouvernement, et se livrer avec zèle à l'Astronomie qui alors en étoit une partie intégrante. L'allégorie représente cette surcharge d'occupation en lui faisant porter la sphère du monde.

La fable de Prométhée pourroit faire croire qu'il y eut pour la composer quelques classes d'athées rejetant la tradition, et suivant une opinion brute qui admettoit la seule création matérielle, sans déluge ; on se tromperoit. L'erreur de l'athéisme est dû aux temps modernes ; elle porte un caractère plus stupide et plus funeste que l'idolâtrie. L'allégorie sur Prométhée est que, *lui faisant animer l'homme par le secours de la sagesse en dérobant le feu du ciel,* on voulut désigner la découverte de l'art d'employer cet élément à divers ouvrages, et que ces nouvelles occupations rendirent utiles des hommes qui par leur ignorance et leur oisiveté ne valoient pas mieux qu'un morceau d'argile.

Persée dut beaucoup s'occuper de la connoissance des Astres, puisqu'on lui voit faire prendre à des étoiles le nom de plusieurs personnages illustres et connus par les peuples de ce temps, sans cela il n'eut pu le faire. Andromède, qui fut aussi une de ses femmes, est près de périr; il lui sauve la vie, et la rend à son père et à sa mère, Céphée et Cassiopée, dont il fait des constellations. Les pommes qu'il dérobe à Atlas, étoit-ce autre chose que quelques sphères informes, quelques instrumens, ou enfin un assemblage d'observations recueillies par Atlas? Les pommes sont une allégorie très multipliée dans la mythologie (1); en elles on trouve l'indication du fruit de la science, de la propriété, des richesses, de l'avantage de la beauté, de la discorde par les prétentions de la vanité et de l'orgueil; et aussi le prix de l'adresse et du courage, celui de la ruse, le mouvement d'un esprit supérieur et l'emblême des passions (2).

Persée fut donc dans ces temps-là une homme illustre, auquel les modernes n'ont pas su faire attention, faute de discerner les allégories qui lui appartiennent. Possesseur du cheval Pégase et de la tête de Méduse : quel est le héros de la fable qui pourroit l'emporter sur lui? Pégase

(1) Ce qu'elle tenoit encore de la tradition, sur la création, par les fils de Noé.
(2) Etudiez la Mythologie.

étoit l'allégorie de la gloire et du génie, et la tête effrayante de Méduse l'emblême de l'audace qui réussissoit dans des exploits téméraires et si surprenans que ceux contre lesquels ils furent dirigés en restèrent pétrifiés. Persée étoit donc environné de l'allégorie de la science, de l'audace, de la prudence politique, et du triomphe par les entreprises hardies. Pégase fut lui-même placé parmi les constellations, ainsi que la tête de Méduse.

Ce qui rendit sans doute Persée si illustre, c'est que ce prince fonda auprès de l'*Hélicon*, une école pour les sciences ; aussi les poëtes par reconnoissance le placèrent au ciel ; mais ils n'eussent pu le faire sans la gratitude des Astronomes, puisqu'on savoit que son corps étoit enterré sur le chemin qui conduisoit de Mycène à Argos.

Il a été question d'un Hercule, qui apprit d'Atlas l'Astronomie, et la transmit aux Grecs primitifs. Parmi tous les héros de ce nom, celui-ci vivoit plus de 900 ans avant l'expédition des *Argonautes*, lesquels avoient aussi leur Hercule, et ces fameux pirates, ainsi que leur *navire*, ayant été mis au nombre des constellations, il est probable que les Grecs substituèrent celles-ci à d'autres qui par là sont restées inconnues. Enfin, on peut croire que toutes ces notions poétiques se défigurèrent de plus en plus, et c'est ainsi que, sous des idées emblématiques, les Grecs trop vains pour aimer la vérité, formèrent un chaos historique, et par suite si difficile à pénétrer, qu'eux-mêmes n'y entendirent plus rien.

Déjà des peuples plus anciens, en prenant connoissance de l'Astronomie et d'une sorte de physique qui étoit à leur portée, avoient suivi par ces sciences une direction tout-à-fait opposée. Les uns, en recueillant le savoir utile, tournèrent du côté de la sagesse : Abraham et Job y puisèrent la manifestation du vrai Dieu.

Les autres, tels que les Chaldéens, les Egyptiens, les Ethiopiens, etc., furent conduits par l'Astronomie : à l'astrologie, à la magie ou nécromantie, au Polythéisme et aux devins ; les oracles, les prestiges, les augures, les auspices, les présages en furent la suite ; ils crurent à tout, excepté à la vérité ; en pensant suivre les lumières de la raison, le malin esprit s'efforçoit de leur enseigner le contraire. De là *l'idolâtrie* la plus inouie, qui prit tant de formes différentes par toute la terre à mesure que les peuplades s'y répandirent. Cet oubli de la sagesse embrouilla tout, versa un torrent d'erreurs sur la terre, et c'est encore en partie avec elles qu'on prétend former la raison des nations modernes.

L'idolâtrie, culte provenant de l'observation des astres, mérite par cette origine directe d'être considérée à part de la mythologie, qui ayant bercé l'esprit subtil des Grecs par de douces illusions, endormit l'esprit crédule des Romains dans de honteuses superstitions.

Selon des auteurs, qui n'avoient aucune idée de l'origine de l'astronomie, cette science seroit due à Zoroastre ; mais il y en eut encore plusieurs de ce nom, et deux qui auroient également droit à cette supposition.

Zoroastre, roi de Bactriane, dont le nom est aussi Oxyartes qui, dit-on, vivoit l'an du monde 2300, ou 1704 ans avant l'ère chrétienne, et selon d'autres 2100 ans. Il jouit dans l'histoire de la prérogative d'être *l'un des inventeurs* de l'Astronomie. Ce nom de Zoroastre pouvoit être alors une qualification particulière. Le second des Zoroastre, fut un chef de mages qui divinisa le soleil et le feu que les habitans de la Bactriane adorèrent. Il adopta le *sabaïsme,* ou institua la *zorolâtrie* ; c'est sous le premier titre que ce culte fut adopté par un grand nombre de peuples ; ce qui, dans les temps obscurs de l'histoire, le préserva d'être confondu avec la *zoolâtrie* qui eut lieu en Egypte et dans l'Inde ; le dogme de celle-ci est la *zoogonie :* conservation sacrée des animaux, ou loi qui défend expressément d'en tuer et d'en manger. Il y eut un Jupiter Zooganer, protecteur du bétail.

Pour l'origine du *sabaïsme* ou *zorolâtrie*, la fable et l'histoire profane se rencontrent également sous un même voile ténébreux, et c'est alors l'Ecriture qui peut seule aider à le soulever. Parmi les nombreux fils de *Chus*, fils de *Cham*, il y en eut trois qui portèrent les noms de *Saba*, *Sabatha*, *et Sabathaca;* en Chaldéen comme en arabe, *Saba*, *Sabe*, *Sabela* vouloient dire consacré.

Sabatha fut chef des sabathéniens dans l'Arabie, la géographie nomme leur ville Sabathaï et Sabathie. St. Jérôme dit que du troisième il étoit difficile, de son temps, de distinguer le peuple qui en provenoit. Il y eut aussi un petit-fils de *Chus* nommé *Sabat*, d'où sont venus les Sabaïens, peuple qu'il ne faut pas confondre avec les Sabaëins qui provenoient du premier fils de Chus nommé *Saba*. Ceux-ci habitoient une partie de l'Arabie heureuse (1) dont leur capitale étoit, à ce qu'on croit, à l'endroit où se trouve aujourd'hui Sanaa : Ainsi dans l'Arabie il y avoit deux pays de Saba, remarquables également par les

_____

(1) Les Arabes, dans l'Ecriture, sont appelés *Cush*.

parfums qu'ils produisoient ; mais la première lettre de leur nom étoit différente : l'un commençoit par *schin*, l'autre par *samech*.

La reine de Saba qui se rendit auprès de *Salomon*, et qui est indiquée dans la traduction sous le titre de *Reges Arabum et Saba*, est qualifiée dans l'hébreu de reine de Schaba et de Saba.

La géographie ancienne présente plusieurs villes du nom de *Sabaë* ; 1°. à un ancien peuple d'Asie aux Indes ; 2°. à un ancien peuple de Perse ; 3°. à un ancien peuple de Thrace, *Bacchus* avoit de lui le surnom de *Sabasius* ; 4°. en Lybie intérieure ; 5°. en Arabie. Mais il y avoit encore *Sabae*-arae dans la Médie, près la Mer Caspienne, et *Saba-ria* (1), en Pannonie. Dans la géographie moderne il reste encore Suba, ville persanne ; mais je ne sais pas si elle connoît *Sabatz* en Servie.

Ces noms multipliés de villes et de peuples, donnent à penser que le *sabaïsme* étoit très-répandu. Cette idolâtrie se composoit de *l'adoration des Astres* ; elle est exprimée ainsi dans le texte de l'Ecriture : *Tuba Schamaïm*, et *Seba*

(1) C'est le lieu où l'on croit que mourut en exil Publius Ovidius Naso, l'an 17 de l'ère Chr.

Schamaïn : omnes miltias cœli. Les Hébreux entendoient les *étoiles* et les *Astres.* Ce culte se trouvoit presque général aux temps d'Abraham et de Moïse.

Le soleil et la lune étoient les dieux supérieurs, les étoiles étoient les dieux inférieurs. Abraham sortit de la Chaldée par l'ordre du VRAI DIEU, *qui voulut le séparer des nations où régnoit la corruption.* Il obéit, et fut persécuté par quelques chefs de peuples, entre autres par celui des Eüthëens, parce que ce patriarche *ne reconnoissoit que le vrai Dieu qui avoit créé ces mémes Astres* (1).

De l'établissement du Sabaïsme, il faut passer à son dogme ou doctrine. On enseignoit, selon le style figuré de ces peuples, que le soleil étoit le palais du génie du bien, qui ouvroit ou fermoit les portes de la lumière aux hommes, et qui leur avoit confié le feu pour qu'ils veillassent avec soin à sa conservation. De là ce culte du soleil et du feu dont on trouve les restes chez les anciens Romains, et aujourd'hui dans une partie de l'Asie et de l'Europe elle-même.

Zoroastre fut aussi divinisé ; il rendit des oracles *magiques*, avec autant de succès que Ju-

(1) Vocation d'Abraham.

piter, Apollon, etc. On peut regarder ce Zoroastre, comme l'inventeur de l'astrologie, et le fondateur de l'opinion du mouvement de la terre autour du grand Astre.

Le soleil étoit donc un palais composé par la lumière du jour, et occupant le centre du ciel; la terre étoit emportée autour, et passoit de la jouissance de cette lumière à sa privation, produite par l'obscurité ou les ténèbres, palais du génie des maux; les étoiles étoient les messagères du génie du bien, la lune au premier rang : ses phases offroient l'effet de son voyage du palais de la lumière à la terre pour consoler les hommes. Lors de la nouvelle lune, on la croyoit auprès du bon génie pour se charger de l'éclat qu'elle venoit ensuite répandre sur la terre. Dans ce culte la lune étoit considérée comme *le flambeau de l'obscurité;* on célébroit une fête de nuit lorsqu'elle étoit pleine : c'est pourquoi, chez tous les peuples idolâtres, la LUNE fut regardée MAGICIENNE, ATTRACTIVE et INFLUENTE. On supposoit, ou plutôt on croyoit qu'elle avoit communiquée directement avec le *dieu Soleil,* qu'elle en rapportoit des *vertus occultes* très-propices à tous les êtres, et *qu'elle guidoit la route de la terre dans l'espace.* Sa fête se terminoit par des danses. Les éclipses du soleil et de la lune jetoient dans le désespoir ; car c'étoit le mauvais génie qui vouloit faire entrer de force la lune dans le palais du Soleil et fermer les portes sur elle. Il y avoit d'autres peuples qui poussoient d'horribles cris (1) pendant les éclipses de lune pour effrayer *le dragon* (2) prêt à la dévorer. Dans ces systèmes on y doit reconnoître l'enfance de l'Astronomie et des Sciences.

Le *Schamanisme*, existant encore dans les vastes contrées du nord-oriental de l'Europe et en Asie, donne une idée du dogme du Sabaïsme ou la zorolâtrie, sous une forme dégradée peut-être, mais d'ailleurs assez complète.

On retrouve ce dogme au *Kam-Tscha-Tka*, chez les *Samoïedes*, etc., parmi lesquels, quoiqu'il y ait des tribus de baptisées, on y adore le *soleil*, le *firmament*, et on y conserve la vénération pour les *montagnes*, que l'Ecriture nomme les *Hauts-lieux*, ce qui désignoit pour Israel, l'idolâtrie. C'est dans ces pays de la région glaciale, vers les latitudes 67, 68 degrés, qu'on rencontre les *Schamans*, prêtres *astrologues* et *magiciens*. Ils se vantent de *connoître le*

---

(1) Encore en usage chez les Siamois et sur les côtes du Japon.

(2) Il y a une constellation nommée *le Dragon*.

passé

passé et l'avenir, quoiqu'ils ignorent entiè-rement le présent ; ils se répandent sur les côtes de la Sibérie, et se trouvent jusque chez les insulaires du pôle au delà du 75ᵉ. degré de latitude. L'accoutrement du prêtre Schaman, lui donne, aux yeux d'un étranger à ces pays, l'aspect le plus épouvantable ; il a toujours avec lui son tambour, *instrument magique,* sur lequel il frappe pour mettre en fuite le mauvais génie ou pour consulter l'oracle, et l'oracle, c'est lui !

Ces peuples et leurs prêtres embrouillent telle-ment leur croyance d'un Dieu universel, avec celle de tant d'autres divinités, qu'ils n'y distin-guent plus rien ; mais pour la majeure partie, le nom *divinité* et le terme *lumière* du jour sont une même chose, comme chez les Wongoules et autres.

En général leur dogme est que Dieu demeure dans le soleil (pour quelques-uns il est le soleil même), les dieux subalternes sont : les *étoiles,* les *nuages,* l'*orage,* le *feu,* l'*eau,* tous les phénomènes ; les montagnes sont quelquefois di-vinisées, on *y porte des offrandes,* on les y dé-pose, *on vient ensuite les manger.*

Le mauvais génie a des génies inférieurs à ses ordres, ce sont eux qui causent tous les malheurs de la vie. Ces peuples ont des Idoles : une sorte de figure d'homme, couverte de cuivre laminé ou de quelques cailloux brillans, est le soleil; un demi-cercle blanc est la lune; un triangle est le feu; un gril est la désignation de la terre.

Les grandes fêtes du schamanisme, sont le retour du soleil (l'équinoxe du printemps), que leurs prêtres annoncent; la plus haute élévation du soleil sur l'horison (c'est le solstice d'été), et enfin, les derniers jours où le soleil va abandonner le pôle, et bientôt ces contrées; celle-ci est la moindre, et se célèbre plutôt ou plus tard selon la latitude du pays. C'est la fête de la souveraine blanche, parce qu'alors le soleil disparoissant pour quelques semaines ou pour quelques mois, on va retomber plus ou moins long-temps sous la puissance de la *divinité blanche*, qui est la lune. Toutes les autres fêtes sont pour le soleil. Ils appellent Dieu, *Kam*, ou le *prince tout-puissant*.

On ne doit pas terminer ce coup-d'œil sur l'histoire en rapport avec l'Astronomie sans dire un mot des Druïdes.

Ces prêtres, si célèbres dans les gaules, ont aussi été nommés Chaldéens, on les a regardé comme fameux pour leur érudition. Ils étoient les ministres de la religion, et les instituteurs de la jeunesse, depuis les pays des Gaulois jusqu'aux parties les plus reculées vers le nord de l'Allemagne. César dit dans ses commentaires, qu'on croyoit de son temps « *que la science* » *des Druïdes avoit commencée chez les an-* » *ciens Bretons.* Or les Druïdes bretons et une partie des Bretons provenoient d'une colonie asiatique. Quoique les Druïdes crussent que c'étoit un crime de laisser écrire les principes de leur religion, ce qui les fit accuser de ne point connoître l'art de la calligraphie, cependant ceux d'Angleterre et d'Ecosse, appelés les anciens Bretons, rédigeoient des actes publics en langue grecque.

On a aussi prétendu que les Druïdes ignoroient l'Astronomie, qu'*ainsi ils ne pouvoient compter les années.* Mais Pline dit : qu'*ils supputoient les années sur les mouvemens de la lune*, et on peut penser que l'Astronomie fut un des secrets de leur religion.

Avant de passer à l'abrégé historique des progrès de la science Astronomique, il est essentiel de présenter un point particulier, concernant les opinions sur l'ancienneté des observations. Il n'est pas question de décider sur la prétention de tel ou tel peuple à ce qu'on nomme l'*invention* de l'Astronomie, puisqu'on a fait voir qu'elle datoit de la création de l'homme; mais de faire sentir l'obscurité, la confusion qui se trouvent dans l'histoire ancienne, et dans l'habitude familière des modernes de confondre les droits de différens peuples. En comparant l'*histoire* à la *fable,* on cherchera, encore dans l'Ecriture où se trouve le certain, de quoi former un jugement.

Il s'agit 1°. de définir quel étoit *Bélus,* roi d'Assyrie, comme *inventeur* de l'Astronomie.

2°. S'il est réel que les plus anciennes observations astronomiques des Chaldéens, ne datent que de 719 ans avant l'ère chrétienne, ainsi que les cosmographes le répètent les uns après les autres ?

L'ÉCRITURE.	*MYTHOLOGIE.*
1°. L'Ecriture dit que Nemrod fut le fondateur de l'empire des Chaldéens, ou Babyloniens.	1°. Belus, Bel, fils de Neptune et Lybie, roi des Assyriens. On rendoit des honneurs à sa statue.
Il étoit fils de *Chus,* et petit-fils de *Cham* ou Ham, qui gouverna une partie de l'Egypte. Voy. Chron. S.	Mythol. Les Chaldéens et autres peuples adorèrent Belus, sous le nom de *Baal.*
	Josephe, Hist. On adoroit aussi Jupiter-Bel. Fab.

Nemrod sortit du territoire de la Lybie, régna sur la Chaldée, l'Assyrie, etc., l'an de la créa-

tion du monde 1771, et avant l'ère chrétienne
2233 ans.

Parmi les rois qui lui succèdent, on ne trouve du
nom de *Bel* que l'*Assyrien*, qui régna dans Babylone, après les *Arabes*, l'an du monde 2682, avant
l'ère Chrétienne 1322. Depuis l'Assyrien jusqu'à
Belesis, nommé aussi *Nabonassar*, qui régna l'an
du monde 3257, on ne sait ni la qualité, ni le nom
des Rois Assyriens. Cet espace est de 575 ans.

Ce Nabonassar est devenu célèbre dans l'histoire de l'Astronomie, par l'ère qui prit son
nom, dont Ptolémée s'est servi, et que les anciens Astronomes font commencer au premier
jour du mois que les *Egyptiens* nommoient
Thoth (Mercure), ce qui répond au mercredi 26
février de l'an 747 avant l'ère chrétienne.

2°. Alexandre, déclaré Vainqueur de la terre et
Roi d'Asie, entra à Babylone, l'an du monde 3674,
avant l'ère Chrét. 330. Pendant son premier séjour,
Callisthène, philosophe, qui étoit de sa suite,
trouva dans la bibliothèque de cette fameuse ville
des observations astronomiques faites pendant 1903
ans. Il les envoya en Grèce à Aristote. Voilà un
fait historique. Or ces 1903 ans d'observations, et
qui prouvent que les Chaldéens les ont faites, re-
montent à l'an du monde 1771, qui est le règne
de Nemrod.

Ainsi Bélus, Bel ou Baal, ou Jupiter-Bel se

trouve *Nemrod*, et Bélus, fils de Neptune ou l'Océan, et de Lybie, c'est toujours lui, fils de Chus, petit-fils de Ham, ou Jupiter Hammon. Et cette nymphe Lybie est la dénomination primitive de l'Afrique à l'occident de la Mer Arabique ou Mer-Rouge et du fleuve du Nil. Et quand les écrivains rapportent que les plus anciennes observations faites par les Chaldéens ne datent que de 719 ans avant l'ère chrétienne, ils ne sont point d'accord, ni avec la fable, ni avec l'histoire, ni avec le fait du philosophe Callisthène.

ABRÉGÉ HISTORIQUE

De la formation et des progrès de la science Astronomique.

LES anciens auteurs varient sur la *formation* de la science Astronomique. S'ils ne sont pas d'accord, cela ne doit point surprendre; chaque historien voulant illustrer son pays, ou celui auquel il s'intéressoit, dut la lui attribuer exclusivement (1).

Les uns prétendent qu'on la doit aux *rois pasteurs*, d'autres à des *rois puissans*, peut-être qu'ils présentent les mêmes personnages sous des noms différens. Ce fut Prométhée, roi de Scythie; ce fut son frère Atlas, roi de Mauri-

---

(1) Le docteur Rudbeckius (Rudbeck), auteur de 4 vol. de l'Atlantique, publiés en 1603, déploya une savante érudition pour prouver que l'Astronomie avoit été formée par les Scandinaves anciens. On y trouve que la Suède est l'*Atlantique de Platon*, l'*Ogygie d'Homère*, et le véritable berceau des Dieux mythologiques; il a été jusqu'à *démontrer* qu'on a mal placé le mont Atlas, en le supposant en Afrique, puisque c'est en Suède où il existe.

tanie ; ce fut Bélus, roi de Babylonie ; ce fut Zoroastre, roi de Bactriane ; mais avant tout ce fut *Uranus*, roi d'un peuple qui habitoit sur les bords de la mer *Atlantique* quelque contrée *fort inconnue*, et que, dans le XVIIIe. siècle, la vanité ignorante pouvoit seule croire possible d'être désignée par la fiction.

En séparant la simple contemplation des premiers hommes, et les premières idées qu'elle fit naître, de la *formation* ou assemblage des observations qui en provinrent, c'est-à-dire, considérant l'Astronomie comme déjà un corps de science, l'opinion la plus probable doit être en faveur des *Chaldéens ;* car on voit à l'appui de cette réputation, que chez toutes les nations antiques le nom de Chaldéen désignoit un *savant,* un observateur du temps ou *Astronome,* et quelquefois un *adorateur des Astres,* un *astrologue* ou *devin.*

Plusieurs modernes ont voulu rejeter, ou tout au moins mettre en doute, l'opinion de quelques anciens, que les Hébreux avoient eu des connoissances en Astronomie. Ce doute ne pouvoit indiquer que la mauvaise foi, puisque les Juifs ont été souvent confondus chez les Grecs et les Romains sous le nom de Chaldéens ; et il est certain que dans un chapitre du livre de Job, l'un des plus anciens ouvrages connus (1), il y est fait mention de plusieurs constellations ou étoiles (2). Il a été déjà dit que des observations sur les Astres précédèrent le déluge, et on sait qu'après cette grande époque, l'Astronomie dirigea la morale religieuse des peuples nouveaux en sens tout-à-fait opposé à la sagesse, c'est là, sans doute, ce qui la fit abandonner par les *conducteurs des Israélites*. Ces temps ne sont pas si obscurs que les dissertateurs modernes ont voulu le faire croire.

Les observations faites par les Chaldéens, qui ne datent que de 719 ans avant l'ère chrétienne, et où l'on trouve seulement trois éclipses de lune, ne sont que des fragmens, puisqu'ils avoient découvert la savante période luni-solaire, et supputé le temps que le soleil emploie à revenir au

(1) Traduit du syrien, ou de l'arabe, en *hébreux*, par Moïse lui-même. *Job* habitoit la ville d'*Us* ou Hus. Il y en avoit une au pays de Damas, sur les confins de l'Arabie Heureuse, et faisant partie du territoire des Chaldéens. Depuis il y en eut une autre chez les Ismaélites. Celle où demeuroit Job, et où il eut de grandes propriétés, fut fondée par Hus, fils d'Aram, 5e. fils de Sem. Aram est regardé comme le père des Syriens et des Arabes.

(2) Orion, Arcturus, etc.

même point du ciel, ils comptoient ce temps de 365 jours 5 h.^{res} 51.^{m} 36.^{s}, ainsi ils avoient l'usage des constellations du zodiaque ; mais on ne peut savoir si elles furent les mêmes que celles des Egyptiens. Ceux-ci prétendoient que c'étoit en Egypte que l'Astronomie avoit pris naissance, et ils en donnoient l'*invention* à leur grand génie nommé Thoth (1). On compte 373 éclipses de soleil et 832 éclipses de lune observées par les Egyptiens ; sur cela on a imaginé qu'ils pratiquoient l'Astronomie dans des temps reculés. Cependant leurs premières observations ne sont que de seize siècles avant l'ère chrétienne. On leur attribue l'invention du calcul des éclipses pour les annoncer. Généralement on convient, qu'en tout, ils étoient les plus savans du monde. Il n'importe pas ici de décider cette grande question, on se résume en disant que les Chaldéens, les Egyptiens, les Ethiopiens, et les Phéniciens (2) ayant la même origine, leurs travaux dans la formation des sciences ont pu être confondus.

(1) Thauth ou Thoyth, qui fut divinisé, auquel ils attribuoient l'art de la Navigation et bien d'autres. C'étoit le Mercure-Trimegiste.

(2) Les Phéniciens ont occupé primitivement les bords orientaux de la mer Rouge, du nord au sud. C'étoit une colonie des Edomites.

Dans cet abrégé, ce qui convient le plus est de considérer les principes acquis par l'Astronomie, et c'est chez les Grecs, héritiers des sciences et des arts de tous les peuples primitifs, qu'on peut suivre son accroissement dans des progressions assez rapides, et très-importantes à connoître.

Selon Diogène de Laërce, qui a écrit la vie de *Thalès* de Milet, c'est ce philosophe qui le premier enseigna chez les Grecs l'astronomie, il l'avoit appris en Egypte. Thalès étant allé à Memphis, étudia à l'école des prêtres de ce pays ; il y remarqua des Pyramides qui servoient aux observations des Astres, et dont les quatre faces étoient dirigées sur les quatre points cardinaux de l'univers. Ainsi on savoit déjà, en Egypte, exécuter une méridienne, base de la science gnomonique.

Thalès enseigna aux Grecs la cause des éclipses, et en prédit une de soleil ; c'est la première qui fut annoncée chez eux, 585 ans avant l'ère chrétienne. Ce fondateur de l'Astronomie en Grèce, y fit aussi connoître que la terre étoit ronde, il partagea la sphère céleste en cinq cercles parallèles, il expliqua les causes des phases de la lune, et il parvint à faire assez exactement l'estimation du diamètre *apparent* du soleil, en lui donnant la valeur d'un demi-degré de son orbite. Il contribua au succès de la navigation des Grecs, en leur recommandant de faire usage des étoiles circompolaires, et notamment de la petite ourse.

On croit aussi qu'il a parlé le premier de l'obliquité de l'écliptique, ce qui doit être, puisque les Egyptiens ne pouvoient connoître le zodiaque sans avoir aperçu cette obliquité; mais Pline, copiant d'autres auteurs, en donne la publication à Anaximandre. Celui-ci composa une *sphère armillaire,* d'après la division de Thalès, et il découvrit l'art d'établir des *cadrans solaires et* des horloges.

C'est encore aux élèves de Thalès, ou *à l'école de Milet,* qu'on attribue la supposition *que le soleil est composé de matière enflammée.*

Anaximène, qui leur succéda dans la même école, changea l'instruction. Il enseigna que les Astres sont *des roues remplies de feu, qu'ils laissent échapper par une ouverture, laquelle en s'engorgeant produisoit des éclipses.* Ce sophiste qui regardoit l'air comme l'unique principe de tout, n'accordoit point d'orbites réelles aux planètes, selon lui elles parcouroient l'espace en liberté autour de la terre, *et il vouloit que celle-ci fut plate.*

Anaxagore son contemporain, rendit *les or-*

bites circulaires aux astres; mais en soutenant que les cieux et les Astres étoient de matière aussi compacts que la pierre.

Pythagore remit un peu d'ordre au milieu des innovations. Il rétablit *la rondeur de la terre et des Astres*, indiqua ce que c'étoit que les *antipodes*; la cause de la lumière de la lune, et comment se formoient les éclipses; observa le cours de *Vénus* et de *Mercure*; fit voir que *Vénus étoit l'Astre qui précède ou qui suit le lever et le coucher du soleil.* C'est-à-dire, qu'il rappela les principes des observations que les Egyptiens avoient déjà faites, et que lui-même tenoit de leurs prêtres. Il reconnut une des propriétés remarquables du cercle, et du corps formé par le mouvement de cette figure autour de son axe qui est ce qu'on nomme *un globe;* c'est que de toutes les figures de même étendue, *le cercle est la plus grande*, et qu'ainsi parmi les solides, *un globe est le corps le plus grand.*

Environ un demi-siècle après, un sophiste nommé *Philolaé,* voulut expliquer, à *sa manière,* la combinaison du cours des Astres. Jusque-là, pour plusieurs peuples et les Egyptiens et les Grecs, le soleil étoit regardé comme parcourant le cercle de l'écliptique, il adopta l'opinion particulière aux *Sabaïstes, en livrant la terre à*

Ans
av. l'ère Chr.

590.

ce grand mouvement. On tourna en ridicule cette supposition, et le novateur intrépide, pour étonner davantage ses adversaires, soutint que, non-seulement *le soleil étoit sans mouvement,* mais qu'il n'avoit *ni lumière, ni chaleur,* et qu'il n'étoit qu'un miroir qui réfléchissoit l'une et l'autre qu'il recueilloit des planètes. On le jugea fou.

Vers ce temps, un sage Astronome, *Phainus,* étudia plus réellement le cours des Astres, et il *regarda le mouvement du soleil sur l'écliptique, comme une des bases inexpugnables de l'Astronomie.* Aussi réussit-il à former un grand et habile homme, Méthon. A cette époque on vit faire usage d'un nouvel instrument pour mesurer le cours du soleil, ce fut l'*héliomètre.* Phainus et Méthon observèrent ensemble assiduement le *lever* et le *coucher* de plusieurs étoiles.

Méthon, savant mathématicien, géomètre et astronome d'Athènes, trouva la fameuse *période de* 19 *ans,* appelée *ennéa-décaéteride :* on suppose que, pendant ce laps de temps, toutes les différentes mutations du soleil et de la lune s'accomplissent; après quoi ces Astres reparoissent de nouveau prendre les mêmes positions où ils s'étoient rencontrés auparavant. Cette découverte

Ans
av. l'ère Chr.

fut reçue avec tant d'applaudissement par les
Athéniens qu'ils lui décernèrent une palme, et le
couronnèrent au milieu d'une fête où ils célé-
broient les olympiades ; ensuite ils firent tracer — 451.
cette période en caractères d'or au milieu de la — 452.
place publique, ce qui lui mérita dès lors ce
titre si célèbre de *nombre* d'*or*, dont par la
suite l'usage passa chez les Romains, et de là
parmi les chrétiens.

Eudoxe de Cnide, Astronome, géomètre, — 400.
mécanicien, médecin et légiste, fut le dernier
de l'ancienne secte des pytagoriciens. Il vivoit
du temps de Mausole, roi de Carie ; il voyagea
en Égypte, et ensuite travailla à perfectionner
l'Astronomie. On lui attribue une hyppothèse
pour faire correspondre tous les mouvemens de
la sphère céleste autour de la terre. Il passa sa
vie dans la plus extrême indigence, faisant tour
à tour le métier de philosophe et d'ouvrier en
mécanique, et pour avoir la liberté d'examiner
le ciel, il préféra de se louer comme *portefaix*
pour subsister. On croit qu'il mourut à l'âge de
53 ans. C'est dans l'ancienne Astronomie un
homme fort célèbre.

Un siècle après, *Aristile* et *Thimocaris* fi- — 300.
rent des observations tellement suivies, qu'on

 eût par eux le catalogue d'un grand nombre d'étoiles.

270.   *Aristarque* de Samos, chercha à déterminer la distance du Soleil à la terre, que les Grecs regardoient comme infinie. Il profita de l'instant où la partie visible de la lune est éclairée à moitié, et prit la grandeur de l'arc intercepté entre le soleil et la lune, il obtint un triangle rectangle dont un côté étoit formé par la distance de la terre à la lune, le second par celui de la lune au soleil, et le troisième par la distance du soleil au point de la terre où étoit l'observateur : connoissant les angles et la distance de la lune à la terre, il détermina les autres côtés du triangle, et eut ainsi une approximation de la distance du soleil. *Il établit que la distance du soleil à la terre est vingt fois plus grande que celle de la terre à la lune.* Il estima le diamètre de la lune le tiers de celui de la terre. Enfin, il ébaucha une hypothèse sur le mouvement de la sphère céleste, et replaça le soleil fixe au milieu des planètes, les faisant marcher autour de cet Astre ainsi que la terre.

180.   Mais il devoit paroître un beau génie, qui, en cultivant avec ardeur l'Astronomie, dirigeroit cette science vers des succès plus avantageux :

geux : ce fut *Hypparque* (1). Il observa avec un soin infatigable, pendant beaucoup d'années, le mouvement du soleil, ses situations tant à l'équateur qu'aux solstices ; il les compara avec les observations de ses prédécesseurs.

C'est à cet homme, vraiment illustre, que la science Astronomique doit une grande partie des bons principes qui pouvoient lui procurer d'excellens développemens. Il détermina la grandeur de l'année de 365 jours, 5 heures, 55 minutes, 12 secondes. « *On savoit déjà que le* » *soleil semble parcourir plus vîte la partie* » *australe de l'écliptique que la partie boréale : cette* IRRÉGULARITÉ *prouvoit que la* » *terre n'occupe pas le centre de l'orbite du* » *soleil, l'écliptique.* » Il falloit connoître cette excentricité, ou distance de la terre du centre autour duquel le soleil se meut annuellement ; Hypparque en combinant les intervalles *inégaux* du soleil pendant les équinoxes et les solstices, évalua cette excentricité à un 24ᵉ. du rayon de l'orbite du soleil. De même il détermina l'excentricité de l'orbite lunaire, à 5 degrés, et aussi

(1) De Nicée en Bythinie. Cette ville, fameuse par le premier concile qui s'y tint en 325, et le septième en 787, se nomme aujourd'hui *Isnica*, et fait partie de la Natolie sous le gouvernement Turc.

6

l'inclinaison de cette orbite. Enfin il calcula des tables solaires et lunaires pour leurs mouvemens. Rempli d'une sagacité étonnante, et doué des lumières naturelles d'un esprit transcendant, il voulut mesurer en détail la grandeur de l'univers.

Pour cet effet, il inventa une méthode qui depuis fut renouvelée dans l'Astronomie moderne ; c'étoit l'observation des *diamètres apparens* des astres, des *parallaxes horizontales* appliquées au soleil et à la lune, leur distance et grandeur relatives ; enfin il fut jusqu'à chercher *le diamètre de l'ombre de la terre dans les éclipses de lune.* Par tant d'observations savantes et multipliées, il trouva que la plus grande distance du soleil à la terre devoit être de 1586 parties, sa moyenne de 1472, et la petite de 1357. Que sa parallaxe horizontale est de 3 *secondes.* Que le diamètre du soleil est cinq fois et demie plus grand que celui de la terre ; et que celui de la lune est un peu moins du tiers du diamètre du globe terrestre, dont elle est éloignée, dans sa distance moyenne, de 59 demi-diamètres terrestres.

L'apparition d'une nouvelle étoile le porta à faire l'énumération de toutes celles qu'il connoissoit ; il les divisa en plusieurs groupes, et pendant ce travail il reconnut que *les étoiles fixes changeoient de place*, puis en les comparant à des anciennes observations, il trouva un *mouvement rétrograde* d'environ deux degrés pour le point de l'équinoxe; il conjectura que ce mouvement avoit lieu autour des pôles du zodiaque. Son génie étoit inépuisable. I' esquissa la théorie de la lune, ses révolutions ou mouvemens des apsides et des nœuds; indiqua *l'usage des longitudes* pour fixer la situation des lieux en géographie; ce fut son dernier travail. Il ne reste de tous ses précieux ouvrages que son commentaire sur Aratus.

Trois siècles devoient en s'écoulant sans aucune extension pour les principes de l'Astronomie, lui faire sentir la perte du grand Hypparque, l'une des plus considérables qu'elle avoit jamais pu faire jusqu'alors; cependant l'histoire fait mention d'un Agrippa, amateur de cette science. Ce qu'on cite de plus remarquable de lui, par ses observations, est une occultation des pléïades par la lune, vers l'an 93.   93.

Un Astronome savant, qui fut riche en travaux, fécond en génie, illustre par une juste renommée, devoit dédommager de ce silence qu'inspiroit le souvenir de la gloire d'Hypparque.   120.

★

Ptolémée (1) se fit connoître, et voulut donner à la science pratique de l'Astronomie une forme élémentaire qui lui manquoit. Dirigé par sa passion extrême pour cette science, excellent géomètre, bon mathématicien, il se proposa de la présenter avec méthode. Ses travaux furent immenses et très-utiles, même la composition de son fameux système du monde dont il sera parlé ailleurs.

Ptolémée s'étant assuré que les étoiles, supposées fixes, avoient avancé parallèlement à l'écliptique de 2° 40′, depuis la remarque qui en avoit été faite par Hypparque, c'est-à-dire, dans l'espace de 265 ans, crut que ce mouvement étoit d'un degré par siècle. Il forma un catalogue de 1022 étoiles, et trouva toujours *l'obliquité de l'écliptique* comme au temps d'Hypparque.

Il composa un résumé de tous les travaux de ses prédécesseurs et de ses propres observations, qu'il nomma la *grande composition, compositionem magnam.* Il y donne la description de quelques instrumens Astronomiques : *l'armille,* connu d'Hypparque, et *l'astrolabe.* L'armille tenoit de la sphère *armillaire,* à laquelle on ajoutoit un grand cercle tournant sur les pôles de

(1) Né à Peluse dans la Ptolémaïde. *Pelusium,* ville d'Égypte, sur le bord oriental du canal du Nil.

l'écliptique, et qui étoit garni de *pinules* diamétralement opposées. On plaçoit l'armille dans le plan de la sphère céleste, et par la situation du soleil ou d'un astre quelconque à son égard, on connoissoit soit par la lumière qu'il jetoit, soit par les pinules, le lieu de cet astre dans le ciel. L'astrolabe, qui est encore en usage, étoit loin d'être parfait dans ce temps, et ne pouvoit comme aujourd'hui alléger la fatigue de l'observateur; d'ailleurs il n'y avoit ni *montres,* ni *pendules,* et on déterminoit le temps avec des clepsidres (1). Mais Ptolémée, d'après Hypparque, remarquoit la hauteur du soleil pendant le jour, à l'instant de l'observation, et celle d'une étoile pendant la nuit, et combinant la position de l'astre avec la latitude du lieu, il déterminoit l'heure exacte de son observation.

Le nom de Ptolémée devint si célèbre qu'il fut qualifié de *prince des Astronomes.*

Entre Ptolémée et la fondation de l'Astronomie en Europe, par les Arabes ou Maures, il y a une disette totale de mathématiciens, et principalement d'hommes qui aient suivi l'Astronomie pratique. On est surpris de ne rien trouver dans l'histoire de cette noble science, qui puisse

(1) Horloge d'eau.

faire honneur à une nation tant exaltée par quelques modernes, les Romains, décorés si gratuitement du titre ridicule de *peuple-roi,* dont on n'a jamais su étudier sous de véritables rapports les mœurs prétendues policées, et les soi-disantes vertus; ce peuple, qui ne développa jamais aucunes facultés relatives aux sciences exactes.

Ce fut sans principe et sur des *ouï-dires* que Papirius-Cursor, dans le Ve. siècle de la fondation de Rome, essaya de tracer pour le temple de Quirinus (1) un cadran solaire, *et il se trouva fort mauvais.* A la fin du même siècle on en apporta un de la Sicile, *qui étoit fort bon.* Mais au grand étonnement du Sénat et du peuple, on ne put s'en servir à Rome, *vu la différence de la latitude;* ce que tous ensemble ne connoissoient pas encore.

Très-superstitieux pour leur millier de dieux de pierres et de bois, très-avides des propriétés de leurs voisins (2), ces Romains aussi oisifs hors des camps, que stupides dans leur goût effréné pour les spectacles de gladiateurs, n'élevèrent

(1) Nom donné à Romulus, lorsqu'on en fit une Divinité.

(2) Voy. Salust. de Bel. Cat. Tacit. Tite-Live. .

jamais leur esprit à la contemplation. Leurs prêtres astucieux et imposteurs (1), leurs orateurs
vains, fallacieux et bavards, tous tenoient de la
Grèce ce qu'ils débitoient; mais la science pratique de l'Astronomie n'eut point accès parmi
eux.

A la vérité, on pourroit vers ce temps citer
Caïus Higinius, que quelques-uns ont regardé
comme habile Astronome. Ce grammairien, af-
franchi d'Auguste, a la réputation d'avoir laissé
un ouvrage qui parle de l'Astronomie; mais on
prétend aussi que cet ouvrage est de quelqu'écrivain du Bas-Empire. On pourroit citer encore
Lucius J. M. Columella, qui vivoit sous l'empereur Claude. Il fut célèbre par son goût pour
l'agriculture, ce qui le fit passer pour philosophe.
Il composa deux ouvrages sur les jardins, et
fit entrer dedans des notions astronomiques;
mais selon l'opinion de quelques savans, Columella n'étoit point Astronome.

Quoi qu'il en soit, tous deux étoient Espagnols, seulement sujets de Rome; mais point
Romains; et quoique du temps de Ptolémée
l'empire fût établi, et que *Sozigène* fût venu
d'Alexandrie d'Egypte pour former le calen-

(1) Qui ne connoît cette question : « Comment deux Au-
» gures pouvoient-ils se rencontrer sans éclater de rire? »

drier attribué à Jules-César, malgré l'erreur de ce calendrier qui donnoit à l'année civile 365 jours 6 heures, les désordres qui se succédoient parmi les Romains et par la corruption des ambitieux, ne pouvoient être propices à y étendre et faire estimer une science aussi paisible (1). Ainsi près de huit siècles s'écoulèrent depuis les succès de Ptolémée, sans qu'on retrouve dans toute l'Europe quelqu'un pour les imiter ou les suivre.

880.   La naissance de la philosophie péripatéticienne, des sciences exactes, et principalement de l'Astronomie, dans l'empire d'Occident, appartient à l'invasion que les Arabes firent en Europe, et qui donna aux écoles de Séville et de Cordoue tant de réputation, que l'Italie et la France leur portèrent envie; ce sont eux qui introduisirent le grand ouvrage de Ptolémée qu'ils avoient traduit dans leur langue, d'où il fut connu sous le titre d'Almageste (2).

(1) Les Romains, vers le temps des empereurs, avoient pris un goût décidé pour les astrologues et les prétendus devins, et les édits impériaux se multiplioient pour les chasser les uns et les autres de la capitale et des provinces.

(2) C'est pourquoi on trouve encore dans l'Astronomie moderne plusieurs termes arabes.

Vers l'an 880, un Prince arabe nommé *Ben Geller* ou *Albatignius,* qui professoit la religion des anciens *sabaïstes,* travailla sur les hypothèses de Ptolémée, et crut y reconnoître quelques erreurs.

1°. *Que le mouvement du soleil n'est pas égal à celui des étoiles, qu'il est plus rapide.* 2°. *Que les étoiles avancent d'un degré en longitude dans l'espace de 66 ans.* Cet Arabe fit un livre sous le titre de *Science des étoiles.* Il trouva que l'année devoit être fixée à 365 jours, 5 heures, 46 minut. 24 sec. Il observa aussi, 760 ans environ après Ptolémée, sous la latitude de 36 degrés, en Mésopotamie, la distance des tropiques de 47 degrés 10 minut.

Plusieurs autres Arabes travaillèrent, et en l'an 1000 *l'obliquité de l'écliptique* fut estimée par *Arsachel* n'être que de 23° 34'. Ceci servit à établir une nouvelle opinion par laquelle on supposa *la diminution graduelle de l'obliquité par suite de temps.*

Un autre Arabe nommé *Alpétragus,* voulant aussi *raccommoder* le système de Ptolémée, et fondre en un seul mouvement ce qui tenoit aux excentriques, aux épicycles et à l'obliquité, imagina *de faire marcher les planètes sur des orbites en spirales elliptiques.* C'ÉTOIT EN-

CORE, COMME DANS PLUSIEURS AUTRES PAR-
TIES DE L'ASTRONOMIE, *faire une cause d'un
simple effet apparent.*

1220.   L'empereur Frédéric II, charmé des beautés
de la science, fit traduire l'œuvre de Ptolémée,
afin de mettre tout le monde à portée d'en prendre connoissance ; en même temps il ordonna la
construction d'un globe fort grand, représentant
au dehors les constellations, et au dedans la disposition des planètes. Cet ouvrage n'avoit rien
de trop difficile, puisqu'on y suivoit l'hypothèse
de Ptolémée ; mais il étoit bien intéressant à
une telle époque.

Environ 30 années après, Alphonse X, roi de
Castille, protégeant beaucoup l'Astronomie, prit
connoissance de la pratique de cette science et
voulut concourir à son utilité. Il fit venir à
grand frais des Astronomes de toutes parts ; il
les logea et les entretint magnifiquement. *Isaac
Hazan*, juif fort instruit qui s'y trouvoit, invita
ses collaborateurs à corriger les tables de Ptolémée ; au lieu de suivre ce conseil ils calculèrent
de nouveau, et imaginèrent une autre théorie
du mouvement des étoiles qu'ils supposoient
*être en proie à un mouvement inégal en
longitude*, et ce mouvement *tantôt accéléré,
tantôt retardé*, enfin *une augmentation et*

une diminution périodique dans l'obliquité de l'écliptique.

Ce travail dura quatre ans, c'est-à-dire, jusqu'en 1252, qu'ils publièrent de nouvelles tables sous le titre *de Tabulæ Alfonsinæ.*

A peine furent-elles publiques, qu'un Astronome arabe fort instruit, nommé *Alboacem,* les attaqua, principalement dans la supposition *du mouvement inégal des étoiles fixes,* et soutint *son égalité.* La société Alphonsine se montra fort adroite, en se rétractant sans entêtement et sans prévention ; chacun s'empressa à corriger ces tables. Le roi leur en sut gré, en les récompensant d'une manière digne de la générosité qu'il déployoit pour toutes les sciences (1). Mais on le dira en passant, ce prince avoit l'orgueil de se croire la plus profonde sagesse, et dans cette circonstance, on pourroit l'accuser d'avoir porté sa présomption jusqu'à l'impiété en disant que : « si Dieu l'avoit consulté quand il forma l'uni-» vers, il lui auroit donné de bons avis. » Ce-

1252.

(1) On dit qu'il dépensa 400,000 ducats pour ces tables. Elles furent fixées au 1er. juin, jour de son avénement à la couronne. Ayant choisi son fils D. Sanche pour son héritier, ce monstre le détrôna. Alphonse mourut de chagrin en 1284. On remarque que pendant sa vie il avoit lu quatorze fois la bible avec ses gloses.

pendant Alphonse n'a pas eu l'idée de laisser un plan pour une nouvelle création du monde. Quelques auteurs prétendent qu'il tint ce singulier langage en voulant seulement condamner par là « les hypothèses ridicules de certains Astro- » nomes, et non pas le vrai système du monde » tel qu'il est sorti des mains du créateur. »

1425.   FRÉDÉRIC III, empereur d'Allemagne, encouragea *Purbach*, Astronome distingué, à donner une nouvelle traduction de l'œuvre de Ptolémée; il mourut en y travaillant. Un de ses élèves, attaché à ses travaux dès l'âge de 14 ans, acheva l'entreprise; celui-ci étoit d'un très-grand mérite; on changea son nom de *Jean Muller* en celui de *Régiomontan*; c'est lui qui, en Europe, fit la première observation d'une comète, en 1472. *Bernard Walther*, son successeur, créa l'hypothèse *de la réfraction* en observant *Vénus*; c'est-à-dire : *que les rayons de lumière en traversant l'atmosphère se courbent et rendent ainsi la planète visible, quoiqu'encore sous l'horizon.*

Angelus et *Bianchini*, furent dignes d'estime, et avant d'arriver au XVe. siècle, époque remarquable par son influence sur l'état actuel de la science Astronomique, *Werner*, de Vienne en Autriche, avoit produit un bon ouvrage sur les

mouvemens des étoiles fixes, dans lequel il est
d'accord sur *le mouvement égal de ces étoiles.*

Le cardinal Cusa, qui passoit pour être très-
savant, voulut dans le XV°. siècle faire revivre
le sentiment de PHILOLAÉ; ses exhortations
firent sourdement quelques progrès *en Italie,*
et Philolaé y eut des partisans secrets. Nous en
parlerons dans la suite.

Dominique Maria, qui jouissoit à Bologne
de la renommée d'un excellent observateur, partisan de l'opinion qui survivoit à ce cardinal, en
conséquence détracteur du système de Ptolémée,
se fit une célébrité éphémère en soutenant *que
le pôle du monde se rapprochoit de l'équateur;* on reconnut sa méprise; mais on la rejeta
sur Ptolémée, prétendant qu'il n'avoit pas donné
la hauteur du pôle d'une manière assez exacte;
ainsi *Maria conserva une réputation. Ce fut
le maître d'Astronomie du fameux Copernic.*

On parlera, au traité des hypothèses, de celle
que Nicolas Copernic publia d'après l'opinion
de Cusa, et à l'instigation de Maria, qui n'o-
soit se charger de la publicité. Copernic mourut
le jour même qu'on lui apporta l'exemplaire
imprimé de son ouvrage. Un bel esprit du dernier siècle, copernicien d'ailleurs, et qui avoit
lui-même remis en œuvre et publié avec succès

une vieille rêverie des sophistes grecs (*la plura-lité des mondes*), dit au sujet de cette mort re-marquable : « Il semble que Copernic voulut » éviter les contradictions qu'alloit subir son » système. »

1540.   *Joachim Rheticus*, disciple de Copernic et son zélé partisan, profitant du désordre qui se manifestoit à cette époque parmi tous les esprits entraînés aux plus grandes innovations, manœu-vra pour répandre l'hypothèse copernicienne. Il fut bien secondé par *Erasme Reinold*, mathé-maticien de Wittemberg (1) qui compila les tables et les théories des Astronomes précédens pour les amalgamer à la nouvelle hypothèse.

Bientôt l'école de l'Astronomie se trouva sé-parée *en deux partis opposés*. Le parti qui adopta l'hypothèse *de la terre emportée au-tour du Soleil*, voulut la faire recevoir comme étant la seule vérité astronomique.

Les novateurs de tous les pays, furent les pre-miers séduits par les dogmes des Rhéticus et des Reinold.

1550.   Pendant les débats commencés entre l'ancienne

_____

(1) Wittemberg, capitale du duché de Saxe, dans ce temps-là le refuge de tous les grands novateurs. Aujour-d'hui on y trouve des savans fort paisibles et estimables. Lat. 51° 53'.

et la moderne science, *Guillaume* II, *Land-grave de Hesse-Cassel,* fit bâtir un observatoire, fit faire de bons instrumens, et offrit le rare spectacle pour l'Europe, d'un souverain Astronome. Seul, pendant seize ans, il fit des observations très-suivies sur 400 étoiles, dont il donna le catalogue, qui est à leur égard le plus exact. Il s'étoit fait lui-même une méthode qui procuroit beaucoup de précision.

Tycho-Brahé, d'une famille illustre en Suède, venoit aussi d'embrasser la profession d'Astronome, en suivant un penchant qui le dominoit entièrement. Il fit la connoissance du Landgrave, qui s'empressa de lui rendre de bons offices. Tycho-Brahé recevant des secours d'un de ses oncles fort riche, se trouva en état de faire bâtir dans une île du *Sund,* une magnifique résidence tenant à son observatoire; lieu célèbre par les longues et délicates observations qu'il y fit. Des professeurs de Copenhague, envieux de son grand mérite, lui suscitèrent des désagrémens avec la Cour Danoise à qui cette île appartenoit, et il fut obligé, lui et sa famille, de quitter son habitation sans savoir où il obtiendroit un asile. Mais *l'empereur* RODOLPHE II se montra jaloux de recevoir ce grand homme; il l'accueillit en prince aussi bienfaisant qu'instruit, et par

ANS
de l'ère Chr.

1566.

1590.

là il confirma qu'il étoit le protecteur et l'ami des vrais talens (1). Tycho-Brahé mourut au château royal de Prague (2), en 1601, âgé d'environ 55 ans.

On parlera de son hypothèse, ou système du monde, au traité qui concerne cette partie ; mais on dira ici que lorsque ce système parut, un Astronome Allemand, *Ursus*, soutint l'avoir déjà inséré dans un de ses ouvrages, en 1588, sous le titre de *fondement de l'Astronomie*; il donnoit pour preuve, que *Guillaume de Hesse-Cassel* avoit fait construire une sphère armillaire d'après ce principe. Tycho-Brahé fit alors connoître publiquement qu'Ursus le tenoit de sa confiance. Ainsi ce dernier système fut nommé *demi-tychonicien*; sa seule différence avec celui publié par Tycho-Brahé est qu'Ursus donnoit à la terre le mouvement *diurne* ou de rotation sur son axe.

Tycho-Brahé fit, relativement à la marche de la lune, des découvertes importantes : « *la va-* » *riation; un mouvement qui dépend d'une* » *situation particulière à cette planète ; un*

(1) Il assigna à Tycho-Brahé une pension de 3000 ducats.

(2) La situation de ce lieu est belle, et une des plus propices à un observatoire.

» *autre*

» *autre mouvement occasionné par sa dis-*
» *tance au soleil,* etc. » Il expliqua ces inégalités en disant : « *que le centre de la lune se*
» *meut sur un cercle particulier, mouvant*
» *lui-même autour d'un autre cercle.* » Il
trouva aussi que l'inclinaison de l'orbite de la lune
varioit, « et que *les nœuds rétrogradent dans*
» *certains temps et avancent dans d'autres.* »

Tycho-Brahé eut des ennemis ; à ceux-ci se
joignirent les coperniciens, qui *l'accusèrent*
d'un zèle superstitieux pour l'*Ecriture sainte,*
parce qu'il vouloit remettre le soleil sur son orbite, l'écliptique ; et les *péripatéticiens* le blâ-
mèrent d'avoir osé prouver, d'après de savantes
observations : « *que les comètes étoient au-*
» *dessus de la lune, et d'avoir ainsi percé*
» *les cieux,* » qui, SELON ARISTOTE, LEUR
MAITRE, étoient plus durs que le diamant. MA-
GISTER DIXIT ! Cet Aristote (1) étoit un bien
mince Astronome.

Lorsque Tycho-Brahé fut mort, tous les sa-

(1) L'Aristote des écoles françaises. Mais quel est cet
Aristote ? Il y en a eu *trente-deux.* Est-ce celui qui,
désespéré de ne point trouver la *cause du flux,* se jeta
dans la mer pour y découvrir le principe ? car l'Histoire
dit qu'il y eut un Aristote qui fit cette philosophique
expérience.

7

vans, haineux de sa gloire, se coalisèrent pour l'attaquer. Son élève Képler profita de la circonstance; en sacrifiant les principes de son instituteur, il acquit la faveur de ses ennemis, et en adoptant l'erreur de Philolaé ou l'opinion copernicienne, il réunit les suffrages en sa faveur. On parlera de ce savant, dans le traité des hypothèses. Il devint professeur de mathématiques *à Rostock*, et il mourut en 1631, lorsqu'il étoit au moment de finir de nouvelles tables astronomiques, calculées sur des orbites *en ellipse* dont il étoit l'inventeur. On a beaucoup d'ouvrages de lui.

C'est une des époques les plus remarquables pour l'Astronomie, dans la partie qu'on traite ici sous le nom d'*Astrostatique*.

Galilée, gentilhomme né à Pise, en 1564, séduit par la renommée de Képler, embrassa son opinion des Ellipses. Le père de Galilée étoit instruit, il prodigua à son jeune fils toutes les connoissances possibles, aussi fut-il un prodige d'esprit dans un âge où à peine on peut laisser apercevoir les facultés d'en obtenir. L'invention du

télescope, en 1609, servit beaucoup Galilée dans son goût pour l'Astronomie. Il décida que les *inégalités* qui sont sur la surface de *la lune étoient des montagnes;* il trouva que la plus haute de ces montagnes *étoit plus élevée qu'aucune de la terre;* il assura *que la voie lactée n'étoit qu'un rassemblement confus d'étoiles nébuleuses.* Enfin il découvrit autour de la planète nommée *Jupiter,* trois petits globes qu'il nomma *satellites* (1), et ensuite un quatrième ,et dans *Vénus* des phases semblables à celles de la lune, ce qui est réel. Bientôt sa renommée se répandit dans toute l'Europe.

Ayant adopté l'idée de Copernic, qu'il jugeoit être la plus *vraie,* et s'étant fait beaucoup d'amis et de disciples, l'hypothèse de Philolaé joua un des principaux rôles dans l'Astronomie; elle tourna la tête aux gens qui devoient être le plus en garde contre la fausse science, jusque-là qu'un *carme* nommé Foscarini, voulant expliquer Josué, qui indique le mouvement du soleil autour de la terre, prétendit faire voir « que le » Saint-Esprit parloit selon les circonstances et » les temps. » On déféra avec raison son explication erronée à la congrégation de l'Index à Rome, et elle y fut condamnée. Galilée, dénoncé comme chef de secte, fut reprimandé; pour sortir de ce mauvais pas, il désavoua *le soleil fixe, ou la terre tournant autour,* ainsi il laissa au grand

(1) *Satellites* qui accompagnent, qui entourent.

Astre reprendre son mouvement autour de l'é-
cliptique ; peu après il replaça la terre dans ce
grand mouvement : ses disciples reprirent courage, et sur d'autres erreurs l'Inquisition condamna le maître à une prison perpétuelle ; mais
c'étoit pour la forme, car il ne la garda qu'une
année.

1611. Le père *Scheiner,* d'un ordre religieux, qui a
fourni un grand nombre de savans en Astronomie
et en mathématiques, découvrit en dépit d'Aristote et de son école, quelques *apparences de taches dans le soleil,* et n'osa pas publier cette
opinion. Un sénateur d'Ausbourg en ayant eu
connoissance, publia cette découverte et se l'ap-
propria ; elle avoit échappée à tous les Astronomes ; on le regardoit avec admiration et étonnement. Le P. Scheiner réclama, et le sénateur
Welser lui restitua son droit, en faisant connoître
que ce n'étoit de sa part qu'une plaisanterie scientifique. L'auteur de la découverte s'empressa de
publier l'ouvrage de Rosa Urbina. Alors Galilée
prétendit avoir fait avant lui cette découverte.

C'est par ces taches qu'on reconnut *que le soleil tourne sur son axe.* On crut aussi que ce
pouvoit bien être l'effet de petites planètes qui
tournoient autour de lui.

Pendant que toutes ces choses se passoient, un

Astronome *Brandebourgeois,* s'attribuoit à la
fois la découverte des satellites de Jupiter, et
celle des taches du Soleil; alors Galilée conclut
contre lui, que non-seulement il n'avoit pas fait
la découverte des satellites, mais même qu'il ne
les avoit jamais vus.

Au XVIIe. siècle, on n'entendoit plus parler
que de découvertes Astronomiques et de suppositions singulières.

Un Astronome Allemand, nommé *Bede,*
voulut s'écarter de la route vulgaire, relativement
aux dénominations des constellations; scandalisé
de ce qu'on avoit admis ce reste de paganisme, et
de la grossièreté des anciens temps qui peuploient
le ciel d'animaux, il y substitua des noms de
saints, etc.

En 1627, *Jules Schiller,* encouragé par cet
exemple, publia aussi *un ciel chrétien,* sous
le titre de *Cœlum stellatum.*

Mais déjà les temps n'étoient plus où de telles
idées auroient mérité l'attention; ainsi ils travaillèrent fort infructueusement.

Cependant quelques Astronomes étoient à la
fois mécontens de l'hypothèse de Copernic, et de
l'opinion des ellipses de Képler. Un habile mathématicien, *Philippe Lansberg,* publia des
tables plus exactes que celles de Képler, et qui

A n s
de l'ère Chr.

1627.

firent quelques torts à son système des ellipses.
Képler ayant indiqué le passage de *Mercure sur
le soleil* pour l'année 1631, sa prédiction s'étoit
vérifiée. Alors Gassendi, prêtre, provençal, et
philosophe épicurien (1), embrassa les opinions
de Képler, et se disposa à observer le passage de
Vénus que le même Képler avoit annoncé pour
la fin de l'année 1631. Il resta plusieurs jours de
suite à observer, et ne vit rien ; mais un Wur-
tembergeois, Schickard, professeur à Tübingen,
voulut soutenir la haute réputation de son com-
patriote, en prétendant : « *que Venus avoit passé
» sur le soleil, mais ailleurs qu'en Europe.* »
La conclusion étoit commode.

Le passage de Vénus sur le soleil, ou sa *conjonction,* eut enfin lieu au mois de décembre
1639. *Elle* fut annoncée par deux Astronomes ;
Horoxes et Crabrée ; jeunes encore ils ont beaucoup travaillé pour expliquer les mouvemens
de la lune que les *épicycles* et l'*opinion* de
Copernic, et les *ellipses* de Képler n'expliquoient
pas bien. Un membre de la congrégation de l'O-
ratoire, Ismael Bouillaud, qui se piquoit de géométrie, produisit et voulut faire admettre une

(1) Gassendi, chanoine de Digne, restaurateur de la
philosophie d'Épicure, né en 1592, mort en 1656, publia
un Traité *des Atômes.*

invention plus que bizarre, pour favoriser les opinions de Képler et de Copernic, c'étoit un cône oblique dont l'axe passoit *par un des foyers de l'ovale*, au point opposé à celui que le soleil est censé y occuper (d'après Képler et Copernic); il plaçoit l'orbite en ellipse sur ce cône, et il faisoit mouvoir la planète dans une ellipse particulière. *Seth Ward*, Anglais, attaqua Ismael Bouillaud, pour lui prouver que les planètes parcourent une *ellipse simple autour de laquelle elles décrivent des arcs égaux en temps semblables.* C'est ce qu'on nomme dans l'Astronomie moderne l'hypothèse - elliptique-simple, avec quoi on a cherché à raccommoder la défectuosité de l'opinion de Képler.

Ward fut regardé comme l'auteur de cette ellipse qu'il publia dans son *Astronomie géométrique ;* mais bientôt après il fut réfuté par un savant Anglais nommé *Wing*, qui publia une Astronomie britannique.

Les *Tables Astronomiques* se multiplièrent; ce n'étoit plus comme autrefois le résultat de longues méditations faites par de profonds observateurs, et qui paroissoient de temps à autre; mais celui du loisir des algébristes, des métaphysiciens séduits et dirigés par telle ou telle opinion.

Ans de l'ère Chr.

1645.

En 1647, *Hévélius* avoit publié sa Sélénographie, où il désignoit les taches de la lune. Il étoit alors âgé de 36 ans. Né à Dantzick, d'une famille noble et riche, il possédoit le plus bel observatoire et le mieux garni de bons instrumens qu'aucun autre connu, et il observoit avec une adresse et une précision infinies. Aussi obtint-il à juste titre une haute réputation. C'étoit un homme d'un grand sens, et que l'on consultoit comme l'oracle de l'Astronomie. Il avoit été témoin de discussions fort vives sur les opinions nouvelles, et on trouve dans ses *Institutions Astronomiques,* « qu'il avoit eu dessein de don-
» ner aux taches de la lune les noms des mathé-
» maticiens, Astronomes, etc., mais que crai-
» gnant les guerres intestines qui se seroient
» élevées à ce sujet entre les *philosophes mo-*
» *dernes,* il jugea qu'il seroit plus à propos d'y
» appliquer des noms géographiques. » C'étoit une décision fort sage (1). Cet illustre savant a donné le premier, par une gravure qu'il exécuta lui-même, les figures qu'offre l'aspect des taches

(1) Grimaldi, médiocre astronome, a depuis distribué à ces taches des noms d'hommes, et s'y plaça le premier. Il est aisé d'y reconnoître à-la-fois la jalousie, la vanité et l'injustice : *Hévélius y fut oublié.* Voyez Sélénographie du P. Riccioli, jésuite.

de la lune. C'est encore lui qui le premier avoit découvert *une bande apparente lumineuse* qui entoure *Saturne ;* en homme prudent, il n'osa pas prononcer sur ce phénomène unique parmi toutes les planètes.

Vers le milieu du XVIIe. siècle, *Huyghens,* Hollandais, s'illustra également dans la vaste carrière de l'observation du ciel, et publia cette découverte du singulier phénomène remarqué par Hévélius, et qu'on nomme encore *l'anneau de Saturne.* Cet observateur avoit fait un télescope pour son propre usage, et en examinant avec suite la planète, il crut voir *un cercle plat, incliné au plan de son orbite, et toujours parallèle à lui-même et qui l'environnoit.* On ne douta plus de l'existence de cet *Anneau,* et Huyghens reçut des louanges de toutes parts. Une autre découverte faite par le même, fut que Saturne avoit un satellite dont il fixa la révolution autour de la planète à bien près de 16 jours.

Tous les travaux sur des découvertes de planètes ou de satellites, n'étoient cependant que l'extérieur de l'Astronomie, et ne pouvoient en rien aider à la découverte principale, qui *seule* devoit être *le but* de tous les résultats des observations. Aussi, tandis que la science s'étoit divisée sur son point fondamental, LA STATIQUE, on arrivoit insensiblement à fomenter le vif désir DE VOIR ET D'EXPLIQUER UN CIEL TOUT DIFFÉRENT DE CELUI QUI AVOIT ÉTÉ OBSERVÉ AVEC TANT DE SAGESSE DANS LES SIÈCLES ANTIQUES.

Une secte qui grossissoit dans l'obscurité de ses propres ténèbres, auroit voulu trouver dans les Astres les variations les plus étranges, ou les moyens d'y supposer la marche la moins régu-

1655. lière, pour assujétir l'univers à ce *hasard* dont elle faisoit un être physique qui opéroit par *la nature moderne,* et de là elle établissoit *l'un et l'autre* COMME LE PRINCIPE UNIQUE DE TOUT CE QUI FORMOIT L'EXISTENCE, MÊME CELLE DES HOMMES. Telle étoit *l'impulsion* du faux savoir qui s'introduisoit dans l'esprit de toutes les sciences; il étoit réservé à la France de fournir sur ce nouveau système le plus fort contingent; et c'est un objet digne de l'attention du génie qui travailleroit à son histoire, dans la partie du progrès des sciences, de la faire voir, depuis cette époque, luttant encore pendant près d'un siècle contre la funeste *impulsion* qui finit ensuite par s'emparer de l'instruction publique.

1666. Louis XIV avoit, en 1666, formé une Académie des sciences à Paris, et elle se trouva alors composée des hommes les plus instruits de l'Europe (1). Un an après un membre de cette société se fit distinguer par l'invention d'un instrument connu sous le nom de *micromètre*; c'est ainsi qu'*Auzout*, Astronome français, se couvrit d'une gloire qui fut trop tôt oubliée. Le micromètre est une mécanique avec laquelle on obtient la valeur du *diamètre apparent* d'un astre. C'est encore ce savant qui eut la première idée d'appliquer le télescope au quart de cercle. En vain quelques Anglais voulurent s'emparer de l'honneur de sa première découverte, il fut heureusement reconnu par toute l'Europe, que le génie d'Auzout (2) l'avoit produite.

Jean Dominique CASSINI, né en 1625, dans le Comté de Nice, d'une famille noble, s'étoit de bonne heure adonné à l'art de la gnomonique, que tous les Astronomes doivent posséder, et qui fit sa fortune; car il ne fut d'abord connu que par la *méridienne* qu'il avoit tracée dans l'église

(1) Elle avoit des membres étrangers associés.

(2) Il étoit né en Normandie. Sa statue auroit dû être élevée dans tous les observatoires de la France, si........

Depuis, on vit partout la statue de celui qui perdit à-la-fois la morale religieuse et la saine littérature, et de celui qui perdit la morale civile et politique de l'État. Telle étoit l'*impulsion* dont on a parlé ci-dessus.

de Sainte-Pétrone *à Bologne*, où il étoit professeur. Il fut appelé en France, placé à la nouvelle Académie et comblé de bienfaits. Ses travaux y furent considérables, jusque-là qu'il en perdit la vue. Les Astronomes estimoient encore à cette époque l'obliquité de l'écliptique, au moins de 23° 30', mais il prétendit qu'elle diminuoit et n'étoit que de 23° 28' 30''. Ensuite il chercha à consolider l'opinion moderne *que le mouvement du soleil étoit inégal.* La réputation d'Huyghens le porta à examiner Saturne, et il assura que l'apparence de l'anneau qui occupoit tous les esprits, n'étoit *qu'un essaim de satellites très-rapprochés l'un de l'autre.* Bientôt après il reconnut que, à part de ce cercle lumineux et au delà, il y avoit des satellites réels; il en désigna un, en 1671, et trois autres un an après.

1670.

On remarque dans la culture des sciences et des arts, par les modernes, un penchant ou un zèle imitatif, soit de mode, soit de besoin, qui les jette à la fois dans un même genre de travaux.

A cette époque, les *atmosphères* (1), les sa-

(1) Il est avéré qu'on n'a pu justifier d'aucune atmosphère, et que ce phénomène est une attribution particulière au globe terrestre.

tellites, les *taches*, étoient la passion des observateurs. Cassini crut avoir vu un satellite à
Vénus (1); on pensa en voir aussi autour de la
lune; ensuite on reconnut que c'étoit l'effet des
pointes de ses plus hautes éminences qui conser-
voient la réflexion des rayons du soleil; ainsi les
montagnes dans la lune ne furent plus douteuses.
Cassini aperçut des taches dans *Jupiter, Mars*
et *Vénus*. Par le secours de ces taches, il étudia
le mouvement de rotation de cette dernière planète, et il appliqua *aux satellites de Jupiter
une théorie pour déterminer les longitudes.*
Il prescrivit tous les points par où passeroit une
comète qui parut en 1680. Mais trop raisonnable
pour croire aux ellipses, il la faisoit mouvoir sur
un cercle immense. On feignit de ne pas comprendre la grandeur de ce cercle excentrique à la
terre, et qui étoit tel que la partie visible pouvoit
offrir l'apparence d'une ligne droite aux yeux des
spectateurs : cependant c'est ce qui arriva. Alors
les partisans de Képler soutinrent avec chaleur

(1) *Short*, astronome Anglais, environ un demi-
siècle après (1740), crut aussi apercevoir un satellite
à Vénus, et fort glorieux de cette prétendue découverte,
il s'en forma une armoirie, qui depuis ce moment devint son cachet. Excepté ces deux astronomes, personne
n'a pu rencontrer ce satellite de Vénus.

que c'étoit un *ovale* excessivement allongé. Dans les choses où le prononcé sur une discussion, à défaut de palpabilité, ne peut appartenir qu'au bon sens, le procès se juge trop souvent en raison inverse ; et quoique le *Chevalier Wren*, Anglais fort habile dans l'observation, qui avoit aussi travaillé sur les *comètes* qu'il plaçoit au rang des *étoiles errantes*, ait également rejeté la possibilité des *ellipses, l'opinion pour celles-ci l'emporta en faveur des coperniciens,* ou plutôt ils s'en flattèrent. Le calcul de Cassini étoit cependant fondé sur le système déjà donné par un astronome profondément exercé, *Auzout,* dont on a parlé.

On doit encore à Cassini la remarque d'un effet des rayons du soleil, auquel on donna le nom de *lumière zodiacale.* Le premier qui a observé cet effet est *Childrey,* en 1659, et Cassini ne publia ses premières observations qu'en 1683. Enfin l'Académie des sciences le proclama *Grand.* Etant devenu aveugle, il mourut en 1712, âgé de 87 ans, laissant beaucoup de bons ouvrages qui ont dû servir à ceux publiés ensuite par son fils, maître des comptes et Astronome (1).

(1) Ces deux astronomes ont été les chefs des familles du comte de Cassini et du baron de Thury ; celui-ci officier supérieur d'un corps de cavalerie, et du plus grand mérite.

Maraldi, beau-frère du célèbre Cassini qui l'appela à Paris, étoit aussi un gentilhomme du comté de Nice, fort savant en mathématique et en Astronomie. Il fit un catalogue des *étoiles fixes*, meilleur que celui de *Bayer*. Il est auteur de remarques fort sages et intéressantes qu'il remit à l'Académie. Né en 1665, à Périnaldo, il mourut à Paris, en 1727.

Le second *Maraldi* étoit d'un rare mérite, également de l'Académie des siences, observateur profond et circonspect, sans amour-propre, enfin il se montra digne d'une réputation plus étendue que celle qui lui a pu survivre. Il a rédigé de bons mémoires pour l'Académie jusque vers 1752.

En Angleterre se distinguoient deux hommes d'un grand savoir, contemporains des Cassini. L'un étoit *Flamsteed*, pour lequel *Charles II* fit élever l'observatoire de *Greenwich*, où il le nomma directeur. L'autre fut *Halley* qui ensuite lui succéda.

Le premier s'occupa, comme La Hire fit en France, d'une méthode pour calculer les éclipses. Celle de La Hire fut trouvée très-exacte; celle de Flamsteed plus ingénieuse et plus expéditive; c'est ainsi qu'ils pouvoient partager la même gloire sans jalousie.

Les Anciens, qu'on trouve presque toujours à la tête de toutes les observations les plus utiles, rivaux mêmes des modernes jusque dans les nouveautés que ces derniers semblent produire, avoient déjà remarqué (1) que *dans 223 lunaisons, les éclipses de soleil et de lune se renouvellent dans le même ordre.* Halley reconnut que les *phénomènes* luni-solaires avoient la même période.

Les principaux travaux de Flamsteed, furent les observations des étoiles, et principalement de celles du zodiaque dont il détermina les lieux, et de 3000 autres étoiles qui les entourent du septentrion à l'équateur; on a de lui un excellent *Atlas céleste.*

Halley perfectionna cet ouvrage important, en allant exprès à l'île de Sainte-Hélène, en 1674, et y ajoutant 350 étoiles dans leur position à la partie du Sud, ou l'hémisphère austral; ce savant indiqua pour l'année 1761, le passage de Vénus sur le soleil, ce qui eut lieu, ainsi que l'apparition d'une comète pour l'année 1758, et dont il supposa la période de 75 ans. Ainsi elle doit reparoître en 1833.

(1) 1903 ans avant l'ère Chr. les Chaldéens avoient cette expérience, ce qui forme un espace d'environ 3600 ans jusqu'à Halley.

Après

Après lui *Bradley* se montra digne d'être placé
à la tête des plus recommandables Astronomes
de l'Angleterre. Il s'attacha principalement à étudier *la parallaxe* des étoiles : on le vit s'en occuper avec une telle activité et tant d'assiduité,
qu'il restoit des mois entiers dans son oberva-
toire. Celui-là fit une découverte importante,
d'après une étoile de la constellation du *dragon*.
On en parlera au traité des opinions. Cet Astronome, dont les veilles constantes lui procuroient
beaucoup de remarques curieuses, vérifia encore
une ancienne et importante observation. C'est
que l'axe de la terre a un balancement dont le
centre de ce globe est le point fixe, de façon que
cet axe s'incline plus ou moins sur le plan de
l'écliptique ; il estima la valeur de ce balancement
à 18″. Flamsteed, qui avoit remarqué aussi ce
balancement, ne le publia pas en détail, il n'en
reconnut l'effet que de 9″. Ce mouvement étoit
important à étudier et à suivre sous divers rapports ; cependant il ne fut plus observé. Les partisans de la lune, l'amalgamèrent à sa période, et
les Newtoniens attribuèrent ce balancement,
comme tant d'autres choses, à l'influence de la
lune et à *l'attraction.*

Un auteur a dit, très-sérieusement : « *on ignore*
» *la cause de ce mouvement.* » Comme si de

tous les mouvemens possibles il en existoit un seul dont la cause ne dépendît pas du principe général que tant de gens veulent méconnoître.

Je ne me suis proposé que de rendre compte de l'accroissement et des progrès de la science de la sphère céleste, dans la partie des *bases* qu'elle s'étoit données, et des *principes* qu'elle avoit reçus; d'après cette conséquence, et pour éviter les répétitions, on retrouvera par la suite des Astronomes dont je n'ai point ou fort peu parlé. Et pour terminer cet abrégé, je vais rapidement indiquer quelques femmes qui y réclament une place, en s'étant fait connoître par leur goût pour l'Astronomie. La fable et l'histoire en offrent plusieurs, il est facile de les y trouver. Telles furent dans l'antiquité *Aganiec*, fille de *Sésostris*, roi d'Egypte, qui prédisoit l'avenir par l'observation des constellations et autres globes célestes; ainsi que la seconde fille d'*Hégetus*, qui annonçoit les éclipses, etc., etc. Mais il n'est aucun ouvrage qui ne doive célébrer une savante à laquelle tous les siècles accorderont la palme de la gloire.

Hypacie l'illustre (Υπατια), née à Alexandrie d'Egypte, vers l'an 387, fille de *Théon*, habile mathématicien, philosophe platonicien, et professeur dans cette ville sous le règne de l'empereur Valens. Ce savant éleva lui-même sa fille, et elle fit de si grands progrès dans la philosophie, la géométrie, les mathématiques et *l'Astronomie*, qu'elle montra bientôt un génie encore plus profond pour les sciences que celui dont son père étoit doué. Aussi fut-elle nommée par les magistrats d'Alexandrie, pour y tenir la fameuse Académie qui s'y trouvoit depuis plusieurs siècles, et qu'avoient présidé les plus habiles hommes du monde. Cette haute distinction de son rare mérite loin de la rendre vaine, ne fit qu'accroître son application et son zèle. Elle avoit fait preuve de son bon goût et de son attachement à la vertu, en préférant la philosophie toute céleste de Platon à celle lourde et matérielle d'Aristote; ensuite elle fit son objet capital de la géométrie.

Parmi ses disciples, on distinguoit *Synesius de Cyrène*, depuis *évêque*, qui dans ses lettres appeloit Hypacie : *sa sœur, sa mère, son maître et son bienfaiteur* (1). Lors d'une émeute, que la politique et l'ambition avoient fomentée entre les chrétiens et les païens, elle fut massacrée par les premiers, ayant à leur tête un lecteur nommé Pierre, et ce meurtre horrible

(1) *Synes. Oper.* pag. 170.

fut commis dans la grande église d'Alexandrie, en mars de l'an 415. De misérables scélérats la coupèrent en morceaux et traînèrent ses membres épars dans toute la ville. On a prétendu qu'elle étoit décidée à se faire chrétienne (1), d'autres ont cru qu'elle l'étoit déjà secrètement; on eut cette présomption à cause du lieu de sa mort.

Quoi qu'il en soit, elle fut toujours louée pour la pureté de ses mœurs, sa constante sévérité et sa grande beauté, autant que pour sa science et son génie. Elle avoit écrit sur l'Astronomie, et avoit formé une théorie des éclipses. On ne sait ce que sont devenus ses ouvrages, tous écrits en grec; mais par les anciens auteurs on a l'idée qu'il en existoit trois principaux. Le premier *un Commentaire sur Diophante*; ce savant est regardé comme l'inventeur de l'algèbre. Le second, *un Canon astronomique,* qui renfermoit peut-être la théorie des éclipses; et le troisième, une *Dissertation sur les coniques d'Apollonius* (2). Cet auteur, né en Pamphilie, passoit pour un fameux géomètre. Tout porte à

(1) Le P. Lupus, hermite de St.-Augustin, mort en 1681. Voy. *Coll. Var. Ep. ad Conc. Ep.*

(2) C. Ricard. à Soc. Jes. préface.

croire qu'Hypacie fut à la fois la victime des faux savans et de l'erreur populaire (1). Son père a laissé un Commentaire sur le grand ouvrage de Ptolémée.

Dans ces derniers siècles, d'autres femmes ont montré du penchant pour l'Astronomie ; cette bonne volonté ne pourroit suffire pour les placer immédiatement à la suite de la savante d'Alexandrie ; cependant on indiquera les plus remarquables, puisqu'un tel talent pour elles a des droits particuliers à la célébrité.

Élisabeth, princesse de la Maison Electorale Palatine, étoit très-versée dans les hautes sciences

---

(1) « Elle étoit douée des ornemens du corps aussi » bien que de ceux de l'esprit, et ce qui frappe le plus » dans une femme, elle étoit belle.

SUIDAS, *verbo...* TILLEMONT, *loco sup. cit...*

Ce qui intéresse et ravit de joie pour sa mémoire, c'est qu'elle étoit pieuse, sage et modeste. Elle montra un grand amour pour toutes les vertus, et croyoit qu'on ne pouvoit en avoir sans la chasteté. Cette opinion étoit si invincible en sa faveur, que ceux mêmes qui firent l'erreur de la croire mariée à Isidore, philosophe Platonicien, disent qu'elle mourut vierge. Mais ce mariage est un mal-entendu de plusieurs auteurs qui se sont copiés, et qui ne connoissant pas le sublime de la philosophie Platonicienne, interprétèrent vulgairement le mot figuré: *Unie... Union*, etc.

et la philosophie ; elle avoit une grande capacité en géométrie, mathématique et astronomie. Elle eut la gloire d'être placée sur la liste des premiers savans de l'Europe que *Colbert* présenta à Louis XIV.

Maria Kunitz, née en Silésie, fille d'un docteur en médecine, se montra assez habile en géométrie. Elle fit imprimer, en 1650, des Tables astronomiques ou de *la Connoissance des temps*, suivant les hypothèses de Képler. Elle épousa *Henri de Lewen*, aussi docteur en médecine à Pisteben, en 1664. Elle avoit appris les belles-lettres, etc., et fut mise au nombre des habiles astronomes de son temps.

Mad^lle. *Hewelke* (1651), femme du célèbre astronome Hévélius, possédoit tellement l'Astronomie, qu'elle fit une partie des observations publiées par son mari, l'un des premiers magistrats de Dantzick.

Maria Clara, femme de l'astronome *Muller*, et fille d'un grand mathématicien nommé *Immart*, fut elle-même mathématicienne ; elle partageait les travaux de son mari dans les longues et pénibles observations. Ses contemporains en firent un grand éloge.

Jeanne Dumée, Française, fit imprimer à

Paris, en 1680, un dialogue sur l'*opinion Copernicienne.*

N.... Winkelmann, femme de Godefroi
Kirch, père du professeur d'Astronomie à l'observatoire de Berlin, alors nouvellement érigé,
partagea les travaux de son mari, et donna, en
1712, un ouvrage sur l'Astronomie.

Mad^e. *Lind,* femme du docteur de ce nom,.
se trouvant à Datchedt le 4 mai 1783, chez
le docteur *Herschel,* voulut considérer ce qui
se passoit dans la lune. Il étoit question d'une
occultation à l'égard d'une étoile *fixe.* Mad.
Lind soutint qu'elle voyoit *passer une étoile
sur le disque de la lune* (1); on voulut lui
prouver, par les principes de la science, que
cela étoit impossible; mais elle rejeta toutes les
démonstrations, assurant qu'elle continuoit de
voir l'étoile sur la lune. M. Herschel suivit avec
attention ce point lumineux qui se trouvoit
dans la montagne dite *Porphiryte* (2), où il y

(1) Le P. Feuillée, minime et astronome distingué,
crut voir le même phénomène le 7 mars 1699. La lune
passoit en partie par les Hyades. L'astronome *Lahire*
vérifia l'observation le 19 août, et détrompa le P.
Feuillée, qui déjà donnoit une atmosphère à la lune.

(2) Voy. *De la distribution de la face de la lune,* ou
Sélénographie, par Hévélius.

avoit près d'un siècle qu'on avoit soupçonné *l'éruption d'un volcan.* M. Herschel fut assuré de ce phénomène douteux jusqu'alors, et les savans doivent à Mad°. Lind la certitude *des volcans dans la lune.*

Mlle. Herschel, fort adonnée elle-même à la pratique de l'Astronomie, a découvert, en août 1786, une sorte de *comète* dans les environs de la constellation nommée *chevelure* de Bérénice. Cette demoiselle peut d'autant mieux satisfaire son goût, que le docteur Herschel, en outre de ses talens précieux comme Astronome, a su porter l'art de construire les *télescopes* vers une telle perfection, que par cela seul il mériteroit une juste célébrité (1).

(1) Il fit la découverte d'une planète nommée *Uranus,* et des satellites, etc.

TRAITÉ

DES SYSTÈMES ASTRONOMIQUES.

DE quelque manière qu'on veuille envisager ce qui a été indiqué par le Traité abrégé des travaux astronomiques, il en résulte que les recherches sur les mouvemens des globes célestes, ont une série non douteuse qui les fait remonter au delà de *trois mille six cents ans*; ainsi, une Histoire critique de l'Astronomie, dans sa culture, ses progressions et ses principes, seroit susceptible de se diviser en plusieurs âges; mais ici nous n'avons besoin de la faire considérer qu'en TROIS ÉCOLES TRÈS-DISTINCTES. La première, celle des principes de l'antique Astronomie, qui a finie après *Tycho-Brahé*. La troisième, celle de l'Astronomie qui prit pour base l'hypothèse de *Philolaé*, opinion renouvelée en l'an 1452, par un prince de l'Église Romaine (1), qui forma, il faut le répéter,

---

(1) *Nicolas Crebs*, né à Cusa près de Trèves, fils d'un batelier. Il fut curé à Coblentz, et fait cardinal en

une cotterie astronomique en Italie, à la tête de laquelle se plaça ensuite *Dominique Maria,* dont les sectateurs les plus célèbres, ou les plus connus, furent *Nicolas Copernic,* chanoine en Pologne; *Galilée,* Italien; *Gassendi,* chanoine Provençal; et *Képler,* qui porta la dernière main à l'embrouillement de l'école moderne. Ainsi, du temps où l'opinion Copernicienne s'affermit en France, jusqu'à celui où finit l'Astronomie ancienne, on trouve *la seconde école,* que je nommerai moyenne ou

1448, par *Nicolas V,* sous le pontificat duquel les Lettres profanes, ensevelies dans l'oubli, reprirent naissance, parce qu'il fit rechercher à grands frais les manuscrits grecs et latins, etc., pour les faire traduire. C'est ainsi que Crebs, son confident et son ami, eut connoissance de l'opinion de *Philolaé.* Crebs avoit l'esprit porté aux subtilités abstraites, et à l'intrigue, qui fit sa haute fortune.

St.-Malachie, archevêque d'Armach en Irlande, et ami de St.-Bernard, a laissé des prophéties très-curieuses sur les papes; il les écrivit en 1130. La prophétie relative à Nicolas V, est *Modicitate Luna,* la *Petite Lune.* Le sens de cette prophétie est *Petite lumière de ténèbres.* Ce qu'on appliquoit au goût que ce pontife montra pour la restauration des Lettres profanes, dont les suites dangereuses se firent assez remarquer par la mauvaise direction qu'on leur donna.

mixte; dans laquelle les opinions mélangées forment des nuances intermédiaires, comme elles se rencontrent lors de la décadence de toutes les choses humaines.

L'école *mixte* se montre à découvert dans les travaux de l'Académie *des Sciences* (1). On voit pendant près d'un siècle les théories anciennes aux prises avec l'opinion moderne; on y remarque les membres plus ou moins séduits par une infinité d'hypothèses de détails, qu'on accumuloit pour conduire à la nécessité de croire *au mouvement de la terre autour du soleil, et aux orbites en ellipses.* Mais, il faut l'avouer, ces extravagances concouroient à un but général; car on retrouve aussi dans les autres parties du *savoir,* et principalement dans *la physique,* l'astuce d'une nouvelle philosophie qui, sous la plus complète hypocrisie du progrès des lumières, s'emparoit des fondemens de toutes les sciences pour y établir les principes

(1) Un amateur de science avoit formé chez lui une cotterie, comme on disoit en ces temps; elle étoit composée de savans qui se jugeoient les uns les autres. Voilà l'origine de l'Académie des Sciences, établie par Louis XIV en 1666, et qui ne devint un corps dans l'État que lors de son installation, le 26 janvier 1691.

les plus absurdes, et opprimer de toutes parts
la sagesse.

La courte époque de l'*école mixte* découvrit, dans les deux partis opposés, la foiblesse
de l'esprit humain se prêtant à tout pour nour-
rir son orgueil, et retenir les *apparences* d'une
réputation. La raison fut froissée entre les chocs
de l'opinion moderne, qui se grossissoit en
s'emparant de tout, et les chocs de l'opinion
ancienne, qui se débattoit en se prêtant à sa
propre destruction. Cependant, il faut louer la
résistance de quelques savans, qui sembloient
regretter de n'avoir pas acquis les armes capables de les faire combattre avec succès contre
les erreurs.

Les derniers soutiens de l'*école moyenne,*
qui cherchèrent à éluder la prépondérance de la
troisième école, sont MM. de Cassini, et MM. de
Maraldi leurs parens. C'est pourquoi, dans mon
ouvrage, je fixe la fin du précédent traité à l'année
1752.

En retraçant actuellement les principaux systèmes ou hypothèses sur les mouvemens attri-
bués tour à tour, ou au soleil ou à la terre, en
paralysant tour à tour aussi l'un de ces deux
globes, on se dispensera de parler des doutes
établis sur l'ancienneté de la *sphère artificielle,*

et quant aux premiers auteurs d'un système planétaire complet, il est possible de croire qu'il
n'en parut point avant le grand ouvrage de Ptolémée, si ce n'est qu'Hypparque a pu en avoir
un à lui, et cette conjecture est digne des talens
supérieurs qu'il a montrés ; mais presque tous ses
ouvrages ayant été perdus, on peut regarder Ptolémée comme le premier auteur d'une hypothèse
suivie. Il chercha à représenter la position respective des planètes à la terre. Ce n'étoit donc
qu'un ensemble relatif à l'opinion de presque
tous les savans, que la sphère céleste devoit
tourner entièrement en 24 heures autour du globe
terrestre (1). Son système sembloit alors présenter l'explication du problême de ce grand mouvement. Son ouvrage n'aura pas besoin d'être
discuté puisqu'il a disparu devant celui des coperniciens, et que ce sont les hypothèses soutenues par ces derniers qu'on doit soumettre à
l'examen, afin qu'elles disparoissent à leur tour
par la découverte de l'orbite de la terre, etc.
D'ailleurs, le système de Ptolémée a été déjà tant

(1) Les Aristoteliciens, principalement, dont la philosophie étoit assez fausse.

Les Platoniciens du IIIe. siècle, adoptèrent la vieille
opinion d'un mouvement de rotation de la terre au centre
de l'univers.

de fois discuté et si mal jugé, pour enlever à son auteur la gloire qu'il mérite, qu'on seroit honteux d'avoir part à une telle injustice.

Entreprendre aussi de donner tous les **détails** sur la matière générale des systèmes de la sphère, ce seroit un travail superflu, d'après cette multitude d'auteurs qui, en la traitant sous divers titres, et toujours sous le même aspect, se copièrent si fidèlement que presque tous y firent paroître fort peu de pénétration.

Mais comme il étoit indispensable dans mon ouvrage, de mettre le Public à même de connoître les hypothèses modernes qu'on voulût substituer à celle de Ptolémée, sans qu'elles aient eu le mérite de produire la *vérité Astrostatique* dont elles se paroient; on ne devoit pas priver le prince des Astronomes de l'honneur qui lui appartient d'avoir précédé de 14 siècles des ouvrages défectueux et infiniment moins raisonnables que le sien, puisqu'il a sur eux l'avantage d'être assujéti aux bons principes.

Système de PTOLÉMÉE.

Ptolémée suivit l'opinion qui désignoit la terre *immobile* au centre du firmament, et il développa dans son ouvrage l'explication de l'or-

ganisation des parties de la sphère céleste et des
positions respectives. Le monde, selon lui, doit
être composé de deux régions, l'élémentaire et
l'éthérée. La région élémentaire placée au centre
de l'éthérée est à la fois la terre, l'eau, le feu et
l'air. Ce qu'on nomme l'atmosphère ne fut point
défini par lui dans son essence propre.

La région éthérée ou l'immensité de l'espace,
étoit composée de onze cieux. La Lune, Mercure,
Vénus, le Soleil, Mars, Jupiter, Saturne avoient
chacun le leur, ainsi que les étoiles *fixes*. Ensuite
venoit le ciel du second cristalin, celui du premier, enfin le ciel du grand mobile qui donnoit
le mouvement aux autres, et faisoit tout marcher autour de la terre en 24 heures. Au delà de
la région éthérée étoit *l'empyrée,* ou le 12ᵉ. ciel,
séjour des bienheureux.

Cependant cette distribution ne suffisoit pas,
pour expliquer toutes les inégalités du mouvement des planètes autour de la terre; il y sup-
pléa par une invention digne de son beau génie,
et qui mérite la plus juste admiration. Il fit mouvoir chaque planète sur un cercle particulier
nommé épicycle, pendant que le centre de ce
cercle avançoit sur un cercle excentrique, grand
orbite de la planète.

Ayant vu que les étoiles paroissoient agitées

par quatre mouvemens, savoir : un mouvement *commun* avec les planètes en 24 heures, un mouvement diurne par lequel elles retournent un peu du couchant au levant, un léger balancement du couchant à l'orient, enfin un mouvement par lequel *elles se balancent d'un pôle vers l'autre ;* il voulut rendre raison de tous ces mouvemens, pour que son système fut vraisemblable ; c'est pourquoi il établit le grand mobile qui servoit à faire mouvoir les planètes et les étoiles autour de la terre, et les deux cristalins qui par leur mouvement de vibrations opposées servoient à expliquer les autres mouvemens des planètes. Quant à la lune, dont les irrégularités ont tant occupé les Astronomes, depuis Ptolémée, et qui lui parurent extrêmes, il fut encore conduit à faire mouvoir cette planète sur un épicycle autour d'un excentrique, *lequel étoit lui-même subordonné* A UN TROISIÈME MOUVEMENT. Avec ces suppositions, il expliqua assez bien les mouvemens de la lune.

Voilà les points essentiels de son système, dont les détails forment une partie de son grand ouvrage, qui de plus offre un résultat de toutes les idées et connoissances les plus parfaites alors, et des opinions anciennes les plus sages. Sa méthode de classer les planètes est bonne, sauf l'erreur qu'il qu'il fit en plaçant *Mercure* entre la lune et Vénus. Il étoit d'ailleurs en tout fort savant. On trouve dans ses ouvrages les observations et les comparaisons les plus exactes pour son temps : il démontra que l'apogée du soleil, que les modernes comptent encore dans le cancer, répondoit déjà à 5° 30′ des gémeaux ; mais cette position avoit été déterminée par Hypparque.

Passons à l'exécution géométrique de l'organisation. Selon lui, la terre *sans aucun mouvement*, est au milieu du monde, les planètes et les étoiles *fixes* tournent d'orient en occident, ce qui forme leur lever et leur coucher.

Pour expliquer le mouvement du soleil, Ptolémée suppose *trois cercles égaux :* le premier est *concentrique* à la terre, le second lui est *excentrique*, et le troisième tient le milieu entre les deux précédens. Le premier étoit divisé en 12 *parties égales* comprenant chacune un signe du zodiaque, le deuxième est celui du *moyen mouvement* de la planète, qui paroit décrire à l'égard de ce cercle *des arcs égaux en temps égaux*. La distance de ce cercle au concentrique ou celui du zodiaque, doit représenter la plus grande et la plus petite quantité du vrai mouvement du soleil ou de la planète. Le troisième cercle placé entre les deux précédens, est celui que la planète décrit par son mouvement périodique; c'est-à-dire sur lequel se meut le centre de son épicycle. C'est ainsi qu'il a placé le soleil et les planètes, de manière que chacun dans sa route se trouvât au milieu entre les deux premiers cercles, ce qui rendoit raison de *l'apogée* et du *périgée*. Mais l'exactitude manquoit dans les autres situations des *déclinaisons*.

Comme Ptolémée avoit pensé que toutes les planètes et les étoiles tournoient autour de la terre, sa méprise sur Mercure, qu'il plaça plus près, avant Vénus, si elle ne fut pas l'effet d'une transposition de nom, peut provenir de ce que le mouvement propre de Mercure lui parut plus prompt, et que la promptitude et la lenteur des révolutions propres, étoient l'échelle de proportion dont il se servit pour classer les distances.

La révolution annuelle du soleil et de la lune fut donc représentée par des *cercles excentriques à la terre,* ce qui étoit une vérité. Par là se formoit le mouvement périodique. Pour les autres planètes, ainsi qu'on l'a indiqué, il représente leur révolution par un cercle aussi *excentrique* à la terre, nommé déférent ; sur l'extrémité ou circonférence il plaça le centre d'un autre cercle nommé *épicycle,* ce centre mobile parcouroit cette circonférence *périodiquement,* tandis que la planète décrivoit l'épicycle dans un mouvement annuel. Ainsi le centre de l'épicycle de Saturne achevoit sa révolution sur la circonférence excentrique dans l'espace de 3o années, Jupiter en 12 années, et Mars en près de 2 années : c'étoit le mouvement périodique ; mais chacune de ces planètes achevoit la révolution autour de son *épicycle* dans l'espace d'une année : C'ÉTOIT LE MOUVEMENT COMMUN ANNUEL.

Voilà comme cet habile homme chercha à rendre raison des *apparences* des mouvemens des planètes, de leurs différentes distances à la terre, soit pendant le cours de l'année, soit pour leur période.

Et, disons-le, c'étoit le plus grand effort du génie que cette singularité de tant de cercles pour résoudre un pur effet *d'apparences*, dont l'Astronomie n'a pu encore déterminer la cause principale, ni se définir réellement : « *pourquoi* » *les planètes paroissent aller d'abord selon* » *la suite des signes, avec un mouvement qui* » *peu à peu se rallentit, jusqu'à ce qu'il soit* » *insensible pendant un peu de temps, après* » *quoi on les voit rétrograder* OU RETOURNER » EN ARRIÈRE, etc. »

La première partie de la question fut résolue

par l'admission du mouvement de rotation ou diurne de la terre ; mais Ptolémée ne voulut point s'en servir. De là cette nécessité d'employer tant de cercles pour chacune des planètes. A l'égard de Mercure et de Vénus, il supposa que le centre de leur épicycle étoit sur une ligne tirée du centre de la terre, et passant fort près du centre du soleil, d'où Mercure pouvoit s'éloigner de part et d'autre par rapport à la terre de près de 28 degrés, et Vénus de près de 48.

Hypothèse de COPERNIC.

Nicolas Copernic, né en 1472, dans le palatinat Polonais de Culm, montra un caractère fort inconstant en embrassant et quittant successivement plusieurs professions ; entraîné aux novations, par un genre d'esprit inquiet qui donne ce goût et le dirige ordinairement, il dut être facilement séduit sur des idées spéculatives et conjecturales, et c'est ainsi qu'il s'égara par l'opinion de Philolaé.

Ce fut d'un grammairien qu'il reçut les premières connoissances de la sphère céleste ; ce n'étoit alors que d'après le système de Ptolémée. Copernic ayant quitté son pays pour aller à Rome, fut retenu à Bologne par *Dominique*

Maria, qui l'initia avec succès dans la cabale italique. Alors, goûtant l'erreur du *soleil fixe*, et encouragé par l'appui de la cabale, qui désiroit sa promulgation hors de l'Italie, il se chargea de l'honneur de la publication. Rappelé par son oncle, chanoine de Warmie, et qui venoit d'en être élu évêque, il fut lui-même fait chanoine (1); aussitôt abandonnant la jurisprudence, la médecine, la chimie, et quelques autres branches spéculatives qu'il avoit cherché tour-à-tour à embrasser, il se livra un peu à l'Astronomie, et beaucoup à la rédaction de l'hypothèse qui fit briller son nom avec tant d'éclat (2).

A peine eut-il terminé son ouvrage qu'il mourut; on croit qu'il vouloit y retoucher, et que trop tard il en avoit reconnu l'incohérence.

Copernic s'imagina qu'il n'étoit pas plus impossible à la terre de *tourner autour du soleil*, que cela ne l'étoit pour les autres planètes. Selon lui, *le soleil étoit une étoile fixe;* et selon d'autres sectateurs, *la terre est une planète.*

(1) A Heilsberg en Ermeland ou Warmie.

(2) Il y travailla pendant plus de 20 ans, quelques auteurs disent 5o ans.

Voulant croire le soleil au centre du Monde, il soutint qu'il y étoit *immobile*. Autour de cet astre, tous les autres globes devoient tourner d'occident en orient, ainsi que la terre ; et ne pouvant isoler la lune de la terre, les Coperniciens furent forcés de la laisser son satellite. Mais aussi la terre tournant autour du soleil, c'étoit pour les nouveaux philosophes un grand triomphe.

D'après Ptolémée, Copernic assigna plus ou moins de cercles aux planètes, et multiplia les épicycles pour faire mouvoir autour du soleil, *Mercure, Vénus, la terre avec la lune ;* ensuite *Mars, Jupiter* et *Saturne ;* au delà duquel, et bien fort au delà, il plaça les étoiles *supposées* fixes (1). Dans cet arrangement, rien de neuf, puisqu'il avoit été reconnu par les Arabes que *Mercure* devoit être placé plus près du soleil que *Vénus.* Il représenta le mouvement périodique par le cercle excentrique.

La terre avoit trois sortes de mouvemens : l'un autour de son axe, ou de *rotation,* de l'occident à l'orient, dans le cours de 24 heures. L'autre, un mouvement annuel sur *l'écliptique,*

---

(1) Il faut remarquer que depuis on a rencontré dans ces *étoiles fixes* plusieurs planètes.

ayant *le soleil au centre*, et se faisant dans le même sens que le premier. Le troisième, qu'il appela du *parallélisme* et de *déclinaison*, est aussi annuel et supposé se faire *contre la suite des signes* (d'orient en occident), *et qui devant être combiné avec le deuxième, étoit la cause que l'axe de la terre paroît être toujours dirigé au même point du ciel.*

Comme il sera parlé plus en détail, au Traité des résultats, de ce qui tient à cette hypothèse, on peut consulter pour le reste la nombreuse quantité de livres faits les uns sur les autres relativement à son adoption, et qui elle seule suffiroit à prouver que la raison est en minorité chez les hommes ; car ce système et la physique qu'on fut obligé de fabriquer pour le soutenir, ne servirent qu'à former un monde, en partie, à l'envers de ce qu'il est.

Une telle représentation de la sphère céleste, et dont il n'étoit en rien l'inventeur, nullement ingénieuse, mais très-bizarre, auroit pu disparoître avec lui, si elle n'eût pas eu la faveur des circonstances. Cette sorte de nouveauté, soutenue bientôt par la philosophie moderne, se procura facilement, dans quelques parties de l'Europe, des prosélytes ; et Copernic fut mis au premier rang des plus habiles astronomes, d'après la chose même, qui pouvoit avec bien plus de raison le priver de la dernière place.

Ses disciples, pour sauver l'énorme bévue de *son soleil immobile*, furent contraints, un siècle après, d'accorder à cet astre un mouvement autour de son axe, ainsi que l'exigeoient les observations des taches apparentes et mobiles ; n'ayant pas été assez subtils alors pour soutenir : que ces taches, au contraire, se mouvoient par elles-mêmes sur le corps du soleil; car, d'après leur doctrine, les suppositions les plus étranges alloient de pair avec leur crédulité.

Système de *TYCHO-BRAHÉ*.

Tycho-Brahé, d'une noble famille *Scandinave*, naquit en 1546, dans une des plus agréables contrées de la Suède, *la Scanie*. Dès l'âge le plus tendre il fut épris de la beauté de la science astronomique, et il en fit sa plus chère étude. Suivant ce goût avec ardeur, son excellent génie se déploya, et par la suite il y fit les plus étonnans progrès. Ses parens désiroient lui voir prendre le parti des armes ; mais ayant quitté le pays où il faisoit ses études, il parcourut l'Allemagne pour s'y entretenir avec les plus habiles hommes de ce temps.

Ayant établi un observatoire dans une île du Sund, il y fit un grand nombre de découvertes intéressantes, ainsi qu'il a été dit, et elles rendirent son nom fort célèbre.

Il s'occupa en outre d'imaginer un système d'organisation de la sphère céleste; car alors il s'en falloit de beaucoup que l'hypothèse *philocopernicienne* fut estimée. Tycho-Brahé étoit trop instruit pour s'y méprendre, et trop franc pour ne pas combattre l'erreur (1). Ainsi il chercha à rectifier le système de Ptolémée, *en laissant comme lui la terre au centre du monde et immobile*, et en faisant tourner autour d'elle la lune et le soleil; mais il jugea que toutes les planètes faisoient leur révolution autour du soleil. Il représentoit le mouvement périodique du soleil autour de la terre, par un cercle *concentrique* et *deux épicycles*. Un habile observateur, *Longomontanus*, a suivi ce principe. *Lansberg*, le mathématicien, aima

____

(1) Voy. l'Encyclop. art. Syst. On y dit sur Tycho-Brahé : « Qu'en replaçant la terre au centre, il l'a fait par » la *persuasion SUPERSTITIEUSE que c'étoit une chose* » *contraire à l'Écriture* de faire tourner la terre autour » du soleil, etc. » Et les auteurs de ce recueil des erreurs de toutes les sciences ne sentoient pas *quel fanatisme* les entraînoit à écrire tant de pages contre le bou sens !

mieux expliquer, d'après ce système, l'*inéga-lité apparente du mouvement du soleil* par un petit cercle, sur la circonférence duquel il faisoit mouvoir le centre de l'excentrique.

Tycho-Brahé, qui avoit consacré toute sa vie à observer et à calculer les rapports probables de la distance des étoiles fixes au soleil et à la terre, trouva INVRAISEMBLABLE celle que l'hypothèse de Copernic leur attribuoit, et même il en reconnut la fausseté. Voilà le motif qui le conduisit à entreprendre une supposition plus rapprochée de la vérité.

Il rétablit donc le soleil dans sa marche sur l'écliptique pour y exécuter le mouvement annuel autour de la terre, comme Hypparque, Ptolémée, et avant et après eux les plus sages astronomes l'avoient reconnu. Il indiqua comment Vénus et Mercure, en faisant leur révolution autour du soleil, parcouroient une partie de leur orbite entre cet astre et la terre, et fit connoître leurs diverses phases semblables à la lune (1). Les trois planètes supérieures, *Mars*, *Jupiter* et *Saturne*, enveloppoient de leur orbite la terre, qui s'y trouve située entre

(1) Ce que l'on aperçoit très-facilement dans **Vénus**, en certains temps de l'année, à la simple vue.

le cercle ou orbite de *Vénus* et l'orbite de *Mars*.

Il faut le dire, quoique ce grand astronome n'ait pas pu mettre la derniere main à son idée *astrostatique*, les autres ont avoué qu'elle représentoit les *apparences*, puisque le mouvement apparent de chaque planète est composé de son mouvement propre autour du soleil, et du mouvement général par lequel elles semblent entraînées chaque jour avec le soleil autour de la terre.

Hypothèse de DESCARTES.

Parmi les grands hommes nés en France, et qui ont droit de prétendre à y conserver une renommée durable, on ne peut omettre Descartes, issu d'une famille noble établie à la Haie, en Tourraine. Aujourd'hui ses ouvrages sont dans l'oubli. Cependant comme philosophe, c'est un des plus instruits dont la France ait le moins à se plaindre, et le plus à s'honorer.

En disant un mot sur son hypothèse planétaire, c'est parler de la plus mauvaise partie de ses travaux; il ne se doutoit pas le moins du monde de la partie ASTROSTATIQUE, et il raisonna sur cette branche sans la connoître.

Descartes, au milieu de toutes les sciences qu'il cultivoit et manioit avec habileté, possédoit un esprit doué de grandes conceptions; mais par dessus tout c'étoit un métaphysicien-algébriste, plus séduisant dans sa conversation qu'il ne pouvoit l'être à la lecture de ses ouvrages.

Il quitta la France pour philosopher en Hollande; il avoit une multitude d'idées aussi subtiles qu'ingénieuses, et il mérita sa réputation, non pas cependant pour la fameuse hypothèse *des tourbillons* qui en eut la même existence, c'est-à-dire, rapide et passagère. Quoi qu'il en soit sur l'oubli de ses productions, son idée des tourbillons fut connue des Anciens; ainsi son génie, dans cette occasion, eut le même sort que celui des *Newton*, des *Gassendi*, des *Copernic* et de tant d'autres dont les titres de leurs DÉCOUVERTES se retrouvent dans la chronologie des auteurs plus ou moins célèbres de l'antiquité.

Son hypothèse sur la sphère céleste n'est qu'une maladroite compilation des trois précédentes. Il imagina que chaque *étoile fixe* étoit *un soleil,* centre d'un tourbillon tournoyant concentriquement. Il divisa les globes célestes, qu'il composa de trois élémens, en trois classes : les soleils, qui sont les étoiles fixes; les planètes, qui tournent autour des soleils, et les lunes, qui tournent autour des planètes. Vieille idée d'anciens sophistes sur la *pluralité des mondes*.

A l'égard de son tourbillon, relatif à la terre, il le composa d'après Philolaé ou Copernic : le soleil au centre des planètes qui tournent autour de lui, et les lunes ou satellites qui tournent autour de la terre, de Jupiter et de Saturne.

Par le moyen de ses tourbillons, il explique la *généalogie* et la *génération* des sphères : chacun des satellites a son tourbillon particulier. Les planètes ont le leur, et tournent sur elles-mêmes *vers le soleil,* tandis que cet astre *au centre de tous les tourbillons,* n'est en proie qu'à un simple mouvement de rotation.

Beaucoup de *savans* ont goûté cette supposition, et ont prétendu *que ces tourbillons n'étoient nullement ridicules,* ainsi que d'autres le croyoient, et que, malgré *la singularité , elle étoit probable.* Ses partisans furent désignés sous le nom de Cartésiens. Le P. Mallebranche fut le plus remarquable de ses disciples.

Mais où Descartes est vraiment célèbre , c'est dans ses travaux sur la géométrie; ce détail n'étant pas susceptible d'entrer ici, on pense qu'il suffit pour sa gloire d'en faire mention. Ce savant fut appelé en Suède par la célèbre Christine, qui joignoit beaucoup d'esprit à une grande instruction, et qui avoit non-seulement la curiosité, mais encore la connoissance des hautes sciences. Il fut comblé par cette reine de bienfaits et d'honneurs. Il revint en France, et quoiqu'enterré à l'église de Sainte-Geneviève, on ne lui en éleva pas moins un tombeau dans une des principales églises de Stockholm. A ce sujet on citera l'anecdote suivante. « Un gentilhomme Suédois, enthousiaste » de la philosophie de Descartes, se trouvant » à Paris, fut visiter le caveau où étoit le » corps de son maître, et sut adroitement en » dérober le crâne pour l'emporter dans son pays, » et il disoit que les Français ne devoient pas » posséder une telle partie du corps de ce grand » homme. » C'est une chose digne d'attention, quand on se rend compte de la métaphysique de ce philosophe, de savoir qu'il se trouve enterré dans une église catholique et une luthérienne.

Observation sur les Orbites des globes célestes.

Après avoir exposé les quatre hypothèses ou systèmes qui ont été produits depuis les temps antiques de l'Astronomie jusqu'à présent, sur les positions et mouvemens des globes célestes ; il est essentiel de faire observer ici que leurs auteurs reconnurent, comme une grande vérité, que les mouvemens particuliers et les mouvemens généraux s'exécutoient sur autant de CERCLES PARFAITS. Ils décidèrent, malgré une difficulté très-mystérieuse et qui leur fut insurmontable, que les globes célestes ne pouvoient, d'après la géométrie, la mécanique et la saine physique, avoir d'autre orbite que la circonférence d'un cercle.

Je citerai parmi eux le régénérateur de l'hypothèse Philolaïque, détruite par la découverte de l'orbite de la terre. Copernic lui-même regardoit comme une chose impossible que les planètes puissent se mouvoir autrement que sur des orbites parfaitement circulaires et avec une vîtesse uniforme. Il a dit : « *Fieri nequit ut* » *cœleste corpus simplex uno orbe inæqua-* » *liter moveatur.* »

Galilée, d'après Platon, a écrit : « que le mou- » vement circulaire est le seul qui puisse se con- » server uniforme, et faire que les globes célestes » tournent sans cesse, ne pouvant s'éloigner ou » s'approcher du terme fixe. » *Galilei discorsi e dimostrazioni matematiche. Ed. Leid.* 1638.

On va rendre compte comment ce principe du cercle, aussi pur qu'inaltérable, fut attaqué, sacrifié, et ensuite donné par les partisans des ellipses, pour le plus faux des raisonnemens. En plaçant immédiatement après les auteurs des hypothèses sur la sphère céleste Képler, si célèbre dans l'école copernicienne, il ne faut pas confondre le genre de son travail avec le leur : il s'occupa principalement de donner une nouvelle forme aux orbites, et prétendit que les globes exécutoient leurs mouvemens sur des ellipses.

Hypothèse de KÉPLER.

Képler né en 1571, à Weill (1), de parens nobles et pauvres, après avoir fait quelques études dans l'université de Tübingen, s'adonna à l'Astronomie, et se fit ensuite protéger auprès de Tycho-Brahé. Il trouva en cet homme remarquable par sa bienfaisance, un généreux ami qui le mit bientôt en état de s'avancer dans la carrière Astronomique : il lui faisoit partager toutes ses observations avec confiance, et croyoit voir en lui le continuateur de ses grands et sages travaux.

De toutes les planètes, *Mars*, par sa position,

(1) Weill-der-Stadt, petite ville libre impériale du cercle de Suabe, latit. 48° 52′, sur la Wurn, à environ 6 lieues de Tübingen.

est

est celle dont les mouvemens paroissent des plus irréguliers. Képler avoit suivi très-assidûment les comparaisons très-scrupuleuses que Tycho-Brahé en avoit pu faire, et desquelles ce grand homme avoit cherché à se rendre compte en accumulant des cercles et des épicycles qui compliquoient la théorie qu'il en préparoit, et qu'il se proposoit de perfectionner lorsqu'il mourut. Après lui Képler, qui ne goûtoit point cette théorie, pensa qu'il pourroit expliquer les mouvemens de la planète d'une autre manière. Il imagina de rapprocher le centre de l'orbite de *Mars* de la moitié de l'excentricité qu'on lui donnoit, et le mouvement lui parut beaucoup mieux représenté; mais en faisant avec soin l'examen de son travail, il s'aperçut qu'il ne répondoit point encore à toutes les inégalités; il attribua ce défaut à ce que la figure de l'orbite de Mars n'étoit pas telle qu'on la croyoit, et fondant tous les déférens et les épicycles les uns dans les autres, il rencontra une sorte d'ellipse indéterminée; dès lors il supposa aux autres orbites cette figure et supprima le cercle.

Voilà en peu de mots l'histoire de la *création* des orbites en *Ellipse*, à laquelle on donna le titre de découverte, à quoi il faut ajouter que Képler avoit adopté, depuis la mort de Tycho-Brahé,

10

l'hypothèse de Copernic pour se faire des soutiens. Mais en supposant (ce qui n'est pas) que l'idée de l'orbite ovale eût rendu plus facilement raison de la gradation d'une diversité d'inégalités, il ne falloit pas conduire l'opinion à s'y méprendre, en adaptant l'ellipse à la science comme vérité qui n'attendoit que sa perfection, et on devoit généreusement avouer que c'étoit, *comme la terre autour du soleil,* des ressources fictives qui ne devoient point arrêter le zèle du génie. En effet, par ces deux hypothèses ne pouvant défaire le *nœud gordien de la science,* on auroit été excusable de le trancher avec franchise ; mais, non ! on s'empressa de le hacher au point de faire passer l'envie d'en étudier les débris.

Cette *fabrication* de l'ellipse parut très-heureuse. De là Képler établit que tous les corps célestes se meuvent dans des orbites en ellipses, dont le soleil *occupe un des foyers ;* c'est ainsi qu'ayant adopté le sentiment des coperniciens, ceux-ci affirmèrent *que sa supposition étoit une vérité.* Ensuite ses partisans lui attribuèrent d'avoir deviné *la cause* du mouvement des planètes, lorsqu'il publia son opinion sur la *gravitation,* par laquelle il disoit *qu'elles gravitent vers le soleil, comme les corps* qui tombent *gravitent vers la terre.*

Enfin ce qui mit le sceau à sa renommée, ce fut l'idée très-répandue : *que lui seul avoit saisi le mécanisme de l'univers.* 1°. Parce qu'il avoit remarqué que le soleil et la lune ont la forme elliptique, lorsque ces Astres sont proches de l'horizon (1). 2°. Et qu'il donna à la terre un quatrième mouvement qui la faisoit rétrograder tous les ans *d'orient* en *occident,* de la valeur du mouvement des étoiles supposées fixes, pour rendre compte *de la précession des équinoxes,* ôtant par là aux étoiles leur mouvement.

Examen des Hypothèses.

Ayant mis à même de connoître que l'Astronomie exigea, pour sa formation et son développement, un travail pénible et constant, fatigant par l'attention la plus assidue et la plus délicate, un

(1) Pur effet d'optique de la position du soleil et de la lune, sur le commencement de l'arc vertical, où le globe lumineux se trouve rabaissé à la vue par une courbe, et en conséquence paroît ovale sur son diamètre horizontal, ou des deux côtés nord et sud, ou sud et nord. Cette illusion ne dure qu'un instant, et varie en certaines saisons, c'est-à-dire, la forme elliptique est plus ou moins apparente, ainsi que je l'ai souvent observé.

zèle qui entraînoit à un sacrifice considérable de temps et de veilles, c'est avoir prouvé qu'elle auroit dû éviter ensuite de s'abandonner totalement aux suppositions pour déterminer la branche *Astrostatique ;* car par de fausses idées, il n'en devoit résulter qu'une pure chimère pour l'instruction publique. Tout ce que l'Astronomie obtint de solide, ne fut dû qu'à la contemplation, à la plus profonde méditation, et au génie éclairé par le flambeau de la raison ; or il en devoit être de même pour l'Astrostatique.

Comme quelques sciences conjecturales, l'Astronomie fut cependant obligé d'admettre une quantité de suppositions, avant d'arriver à rencontrer certaines choses ; mais c'étoit pour trouver avec plus de vraisemblance une détermination, que le sage observateur chercha toujours à s'exercer. Par ce juste motif les meilleurs Astronomes, anciens et modernes, obtinrent des détails excellens ou heureux qui hâtèrent sa progression dans plusieurs de ses branches, et principalement pour l'approximation des périodes et le débrouillement de l'excentricité des orbites, parmi ces sortes d'inégaliés *apparentes* qu'offre l'ensemble des mouvemens dans la sphère céleste. Or ces deux points donnent les principes de la branche *Astrostatique,* dont la base se rencontre

dans la DÉCOUVERTE DE L'ORBITE DE LA
TERRE.

On vient de voir les idéalités que quelques savans établirent tour à tour : un examen en est
actuellement nécessaire ; mais j'observe que le
seul intérêt qui peut me conduire à ce détail est
d'éclairer le jugement, et non l'idée d'enlever à
ces hommes l'estime qu'on doit d'ailleurs accorder à leur mérite particulier.

L'examen se divise de lui-même. 1°. Le soleil
au centre, et la terre ayant son mouvement autour de cet astre. 2°. Les orbites en ellipses. 3°. Les
opinions adoptées et combattues sous ces deux
rapports, par l'Astronomie moderne.

Le Soleil au centre, et la Terre emportée autour de cet astre.

Dès le temps où les hommes commencèrent à
oublier la tradition primitive et à se communiquer des opinions particulières, il y en eut
deux totalement opposées sur la connoissance
qu'on croyoit avoir de l'organisation de la
sphère céleste ; et, chose digne de remarque,
toutes deux émanoient des principes même du
culte des peuples qui avoient perdu la trace
directe de la révélation.

Les idolâtres ou sectateurs du culte des astres et les adorateurs de la nature, étoient pour le repos ou fixité du soleil, ce qui a déjà été expliqué. D'autres, connus depuis sous le nom de païens, furent pour le repos ou fixité de la terre. Le motif de ces derniers étoit que les Dieux, qui venoient quelquefois la visiter, ne la retrouvant plus à la même place, finiroient par l'oublier. Lors de la décadence d'une telle crédulité, ils la remplacèrent par celle-ci : « que » le mouvement de la terre troubleroit le repos » de leurs Dieux pénates, » petites figures en bois, en pierres ou en métal, que l'on parfumoit, habilloit, adoroit, et battoit, selon les événemens plus ou moins favorables.

Quant aux Hébreux, l'histoire de Josué prouve la révélation dans leur religieuse et juste croyance, que le soleil tourne autour de la terre.

La Cour de Rome ne s'éleva point contre le paradoxe publié par un membre de l'Église (1) qui, renversant la raison, fixoit le soleil pour faire mouvoir la terre autour. Cette Cour ne

(1) Copernic dédia son travail au pape Paul III. Comme alors on ne juroit, dans le monde latin, que par Cicéron, Copernic s'appuie du sentiment de ce dernier et de Nicetas de Syracuse.

poursuivit point un de ses sujets, Galilée, pour avoir soutenu avec impudence ce paradoxe ; mais Rome fut obligée d'employer la sévérité lorsqu'un moine extravagant, entraîné par les prétendus savans, osa taxer d'inconséquence les Écritures sacrées. Si le pape Zacharie, huit siècles auparavant, condamna *Virgilius,* évêque de Salzbourg, pour avoir soutenu l'existence des *antipodes,* ce ne fut point pour ce fait, aujourd'hui vulgaire et purement géographique, mais parce que dans ces temps une telle opinion s'étoit formée sur l'idée des païens, que ces antipodes avoient à part un soleil et une lune (1), ce qui établissoit deux créations. Depuis on vit quelques écrivains calomnier ce pape, faute d'être instruits sur l'état de la question.

Par la DÉCOUVERTE, les preuves seront publiques : que LE SOLEIL TOURNE AUTOUR DE LA TERRE. Qu'importe donc qu'il y ait eu des partisans d'un mouvement contraire. *Orphée , Ecphantus, Séleucus, Aristarque, Héraclide,*

(1) L'an 745, Boniface, évêque de Mayence, accusa Virgilius de la promulgation de cette singulière opinion ; le roi de Bohème ayant connu de l'affaire en première instance, elle fut regardée comme étant du ressort de la Cour de Rome, parce qu'il y avoit hérésie.

Ponticus, *Pythagore* (1) lui-même, dont une semblable opinion a pris le nom, pouvoient-ils être des autorités suffisantes contre une tradition non interrompue ? Voudroit-on s'appuyer de leurs nombreux disciples? mais ceux-ci se disant à leur tour philosophes, comme leurs instituteurs, ne faisoient jamais un usage libre de leur raison ; elle mouroit sous la tutelle, car leurs décisions étoient celles de leurs maîtres. Tous les doutes s'évanouissoient devant cette conclusion : « *Ipse dixit, ipse autem erat* » *Pythagoras.* »

Dans les temps modernes la raison fut replacée sous un joug semblable, ce qui rend compte pourquoi le génie fut étouffé, et comment l'hypothèse de Philolaé (2) put survivre à Copernic, quoiqu'on sache qu'à deux époques

(1) On peut demander quel Pythagore, puisque les histoires anciennes parlent de 18 Pithagore, 20 Socrate, 16 Platon, et 32 Aristote, etc.

(2) Diogène de Laërte et d'autres, attribuent à Philolaé l'opinion du mouvement de la terre autour du soleil; on croit cependant qu'il n'a fait que la répandre. Eusèbe affirme que ce Grec étoit le premier qui avoit mis par écrit ce système. Philolaé vivoit environ 450 ans avant l'ère Chrét. Il enseigna d'abord à Métaponte, et ensuite à Héraclée.

si éloignées elle révolta également les gens raisonnables, et que le sophiste Grec fut obligé de quitter une des villes où il l'enseignoit, et de se retirer dans une autre. Aussi eut-elle péri indubitablement, sans le très-grand bouleversement qui, au XVIe. siècle, survint en Europe, et qui fut occasionné par tous les excès d'innovations les plus subversives, et par la passion des erreurs les moins équivoques, qui vouloient tout subjuguer. C'est un fait bien confirmé, trop oublié, et toujours digne d'être transmis, que chaque grande bévue de l'esprit humain semble avoir sa place marquée dans les funestes époques des plus turbulentes perturbations de la société; comme aussi les vérités semblent destinées à ne paroître que très-rarement.

Copernic put facilement être entraîné par la cabale qui adopta avant lui cette opinion, s'il est vrai, ainsi que quelques-uns l'ont dit, et ce qu'il est possible de croire, qu'il n'avoit pu apprécier la grandeur et la distance des étoiles, et leur mouvement propre. Depuis lui, ce que l'Astronomie moderne a produit de plus essentiel, grâce aux télescopes et aux excellens instrumens qu'on emploie, c'est l'approximation relative des distances du soleil et de la lune à la terre. Ainsi, en regardant comme exactes toutes les données et les calculs faits à cet égard, alors la terre, qui ne développe pour sa circonférence qu'environ 9000 lieues, doit pour exécuter complétement le mouvement *diurne* qui conviendroit à former son cours annuel sur l'ÉCLIPTIQUE, parcourir chaque 24 heures plus de 530,000 lieues. Voilà le résultat de cette hypothèse gigantesque et naturellement des plus incroyables, ce grand et terrible mouvement pour la terre, qui fut proclamé par tous les livres d'instruction : *le seul admissible par sa simplicité*, ET LE SEUL QU'ON POUVOIT RAISONNABLEMENT SUIVRE.

Ayant adopté dans mes ouvrages la loi sacrée de la franchise, je dois dire que cette opinion admise avec une aveugle partialité par les uns, fut reçue sans réflexion par les autres ; car même à défaut de pouvoir la démasquer, comme je le fais par la DÉCOUVERTE, l'hypothèse Copernicienne ne devoit séduire personne. Cependant le déraisonnement qu'elle produisit fut si considérable, qu'elle enleva à plusieurs *savan*s jusqu'au sens commun. L'un d'eux, pour enchérir encore sur le grand voyage de la terre, soit par admiration pour la lune, soit par démence, voulut établir que : *c'étoit le globe terrestre* *qui, en 27 jours ½, tournoit autour de la Lune.* Au grand regret de ceux qui désiroient cette nouvelle erreur, pour appuyer *le hasard de l'existence* (1), on ne put réussir à introduire ce nouveau mensonge astronomique; mais une Académie le couronna, car le fanatisme de la fausse science est d'autant plus arbitraire que son ambition est égarée. Malgré que quelques esprits forts du XVIIIe. siècle aient eu une profonde vénération pour la lune, ils se résignèrent. Ainsi, Coperniciens et Newtoniens laissèrent cette planète partager le vagabondage

(1) La philosophie Eclectique qui désola les premiers siècles de la Chrétienté, reparut en France et y fut regardée comme moderne. Elle parvint bientôt à corrompre en Europe toutes les classes. L'auteur du mouvement de la terre autour de la lune étoit Bénédictin. Par ce sophisme il traitoit *du flux et de l'attraction.* Son ouvrage fut couronné à l'Académie de Bordeaux, le 1er. mai 1726. Il reçut la médaille d'or. Le censeur royal donna son approbation sous une formule très-adroite: « *J'ai lu par l'ordre, etc., le Traité, etc., qui* » *m'a paru digne de l'Académie de Bourdeaux, à qui il* » *a été présenté, et qui lui a adjugé le prix.* Signé *An-* » *dry.* » On trouve dans ce peu de mots de la finesse et de l'ironie. Quant au Bénédictin, zélé Copernicien d'ailleurs, il avoue «que l'hypothèse de son maître est » un paradoxe qui autorise le sien. »

assigné à la terre AUTOUR DU SOLEIL, d'où il suivoit aussi que la lune, par son mouvement propre (environ 12 fois $\frac{1}{2}$ son orbite) et étant entraînée dans la prétendue révolution de la TERRE SUR L'ÉCLIPTIQUE, devoit faire en un an plus de 200 millions de lieues. Certainement les disciples du chanoine de Warmie pourroient avoir possédé mille talens divers, qu'ils ne forceront pas la postérité à leur accorder ceux d'astronome, de géomètre, de mécanicien, etc., etc. Il est donc bien fâcheux, pour les hommes qui ne veulent ou ne peuvent pas réfléchir, que de telles rêveries soient prônées comme le chef-d'œuvre de l'instruction du genre humain.

Des Orbites en ellipses.

« Dans l'hypothèse de Tycho - Brahé, di-
» soient les partisans des ellipses, il parut tou-
» jours difficile de croire qu'il pût y avoir
» deux centres principaux pour les mouvemens
» particuliers et le mouvement général. »
Ensuite, ces mêmes écrivains, employant l'hypocrisie pour arriver à leur but, écrivirent « que ces deux centres principaux répugnoient » *à la perfection que l'on se forme de ce bel*

» *univers.* » En même temps qu'ils donnoient cette décision, ils soutenoient la réalité des orbites en ellipses.

Ces prétendus critiques ignoroient : QUE LA SPHÈRE CÉLESTE ÉTANT SANS LIMITES, aucun centre ne peut lui être assigné, et qu'en ce qui concerne sa vaste organisation, toutes les orbites des globes qu'on peut y apercevoir, ont pour tous les mouvemens particuliers leur centre à part et indépendant les uns des autres ; qu'enfin cette admirable distribution des centres propres, est encore une preuve à ajouter à toutes celles de la puissance du Créateur, qui surpassera éternellement la plus subtile imagination humaine.

Mais la route nouvelle de la science moderne fut la puissance des mots et des contradictions ; et par là quelques sophistes voulurent faire croire à leurs contemporains, qu'ils avoient obtenu la gloire de franchir la marche lente et progressive qui convient à toute science pour parvenir à son but: la vérité. Quelques sages observateurs pressentirent que le secret résidoit dans la découverte des points centraux des mouvemens particuliers, c'est pourquoi ils voulurent toujours regarder la terre comme essentiellement placée dans le centre de tous les mouvemens, et aussi ils ne pouvoient croire qu'aux orbites circulaires; mais d'autres ne pensèrent qu'à tout soumettre à un seul point, *le soleil*, pour ensuite répéter avec emphase ces mots si plaisans dans la bouche du charlatanisme : « *Qu'ils avoient pris la nature sur* » *le fait.* »

L'idée de l'ellipse ne se forma dans l'esprit ingénieux de Képler, que sur les probabilités qu'elle rendroit plus simple l'apparence des inégalités *qu'on croit voir* dans la marche des planètes, et que par là il anéantissoit la supposition des *épicycles*, trop compliquée pour être conçue par les uns, et trop savante pour être goutée par les autres. En considérant les données qu'offroient à la fois, le cercle parfait d'une orbite et le cercle de l'épicycle, dans les oppositions de mouvement de la planète, il rencontra d'abord pour celle de *Mars*, que son mouvement périodique sembloit donner l'effet apparent d'un mouvement *ovale ;* et il ne vit pas que cet ovale étoit des plus difforme ; ce ne fut donc qu'un pur amalgame intelligent des effets apparens de courbes sur *des centres inconnus*, cette finesse géométrique lui réussit. Mais elle ne lui forma une réputation que par l'adoption qu'il fit, parce qu'elle lui étoit favorable, de l'hypothèse de la terre emportée autour du Soleil : il peut être regardé comme l'un des grands fauteurs de sa durée, en faisant tout ce qui étoit en son pouvoir pour lui donner quelque vraisemblance, aux dépens même de la vérité.

Entièrement opposé à Hypparque, Ptolémée, Tycho - Brahé et presque tous les Astronomes, sur le mouvement propre des étoiles, qui s'exécute fort lentement, Képler les priva toutes de mouvement, et les attacha à un ciel qui pourtant, selon son aveu, n'étoit point solide. Ainsi, malgré leur mobilité réelle, il la soutint apparente, et pour détruire cette réalité, il donna à la terre *un quatrième mouvement,* qui la fait rétrograder sur l'écliptique de l'*orient* vers l'*occident,* et qui s'achève selon les uns en 25,000 années, et selon d'autres en 25,900. Ce que, pour le mouvement des étoiles, Ptolémée avoit déjà nommé la *grande année.*

Quoique l'ellipse pût paroître plus accommodante que l'échafaudage des épicycles, cependant on étoit obligé d'avouer, d'après l'emploi de la parallaxe, que pour favoriser l'hypothèse de Copernic et de Képler, dans l'opinion *du mouvement de la terre autour du soleil,* il falloit SUPPOSER LES ÉTOILES A UNE DISTANCE

IMMENSE ; ce qui fit que les uns les portèrent à dix millions de millions de lieues, et d'autres à sept millions de millions ; or cette distance qui contraint la réflexion à les imaginer d'une grosseur effroyable, détruit tous les rapports des plus habiles observateurs. Ainsi l'immobilité des *étoiles*, et le soleil *fixe* au centre universel, que Képler voulut faire adopter, étoient deux subtilités qui s'étayoient l'une par l'autre.

Pour achever de voiler l'erreur copernicienne, il y ajusta une formule mathématique nommée depuis par ses disciples LOI DE KÉPLER. « *Les* » *quarrés des temps périodiques sont comme* » *les cubes des distances des planètes au* » *centre de leur orbite* » Par des approximations mal appliquées le *soleil fixe* devint le seul esprit de la 3ᵉ. École : on assura ensuite que la formule étoit une découverte moderne, malgré l'évidence de son antiquité, ainsi que nous allons l'exposer.

Plutarque, Pline, Macrobe, Censorinus et autres ont parlé de la loi de l'harmonie, d'après la connoissance qu'on en avoit déjà dès les temps antiques. « *Quant au corps des Astres, les dis-* » *tances, les intervalles des orbites, les vîtesses* » *de leurs cours ou révolutions, sont propor-* » *tionnelles entr'elles , et par rapport au total*
» *de*

» *de l'univers.* PLUTAR., pag. 1030. de *Animæ*
» *procreatione.* » Cette antique réflexion est un
véritable hommage que la sagesse humaine rendit à l'ordre imposant que voulut établir, dans la
sphère céleste, le souverain arbitre de l'existence ;
et certainement la matière réduite à elle-même
n'auroit pu faire aussi savamment la distribution
de tous ces globes.

Képler ne s'arrêta point à cette raison supérieure ; car il proposa une physique singulière ,
par laquelle il admettoit que les planètes avoient
un côté ami et *un côté ennemi ,* ou tantôt un
doux sentiment, et tantôt de la haine (1), ce qui
devenoit le moteur des mouvemens en *ovale ;*
car lorsque les côtés amis se présentoient, les
globes se rapprochoient , et quand venoient les
côtés ennemis, ils s'éloignoient : voilà comme cet

(1) On attribue à Empedocles un système assez semblable ; mais on trouve dans Képler la jonction de l'attraction et de la répulsion. Il faut observer que je parle
des effets ; car pour le mot *attraction ,* on peut en laisser
tout l'avantage à Newton.

Comment se soutiennent ensuite toutes ces rêveries ?
par des volumes fort inutiles d'algèbre auxquels on veut
bien croire.

Platon avouoit naturellement « que Dieu avoit impri-
» mé aux astres le mouvement qui leur étoit le plus
» propre, et qu'il régla leur cours.... »

Astronome et ses sectateurs se rendoient compte de la LOI IMMUABLE DE L'EXCENTRICITÉ.

Pour passer de suite aux opinions et contradictions établies depuis Copernic et Képler, nous terminerons celles-ci en disant que toutes ces suppositions dérivent absolument d'un préjugé d'idées fort étroites sur la PHYSIQUE ET LA MÉCANIQUE CÉLESTES, considérées dans les bases des mouvemens que renferme l'immensité; c'est-à-dire, 1°. de n'avoir pu sentir que tout y est mobile, que chaque corps y est subordonné relativement aux autres, et que tout y reste cependant libre pour soi. Telle est visiblement la règle générale, morale et physique du GOUVERNEMENT ÉTERNEL; c'est par elle seule qu'existe l'harmonie : cette loi suprême sait faire obéir la nature passive : et c'est cette règle, enfin, vis-à-vis de laquelle celle attribuée à Képler est même au-dessous d'un foible jeu d'arithmétique.

2°. D'avoir voulu décider, en dépit de la physique naturelle, « *que le soleil est un corps* » *trop gros pour être asservi à marcher au-* » *tour du petit globe terrestre.* » Qui ne sait que cette assertion avoit son motif hors des principaux élémens de la science Astronomique?

*Opinions reçues dans l'Astronomie fran-
çaise au XVIIIe. siècle.*

Pour faire juger de quelle utilité ont pu être
jusqu'à présent les opinions, assertions, contradictions et paradoxes élevés d'après des hypothèses ou suppositions extrêmes qui, tour-à-
tour, formèrent la branche Astrostatique, je me
propose ici d'en présenter les résultats généraux : uniques élémens des praticiens, uniques
ressources des professeurs, uniques théories des
élèves.

L'école *mixte* ou moyenne, dont j'ai parlé,
ayant été une sorte de limite entre l'école ancienne et la troisième école, *ou la copernicienne;* c'est dans les écrits des Astronomes les
plus instruits de l'école moyenne, que j'ai dû
former un choix pour faire connoître le mélange
des opinions incertaines avec lesquelles on forma
des principes.

Cassini, le fils, écrivit dans la préface de ses
élémens d'Astronomie (pag. xij.) « On a ensuite
» traité des différens systèmes, parce que comme
» les mouvemens des planètes se font *la plupart*
» autour du soleil, et qu'on a besoin de les
» rapporter à la terre, d'où nous les observons,

» il faut d'abord bien concevoir *du moins celui*
» *de Tycho, avant que de considérer suivant*
» *celui de Copernic,* tous ces mouvemens à l'é-
» gard du soleil, où nous ne pouvons les transpor-
» ter *qu'avec quelque effort d'imagination...*
« Il est nécessaire de conclure que la distance
» des étoiles fixes à la terre ou au soleil, dans le
» système de Copernic, *est si grande* (1), que
» tout le diamètre de l'orbe (orbite) annuel,
» dont l'étendue est d'environ 60 millions de
» lieues, n'y a presque aucun rapport sensible.
« L'hypothèse de Képler a été adoptée par les
» plus *grands philosophes de notre temps,*
» qui, quoique *fort différens dans leurs pre-*
» *miers principes,* se sont tous réunis pour
» *démontrer* qu'elle étoit conforme aux lois du
» mouvement » (2).

Cassini résout le *mouvement du soleil* dans

(1) Le firmament, selon Copernic, sera donc 343
milliards de fois plus grand qu'il n'est selon l'opinion
commune..... DECHALES, Princip. d'Astron. édition de
1677.

.... Avouez-le, ce grand cercle qu'on fait parcourir
à la terre, dans l'hypothèse de Copernic, vous effraye?.....
Entret. Physiq. 13. 4ᵉ. part. édit. 1737.

(2) On feroit un grand chapitre sur les Modernes,
relativement aux effets pris pour des lois et des causes.

les systèmes de Ptolémée et de Tycho-Brahé, *ou de la terre* dans le système de Copernic, d'après l'*hypothèse elliptique simple,* et ensuite dans le système de l'*ellipse de Képler*. Il avoue qu'on ne peut arriver « *au moyen de calculer* » *les équations des planètes avec une préci-* » *sion géométrique*.... « Comme la méthode » que Képler a donnée pour déterminer, suivant » l'ellipse, les équations des planètes *est longue* » *et embarrassante,* divers Astronomes en ont » proposé d'autres plus faciles à pratiquer ; *ce* » *qui ne peut se faire cependant que* PAR » APPROXIMATION... car *il auroit fallu pour* » *résoudre l'ellipse avoir résolu la* QUADRA- » TURE DU CERCLE.

  « D'après l'observation exacte de la grandeur » apparente des diamètres du soleil, mon père » a trouvé une *autre courbe* différente de l'el- » lipse qui sert à représenter fort exactement » les mouvemens vrais du soleil, et ses diverses » distances à la terre. »

Observation.

Cassini le père déclara avant tout : « *que la* » *demi - distance des foyers de l'ellipse de* » *Képler* (que celui-ci prétendoit que la terre

» parcourt autour du soleil), *étoit moindre*
» *que son inventeur ne l'avoit cru.* »

L'ellipse trouvée par Cassini est dans l'ouvrage du fils la fig. 3o, qu'on y a rendue comme un cercle parfait. Il est certain que les Cassini ne croyoient point aux ellipses, quoiqu'ils s'en soient beaucoup occupés. La méthode des *ovales* fut cherchée par bien d'autres, *Grégori*, *La Hire* en France, *Keill* à Oxford, Isaac *Newton*, l'Académie des sciences à Paris, etc. Ces travaux furent imparfaits.

Opinion.

Cassini fait voir « que l'hypothèse, imaginée
» par Ptolémée, du cercle placé à distance égale
» de l'excentrique et du concentrique, sur le-
» quel l'ancienne Astronomie supposoit que les
» planètes avoient un mouvement périodique
» *inégal*, qui répondoit à un mouvement *égal*,
» par rapport à l'excentrique, *n'en représen-*
» *toit pas moins les apparences près de l'a-*
» *pogée et du périgée;* et que dans les autres
» situations, *elle diffère peu de l'hypothèse*
» *elliptique simple,* à laquelle on peut la faire
» *accorder parfaitement....* « Quoique, dit-il
» plus haut, cette hypothèse (de Ptolémée)

» *ait paru absurde à des* ASTRONOMES MO-
» DERNES (1). »

Réflexion.

La séduction de l'ellipse devint, dans le XVIIIe. siècle, si complète que malgré le juste attachement de Cassini le fils, au principe du grand Cassini, son père, qui ne croyoit point aux *ovales*, on trouve dans ses élémens les contradictions dont on présente un court extrait.

Liv. VII. chap. 5. « Nous avons supposé *pour* » *une plus grande facilité* que, quoique l'orbe » de Vénus soit *réellement elliptique*, CETTE » PLANÈTE DÉCRIT PAR SON MOUVEMENT » PROPRE UN CERCLE,...etc. »

Liv. IX. chap. 2. « Que les orbites parcourues » par la révolution des Satellites de Jupiter au- » tour de lui-même, *sont peu inclinées à l'é-* » *cliptique,* et qu'ils décrivent en *apparence* » DES ELLIPSES FORT ÉTROITES *qui,* dans de » certains temps, *ne diffèrent pas sensible-* » *ment* D'UNE LIGNE DROITE. »

Ch. 3. « Nous avons dit ci-dessus que, quoique » les orbites des Satellites de Jupiter FUSSENT

---

(1) Cette dernière phrase sert de preuve à ma dis- tinction des trois écoles.

 S Y S T È M E S

» CIRCULAIRES, *ou d'une figure qui approche*
» *fort du cercle,* cependant à cause du peu de
» déclinaison de leur plan à l'égard de l'éclip-
» tique, ils *nous paroissent* décrire des ellipses
» fort étroites. »

Ici c'est l'opticien et le géomètre qui cherchent à se concilier sur cette apparence que tout
cercle fournira d'après la position de son plan.
Quant à ce qui produit l'effet des lignes sensiblement droites, on en trouvera une explication
dans le mouvement et la position de l'orbite de
la terre à l'équateur d'après la découverte.

Prétendues lenteur et vîtesse du Soleil, selon
les uns, ou de la Terre, selon les autres,
sur l'écliptique.

Quelques Astronomes se sont imaginés, et les
livres le répètent, que le soleil (ou la terre)
parcourt l'écliptique *plus vîte* dans un temps de
l'année, et *plus lentement* dans un autre; ce qui
les a conduit à admettre *deux soleils* pour calculer le mouvement.

Cassini le père assura (ensuite le fils) *que le*
mouvement du soleil sur l'écliptique étoit
inégal.

« Il emploie, dit-il, 7 jours, 23 heures, 57′

» de plus depuis l'équinoxe du printemps au
» point de l'équinoxe d'automne, que du point
» de cet équinoxe à celui du printemps. C'est-
» à-dire 186 jours, 14 heures, 53' contre 178
» jours, 14 heures 56'. »

Cassini le fils dit : « notre été est de 8 jours
» plus long que n'est l'hiver, parce que le so-
» leil emploie 8 jours de plus à parcourir les 6
» signes septentrionaux que les 6 méridionaux. »

Le Monnier et *autres* disent: « depuis l'équi-
» noxe du printemps jusqu'à celui d'automne,
» il s'écoule près de 186 jours et demi, quoique
» pendant ce temps le soleil *paroisse parcourir*
» *précisément* les 180° *ou la moitié de l'é-*
» *cliptique*. Aussi depuis l'équinoxe d'automne
» jusqu'à celui du printemps, il n'emploie que
» 178 jours et demi à parcourir l'autre moitié
» de l'écliptique, ce qui répond aux 6 signes
» méridionaux. »

» C'est le mouvement inégal du soleil qui oc-
» casionne cette *vitesse* et cette *lenteur.* »

Observation.

Quant à cette lenteur ou à cette vîtesse, comment une grande quantité de savans ont-ils pu y
croire? Ceux mêmes qui présumèrent d'abord

qu'elle devoit être une *apparence*, la jugèrent ensuite *inexplicable*. Ainsi ils ne connoissoient pas où le plan de l'équateur coupoit l'écliptique et le zodiaque; donc ils ne savoient se définir l'*excentricité*.

Cassini et d'autres appliquèrent aussi à tous les corps célestes la *lenteur* et la *vîtesse* sur leur orbite.

... « Leurs mouvemens apparens sont tels » que *l'accélération apparente de ce mouve-* » *ment est à peu près le double de l'aug-* » *mentation apparente de leur diamètre.* » Les Astronomes ont donc distingué l'inégalité que l'on observe dans le mouvement des planètes en deux parties à peu près égales, qui ont deux causes différentes.

« 1°. L'une optique ou apparente, qui dé- » pend de leurs diverses distances à la terre ou » au soleil.

» 2°. L'autre *physique qui leur imprime* » *un mouvement plus prompt, lorsqu'elles* » *sont plus près de la terre ou du soleil, que* » *lorsqu'elles en sont plus éloignées.* Et cela » à peu près suivant la proportion et la diminu- » tion *apparente* de leur diamètre. »

Un passage tiré des Élémens d'Astronomie par M. Le Monnier, dit expressément: « *Il*

» *n'est pas possible que le soleil se meuve*
» *tout à-la-fois vîte et lentement.* »

Et dans un autre endroit, Le Monnier s'explique ainsi :

« Un corps céleste peut avoir *ses mouve-*
» *mens égaux* et uniformes, et paroître malgré
» cela avoir des *mouvemens fort irréguliers.*

» Notre été est de 8 jours plus long que notre
» hiver, parce que le soleil emploie 8 jours de
» plus à parcourir les 6 signes septentrionaux
» que les méridionaux. Aussi voit-on que
» le soleil fait moins de chemin chaque
» jour pendant l'été qu'il ne fait en
» hiver.

» Sa vitesse même paroît si différente que
» son vrai lieu surpasse, dans un certain point
» de l'orbite, d'environ 2 degrés, celui où
» il seroit parvenu s'il ne se fût avancé que
» d'un mouvement égal et uniforme.

» La même chose s'aperçoit aussi lorsqu'il
» retarde son mouvement; car il arrive qu'il
» s'en faut 2 degrés (environ) qu'il ne soit
» dans le vrai lieu où il seroit parvenu sans
» cette inégalité. »

Opinions de l'École Copernicienne.

« L'Astronomie , dit Le Monnier , ayant

» *dejà bien changée de face*, et étant devenue
» beaucoup plus SIMPLE depuis que l'on admet
» le mouvement RÉEL de la TERRE autour du
» soleil. »

Il convient d'examiner comment la troisième
école a pu placer la terre dans sa prétendue
course sur l'écliptique ; pour cet effet je trans-
cris l'article : *Parallélisme de la terre sur
l'écliptique tournant autour du soleil*, par
le professeur Keill.

« Le parallélisme, en Astronomie, est une
» situation constante de l'axe de la terre, en
» conséquence de laquelle, quand la terre fait
» sa révolution *autour du soleil*, si l'on tire
» une ligne parallèle à son axe, dans une de
» ses positions quelconques, l'axe dans toutes
» sera parallèle à cette même ligne ; il ne chan-
» gera jamais la première inclinaison au plan
» de l'écliptique ; mais il paroîtra se diriger
» toujours vers le même point du ciel..... Il
» ne faut pas s'imaginer pour cela que c'est la
» terre *qui tantôt s'élève et tantôt s'abaisse*
» (au-dessus et au-dessous du plan de l'éclip-
» tique), par un mouvement particulier ; mais
» elle se présente toujours de la même manière
» par rapport au reste de l'univers, ou plutôt
» à l'égard des étoiles. Il n'y a *qu'à l'égard*

» *du soleil qu'elle est inclinée différemment,*
» parce qu'elle parcourt chaque année UNE
» ORBITE A L'ENTOUR DE CET ASTRE, et
» qu'elle doit par conséquent lui présenter ce
» même axe *sous différentes obliquités,* son
» axe étant dans une inclinaison constante. »

Observation.

Cet embrouillement ne prouve autre chose,
sinon que les Atlas Coperniciens, qui se char-
gèrent d'expliquer la sphère céleste, ajoutoient
de vains efforts à d'inutiles paradoxes, pour
faire courir la terre par delà le point qui lui
fut assigné : et cependant on donnoit tout cela
pour la vérité la plus simple qui ait été trans-
mise aux hommes.

Opinion générale.

« Le cercle parallèle que le soleil décrit par
» son mouvement journalier, lorsqu'il est à sa
» plus *grande distance* de l'équateur du côté
» du nord, s'appelle le tropique de l'*Écre-*
» *visse* (1), et le cercle qu'il décrit, lorsqu'il

_____

(1) Cette dénomination, l'*Écrevisse,* est toute française et analogue au caractère des praticiens, qui vou-

» est à la plus grande distance du côté du midi,
» s'appelle le tropique du Capricorne: LE SOLEIL
» REVIENT SUR SES PAS, après être arrivé à ce
» terme. »

Réflexion.

Jusqu'à présent l'Astronomie a été contrainte d'expliquer le *mouvement annuel du soleil* par un mouvement *rétrograde*, qui n'existe pas ; l'excuse tombe sur *l'apparence* ; mais alors que deviennent toutes les savantes hypothèses dont aucunes n'ont pu servir à faire connoître la vérité.

Chez les Coperniciens, *c'est la terre qui revient sur ses pas:* il n'importe ! on n'en savoit pas davantage pour rendre raison de ces effets relatifs entre les mouvemens du soleil et de la terre.

Quand on apprenoit tout cela dans les Cosmographies, il faut l'avouer, on étoit assez étrangement instruit.

loient toutes les sortes de rétrogradations ou *marche en arrière.* Les Anciens n'ont connu cette constellation du *Cancer* que sous la configuration du *Crabe*, parce qu'il marche, en tournant de côté, sur lui-même; et c'étoit au moins une allégorie. Mais cette Ecrevisse..... !

Opinion générale.

« Lorsqu'il (le soleil) est à sa plus grande
» distance du côté du midi, le cercle qu'il dé-
» crit s'appelle le tropique du Capricorne : LE
» SOLEIL REVIENT SUR SES PAS, après être
» arrivé à ce terme.... IL REMARCHE, après
» être arrivé au solstice d'été, COMME L'ÉCRE-
» VISSE EN ARRIÈRE (1).

Réflexion.

Ma réflexion sera précise. Toutes ces misérables théories prouvent par leur défectuosité
combien il étoit important que le flambeau de
la vérité vint procurer l'éclat de sa lumière dans
cette partie précieuse de l'instruction publique.
Quant aux opinions sur le prétendu mouvement
de l'obliquité de l'écliptique, et la *précession
des équinoxes,* leur article étant du ressort de
cet Ouvrage, on aura occasion d'en parler dans
la seconde partie. Ici on veut seulement faire
voir que l'hypothèse de Philolaé, si fort pré-
conisée par les *Coperniciens,* n'a pu lever le
moindre doute sur toutes les apparences dont

(1) **Voy.** Ouvrages Astronom. et Cosmograph.

Ptolémée et Tycho-Brahé voulurent rendre raison par leur système, et ils avoient en leur faveur
la sagesse, ayant reconnu *que le soleil avoit
son mouvement propre sur le cercle de
l'écliptique autour de la terre.*

EXAMEN d'un Principe académique sur l'effet du mouvement DE LA TERRE AU-TOUR DU SOLEIL.

Un des grands principes faux dépendant de
l'hypothèse de la terre emportée sur la vaste
orbite , nommée l'écliptique, pour marcher
annuellement autour du soleil , est le *parallélisme de l'axe terrestre;* mais de plus un
autre faux principe auquel il donna lieu, montre
ce que peut oser l'esprit sectaire lorsqu'il entreprend de repousser la raison. On a déjà vu
comment on donnoit aux pôles de la terre un
mouvement par lequel l'axe incliné faisoit un
effort continuel pour rester parallèle à lui-même.

En accordant cette opinion, la conséquence
est que l'axe de la terre doit décrire par le
mouvement annuel de son globe une espèce de
cylindre, qui, prolongé jusqu'au ciel des *étoiles
fixes,* y trace par sa base une circonférence.
Alors *chaque point de cette circonférence*

est

est le pôle du monde pour le jour de l'année qui y répond, et de là, le pôle apparent pour la terre change sans cesse, dans l'étendue même de l'écliptique, c'est-à-dire de son obliquité ou 47 degrés.

Et c'est ce qu'on n'a point reconnu et ce qu'on ne peut avouer, relativement à l'étendue que donneroit au cylindre ce grand mouvement. Ce fut l'objection la plus forte qui fut proposée par les sages astronomes contre l'invention du mouvement de la terre autour du soleil, quoiqu'il y en eût encore plusieurs autres à faire.

Les Coperniciens ne cherchèrent à échapper à celle-ci qu'en supposant l'écliptique, pour eux l'orbite de la terre, *si petite*, par rapport à la distance de la terre aux étoiles *supposées fixes*, que la base du cylindre qui est égale à son sommet, ne pouvoit être comptée *pour une circonférence*, mais *pour un point* et *un centre*.

Or c'est un point de 60 et quelques millions de lieues, dit Cassini (1), qui combattit l'assertion. Ainsi, pour ceux qui soutenoient cette

(1) Cassini. Mémoires de l'Académie.

absurdité, à défaut du géomètre, où étoit l'homme de bon sens?

Quelqu'idée qu'on ait de l'immense distance qu'il peut y avoir dans les espaces qui se trouvent entre la terre et les étoiles *dites fixes* de la première grandeur, ce ne peut toujours être qu'une supposition violente et déhontée, ou stupide, de ne compter la circonférence de l'écliptique, ou un cercle de plus de 192 millions de lieues, que pour un point!

Flamsteed, grand observateur, assez entraîné vers l'hypothèse des Coperniciens, sentit ce que disoient les hommes éclairés de ce temps-là, et il écrivit: « *qu'il falloit bien examiner la pa-* » *rallaxe annuelle de l'étoile polaire, pour* » *trouver une étendue raisonnable de mou-* » *vement.....* Et aussi: *qu'il falloit justifier* » *que le changement dans les pôles pût venir* » *du mouvement de l'axe terrestre, ce globe* » SUPPOSÉ *sur l'écliptique.* »

C'est en effet à quoi il s'appliqua : il eût pu faire beaucoup pour l'avancement de la science, si on eût su en profiter, ayant observé « *qu'en* » *différentes saisons de l'année, la distance* » *qui est entre le pôle et l'étoile polaire* » *varie.....* Et ayant jugé « *que cette varia-* » *tion étoit celle que le mouvement annuel*

» *peut produire* »; mais il n'offroit rien en rapport à l'étendue de ce mouvement qui pût pallier le faux principe de Philolaé.

L'Académie des sciences n'étant point encore vassale des Coperniciens, fit examiner l'écrit de Flamsteed. Cassini fils, homme à talent pour la partie dissertative, ayant à rendre compte sur cet objet, convint que les observations de l'observatoire royal de Greenwich s'accordoient avec celles faites à l'observatoire royal de Paris ; mais il rejeta les conséquences comme évidemment nulles à l'appui du mouvement de la terre sur l'écliptique ; c'est-à-dire , qu'il montra et soutint : « *que les variations de distance de l'étoile polaire et du pôle ne sont point telles qu'elles devroient être , en supposant ce mouvement annuel de la terre.*

On n'auroit pu rejeter l'entière validité des observations de Flamsteed, et ensuite du savant Bradley, son successeur , si la DÉCOUVERTE que je publie eût alors été soupçonnée ; c'est-à-dire, si continuant à voir exécuter le mouvement du soleil sur l'écliptique, sa vraie place , tous les académiciens de Londres , de Paris, etc. eussent prévu que la terre occupoit une orbite, et relative à la 29ᵉ. partie de l'écliptique vers son centre.

Sur les Principes vrais.

Pour terminer l'examen direct des opinions, parmi lesquelles se font à peine remarquer des vérités alors légèrement senties ou impossible à fixer, nous dirons qu'elles échappoient ainsi à la foiblesse qui suit les moyens de l'intelligence ordinaire, pour toucher positivement à un but duquel on ne peut approcher lorsqu'on éloigne de soi l'humble motif de l'utilité, c'est-à-dire, cette confiance que la volonté suprême nous conduira dans nos recherches. Sans cela tout travail n'est qu'une offrande à la vanité; c'est aussi pourquoi les hommes les plus avides de faire parler d'eux se sont couverts de mensonges.

Ceux qui pratiquèrent machinalement, ne travaillèrent que dans des illusions incohérentes; de là sortirent toutes ces inégalités dont nous avons parlé, car la réalité est la plus parfaite concordance cachée sous les nuages des apparences. La découverte donne un exemple de cette concordance.

D'après les opinions pratiques, on trouve quelques idées qui, mieux comparées, pouvoient servir à développer plusieurs vrais principes, si on eût deviné où il falloit les appliquer.

Opinions pratiques.

« On sait que l'angle de l'équateur avec le
» plan de l'écliptique n'est pas toujours le
» même. » — « Que l'axe de la terre a un
» mouvement quelquefois plus , quelquefois
» moins marqué autour des pôles de l'éclip-
» tique. » — « Que quelques étoiles semblent
» avoir des mouvemens particuliers , dont on
» ignore jusqu'à présent la cause. »

Par la DÉCOUVERTE , tout ceci s'explique et fournit de vrais principes qui prouvent l'assiduité étonnante de quelques habiles praticiens à poursuivre un objet. Ce sont de bons matériaux pour la science , tout en se demandant où étoit la science dans des temps où on ne sut point les mettre à leur place. Ainsi les travaux ne peuvent rien produire sans leur juste application: or celle-ci appartient à la branche qui fut toujours si défectueuse, l'*Astrostatique* , fondement unique de la disposition réelle de tout l'édifice.

Excentricité. Opinion à ce sujet.

Excentricité. Dans l'ancienne Astronomie, c'est la grande distance qu'il y a entre le centre de l'orbite d'une planète et le corps autour duquel elle tourne.

Géométriquement, l'excentricité est la distance entre les centres mêmes de deux cercles qui n'ont pas le même centre; mais mécaniquement, cette cause retombe dans la dépendance de l'effet; elle se confond dans celui-ci. Ainsi le terme *excentricité* représentant la valeur entière de l'effet, est alors la plus grande distance produite entre les deux corps mus, soumis à ce mécanisme, et cet effet double de l'excentricité géométrique, devient l'*excentricité combinée;* elle est en rapport à l'idée qu'en avoient pris les Anciens.

Selon les hypothèses de Ptolémée et Tycho-Brahé, l'excentrique est le déférent, qui étoit bien l'orbite de la planète; mais celle-ci ne la parcouroit, comme il a été dit, que sur un autre cercle nommé l'*épicycle,* dont le centre particulier étoit comme attaché, ou pour mieux dire assujéti à suivre lui-même la circonférence du déférent. Ainsi par l'épicycle se donnoit l'effet entier de l'excentricité.

Excentricité. Dans l'Astronomie moderne, c'est la différence qui se trouve entre le centre de l'orbite d'une planète et le centre du soleil; c'est-à-dire la distance qui est entre le centre de *l'ellipse* et *un de ses foyers*; aussi on l'appelle excentricité *simple*. L'excentricité *double* est la distance qu'il y a entre les *deux foyers* de l'ellipse, et elle est égale à *deux fois* l'excentricité simple.

Ceux de la troisième école, qui persistèrent pour les *ellipses*, n'ignoroient pas que les plus habiles d'entre eux, d'après les conséquences des observations entre le soleil et la terre, ont été forcés d'avouer ce principe : « L'excentricité du » soleil à la terre étant une petite partie du » rayon, l'orbite elliptique *de la terre autour* » *du soleil*, ne doit pas s'*éloigner* beaucoup » de la *forme circulaire.* »

Dans la seconde partie de cet Ouvrage nous rendrons raison, par la découverte, du principe des effets de l'excentricité (1), et toutes les opinions contradictoires dont j'ai ci-devant parlé, s'écrouleront d'elles-mêmes.

(1) Voy. Circonférence combinée.

Des Mesures géométriques dans leur application au mouvement des globes.

Du Cercle.

Celui qui trouva le moyen de tracer le cercle, découvrit un des principes relatifs à l'existence des mesures géométriques. Le cercle est la figure la plus parfaite et la plus simple ; elle est aussi la plus belle.

Des Angles.

« Euclide a démontré « *que tous les angles* » *dont le sommet se trouve placé au centre* » *d'un même cercle, sont toujours propor-* » *tionnels aux arcs des circonférences sur* » *lesquels ils sont appuyés.* D'où il suit : « *que* » *c'est le moyen le plus naturel, pour me-* » *surer l'ouverture des angles, de se servir* » *des arcs de cercle compris entre leurs* » *côtés.*

La géométrie apprend aussi : « qu'en mesu- » rant la grandeur apparente d'un objet éloigné » (c'est-à-dire l'angle qu'il fait à notre œil) on » peut, en connoissant sa distance, déterminer » sa grandeur véritable ; et que, réciproque- » ment sa grandeur véritable étant connue, on » détermine sa distance. »

On a dit, que les angles ont pour mesure des arcs de cercle ; pour appliquer le principe à l'u-

sage, il suffit d'indiquer : « que deux règles
» mobiles autour d'un pivot peuvent servir à
» prendre la direction sur des arcs de cercles,
» des lignes qui forment les angles. »

La base de la propriété du cercle dans sa
quantité constante fut enrichie par la sage distribution en parties, qui semblent être le nombre
naturel qui lui appartient.

Ce que c'est que degrés, minutes, secondes, tierces, quartes, etc.

Le cercle fut divisé par les anciens géomètres
en 360 parties égales, sur son entière circonférence, chaque partie formant un degré. Chaque
arc d'un degré est divisé en 60 parties que l'on
nomme *minutes*, chaque minute encore en 60
parties nommées *secondes*, puis celles-ci en 60
autres parties ou *tierces*, enfin chacune de ces
dernières également en *quartes*, et ainsi jusqu'aux infinimens petites.

Toute circonférence d'un cercle quelconque
se rapporte à cette division ; car, *de deux cer-*
cles extrêmes, c'est-à-dire, quelque grand
que l'un soit, et quelque petit que l'autre
puisse être, ils ne peuvent différer en valeur
de degré (1) ; *mais ils diffèrent par l'étendue*
qu'ils occupent.

Raison mathématique des degrés de tout cercle.

(1) *Degré*, en géométrie et en astronomie, signifie la
360e. partie d'une circonférence. On peut penser qu'on

Le désir de mesurer le mouvement des corps célestes et leur distance, fit naître l'invention de plusieurs instrumens de mathématique : tels que le *quart de cercle*, ainsi nommé parce qu'il n'est que d'un arc divisé en 90 degrés ; le *sextan*, qui est la sixième partie du cercle, et qui ne contient que 60° ; et l'*octan*, qui est la huitième partie du cercle, et qui n'en a que 45.

On ne peut obtenir de mesures parfaites ou certaines (et pour l'observation des astres les plus approchantes) que par l'emploi du cercle. Chercher d'autres règles, ce seroit vouloir s'y perdre ou amener la confusion, comme l'ont fait quelques modernes en voulant adopter l'hypothèse des orbites elliptiques. Il sera fait ici une

a pris 360 pour le nombre des degrés qui entourent le cercle, parce que ce nombre, quoiqu'il ne soit pas fort considérable, a beaucoup de diviseurs, tels que 2 : 3 : 4 : 5 : 6 : 8 : 9 : 10 : etc.

Nota. On marque les degrés, minutes, secondes, etc. un peu au-dessus et à côté des chiffres, ainsi qu'il suit : $0^n, 0'$, $0'', 0''', 0''''$, et le mot signe par abréviation 0^s, les heures 0^h. Les minutes et secondes horaires comme ci-dessus : $0', 0''$. Les jours : 0j.

Quant aux abréviations dans les calculs, elles signifient comme il suit : $+$ plus, $-$ moins, $=$ égal, $\times$ multiplié par.

dernière observation : tout cercle qui n'est pas
vu sur son plan, présente, par l'effet de l'optique, une ellipse plus ou moins étroite selon que
le plan se présente plus ou moins obliquement
à la vue.

Désignation des divers Mouvemens qu'exé-cutent les globes.

Les mouvemens des globes, dans la sphère céleste, et principalement ceux du soleil et de la
terre, uniques objets du présent ouvrage, sont
de plusieurs sortes. Chacun de ces divers mouvemens reçut une désignation qui y fut analogue;
j'ai cru devoir fixer ici la manière de les exprimer, telle qu'elle dépend de la *découverte* dont
je vais rendre compte dans la seconde partie.

Le MOUVEMENT GÉNÉRAL *est celui par lequel tous les globes célestes, ou plutôt tout
le ciel, tournent ensemble en 24 heures autour de la terre, d'orient en occident.*

Comme il n'y a aucun mouvement réel dans
ce sens, on ne sauroit trop se pénétrer que
cette apparence est l'effet du *premier mobile* :
celui-ci fut également transposé dans le système
de Ptolémée et dans l'hypothèse Philo-Copernicienne. Par la découverte, le premier mobile a

toute sa rectitude par le lieu qu'occupe la terre parcourant son orbite vers le centre de l'écliptique, et tournant chaque jour sur elle-même d'occident en orient. Ainsi l'aspect du ciel tournant en 24 heures d'orient en occident se définira sous le terme qui lui convient : *mouvement-général apparent.*

Le *mouvement propre,* est celui qui appartient à chacun des globes célestes; c'est un attribut de leur existence; les *étoiles* supposées *fixes* avancent même chaque jour d'une quantité quelconque d'*occident* en *orient,* ce qui forme pour toute la sphère le *vrai mouvement général direct.* Ce mouvement propre, général et direct, s'exécute à la fois par le transport du globe sur son orbite pendant que ce globe tourne sur son axe; ce dernier mouvement fut nommé *rotation* par les anciens observateurs. Tous ces effets sont nommés dans notre ouvrage *mouvement direct, et mouvement journalier.*

Le mouvement ou transport annuel du globe solaire autour de son orbite, l'écliptique; et le mouvement ou transport annuel du globe terrestre sur son orbite, le plan de l'équateur s'exécutant ensemble et également, sont définis par le nom qui leur convient : MOUVEMENT CONCORDANT.

Il existe d'autres sortes de mouvemens connus et indiqués dans les ouvrages particuliers sur la sphère ; mais ils ne sont que *fictifs* ou *apparens :* tels ceux offerts par les diverses planètes pendant leur cours périodique : elles paroissent quelquefois abandonner leur marche *directe,* et rester *stationnaires* pendant quelque temps, ensuite exécuter un mouvement *rétrograde.* Mais tout ceci n'est que l'effet produit par le premier mobile, ou *des apparences* occasionnées par l'ensemble du mouvement concordant du soleil et de la terre sur leur orbite respective, ainsi qu'elles seront définies par la DÉCOUVERTE.

De l'excellence du Cercle et de sa prééminence pour les mouvemens des globes célestes.

La perfection du mouvement circulaire est unique; elle est l'image de l'éternité, et la définition qui convient à sa génération prouve sa supériorité.

Le cercle est la résolution complète d'un seul mouvement fait à égale distance autour d'un centre qui lui est propre.

Le centre est inhérent à la circonférence ,

parce que tout cercle est inhérent au point central. La cause et l'effet sont inséparables dans la figure circulaire (1).

Mais la définition de l'ellipse en ovale, ne peut indiquer cette forme que comme une figure imparfaite : *c'est une sorte de circonférence irrégulière, dont les courbes ont différens centres.*

« Dans le cercle, la courbe est parfaitement » et infiniment la même dans toutes ses par- » ties (2).

» Dans l'ellipse, la courbe n'est pas et ne peut » pas être uniforme (3). »

La quantité constante du cercle donne sa forme immuable, et celle-ci représente L'UNITÉ, LA FORCE ET LA DURÉE. Elle seule peut faire exécuter la loi de la force centrale, qui n'est qu'une et indivisible pour chaque cercle, de quelqu'étendue qu'il soit; car la propriété de la force centrale est dans son égalité continue.

Huyghens, qui le premier, parmi les modernes, a fait renaître l'antique Principe de la *force centrale*, ne voulut reconnoître l'appli-

____

(1) Théorie de l'Existence, chap. *l'ordre universel de tout ce qui est.*

(2) Institutions géométriques.

(3) *Suprà.*

cation de cette loi naturelle: *que dans le cas où un corps décrit* UN CERCLE.

Newton, dans sa recherche sur la *force centrale,* avoue qu'il a trouvé : « *qu'un corps* » *qui décrit une* ELLIPSE est retenu *sur cette course par une force* VARIABLE, *et que* SI *cette force ramène constamment le mobile vers l'un* DES FOYERS, *elle fait des* EFFORTS. *Il évalue son effort à* $\frac{1}{9}$ *de plus* que pour le cercle.

Du Mouvement géométrique des Globes célestes.

Les mouvemens des globes célestes sont composés simplement d'une loi mécanique qui leur appartient en propre, renfermant deux effets géométriques, dont l'un, rectiligne, rentre dans l'autre, curviligne ; ce que *Descartes* chercha à exprimer dans cette idée : « *que tout* » *corps qui se meut en une ligne courbe* » *tend à s'éloigner de son centre en une* » *ligne droite qui toucheroit la courbe en* » *un point.* » Et cela veut dire, qu'une action de mouvement est, par la résistance d'une autre action, soumise à un effet nécessaire.

Plutarque compare cet effet nécessaire « *à*

» *la pierre dans une fronde, laquelle éprouve*
» *deux forces à la fois* (1); » c'est-à-dire la
force de *Projection*, par laquelle cette pierre
tend à s'éloigner, et la force *Centrale*, qui lui
fait parcourir un cercle.

Leucipe, disciple de *Zénon*, avoit dit : *que
les corps qui tournent tendent à s'éloigner
du centre et à s'en échapper par la tangente.*
Les modernes n'ont fait que répéter d'une autre
manière tous les problêmes antiques sur la mobilité des globes célestes; mais c'est *Platon* qui
sut le mieux s'en expliquer : « Dieu, dit-il,
» *régla leurs cours par des lois proportion-*
» *nelles* (2). C'est aussi ce que prouvera le
mouvement concordant défini par la découverte : le soleil et la terre parcourant chacun
leur ORBITE respective.

(1) PLUTARCH *de facie in orbe lunœ*, p. 923.
(2) Diog. Laert. *lib.* 3, *sect.* 76, 77.

Fin de la Première Partie.

ASTROSTATIQUE.

ASTROSTATIQUE.

DEUXIÈME PARTIE,

Contenant la Théorie de l'Orbite de la Terre, du Mouvement du Soleil autour d'elle; du Zodiaque, etc., etc.

13

Dieu créa le Ciel et la Terre...

le Soleil, la Lune et les Étoiles, afin qu'ils séparent le jour et la nuit....

et les a soumis à des lois inaltérables.

Deus creavit Cœlum et Terram... (1)

Solem, Lunam et Stellas, ut dividant diem ac noctem... (2)

... Præceptum posuit et non præteribit. (3)

(1) Gen. v. 1. 1ᵉʳ. j. (2) Gen. v. 14-15. 4ᵉ. j. (3) Psal. 148.

DÉCOUVERTE

DE

L'ORBITE DE LA TERRE.

— — — — —

Près le tropique, et vers l'équateur, *la ligne,* lieux primitifs où l'Astronomie jeta ses racines les plus fécondes, le globe terrestre a pu paroître fixé au centre de tous les mouvemens de la sphère céleste. Là ce globe, s'abaissant et s'élevant sur son orbite, n'auroit jamais laissé apercevoir son petit cercle annuel.

Sous les zônes tempérées la DÉCOUVERTE DE L'ORBITE DE LA TERRE n'étoit guères plus facile à saisir; car, depuis *la ligne,* la terre, son orbite et toute la situation de la sphère sont dans une attitude oblique, les jours et les nuits y alternent assez progressivement jusqu'au 66e. deg. A cette latitude, une autre compensation commence à se faire remarquer à l'esprit le moins méditatif. Du 67e. deg. au 70e. on voit non-seulement plusieurs jours, mais plusieurs semaines le

soleil rester sur l'horizon, s'y élevant et décrivant à la fois un cercle continuel. Au 80°. deg. on
reconnoît déjà les grands effets qu'on peut soupçonner dans la sphère parallèle, malgré l'angle
de 10° qu'y forment le plan de l'horizon et celui
de l'orbite de la terre. Quant à l'apparition du
soleil, dans cette région, elle n'est plus en rapport avec celle que l'astronomie des zônes
moyennes croiroit pouvoir en déduire par ses
tables spéculatives. Avant ce 80°. deg. il existe
un grand obstacle à franchir, qui est redoutable
par son aspect; on voit ensuite se confondre, ou
plutôt se perdre dans un océan de glaces des
terres inhabitées dont une partie est l'extrémité
Nord-Est du continent de l'Amérique.

A ces latitudes, le soleil, en parcourant les
GRANDS SIGNES, ne disparoît plus pendant une
suite de mois, et produit des chaleurs arden-
tes (1). Il dédommage par cette continuelle présence les habitans voisins de la mer Glaciale
d'une disparition toujours trop longue, et qui
effraye un peu trop l'imagination mal préparée
d'un étranger : combien le voyageur qui évite

(1) Au Spitzberg assez souvent, vers le solstice d'été,
la chaleur y est si violente qu'elle peut fondre le nouveau goudron qui sert de vernis aux navires.

cette redoutable époque est consolé d'une pénible route.

C'est dans les régions du Nord ; c'est, pour
ainsi dire, vers le sommet du globe terrestre
qu'on est convaincu de la course annuelle du
soleil autour de la terre (1). C'est là, débarrassé de
la petitesse des idées vulgaires, et des rêveries
qu'une ignorante habitude enfante oiseusement
et sans péril au fond d'un cabinet, qu'on est
entièrement livré à ses propres réflexions dans
une contemplation sans bornes, et à l'admiration
du mouvement circulaire du grand Astre, au-
dessus de l'horizon. L'esprit croit se trouver
dégagé des régions terrestres en étudiant sans
aucun obstacle toute l'organisation concordante
de la marche des deux globes, telle qu'elle va
se définir par la DÉCOUVERTE DE L'ORBITE
DE LA TERRE.

Je commencerai par exposer le GRAND THÉO-
RÈME ASTROSTATIQUE, méconnu malgré les
longs travaux de la science Astronomique, et
qui attendoit une SOLUTION POSITIVE. Je le
partagerai en 4 *propositions*, d'où ressort *la* 5ᶜ.,
qui me conduisit à les résoudre par LA DÉCOU-
VERTE EN GÉNÉRAL.

(1) Ce qui m'aida à trouver le centre et le lieu respectif des deux orbites.

1ʳᵉ. PROPOSITION.

Le mouvement journalier de la terre, sur son propre centre, n'étant pas le seul qu'offre ce globe, et lui ayant supposé un mouvement annuel sur l'écliptique même (ce qui ne peut être), *ne détruit-on pas fort gratuitement un autre mouvement réel, celui qui appartient au soleil?*

2ᵉ. PROPOSITION.

Les Astronomes anciens et les modernes ont également reconnu que le plan de l'équateur est très-différent du plan de l'écliptique, que leurs points centraux sont séparés, et qu'il s'en faut bien que ces deux plans ne forment qu'un même cercle; d'après cette vérité ayant cependant supposé le soleil fixe, *n'a-t-on pas rendu un de ces plans illusoire, changé l'organisation, et par là altéré un des plus grands et des plus importans principes?*

3ᵉ. PROPOSITION.

Le soleil, dans son mouvement annuel, *se trouve produire une opposition plus éloignée et une plus rapprochée de la terre, ce qui forme ses distances extrêmes, et dans les temps moyens il est deux fois dans une distance moyenne; enfin il paroît avoir une marche plus* lente *et plus* vîte *dans des temps opposés; cette dernière apparence peut-elle être considérée comme réelle?*

4ᵉ. PROPOSITION.

Les Planètes offrent dans leur mouvement propre, trois apparences qu'on jugea peu naturelles: elles sont Directes, Stationnaires *et* Rétrogrades; *quelle est la cause la plus vraisemblable de cette illusion?*

L'Astronomie, en renfermant dans son sein ce beau, mais silencieux Théorème dont l'exposition devient publique pour la première fois, ne pressentit jamais le complément qui y manquoit, et qui devoit le plus promptement concourir à l'affranchir des deux antiques et imparfaites hypothèses, lesquelles la divisoient sans être l'une et l'autre plus raisonnables, c'étoit d'établir la *proposition* suivante que réclamoit l'utilité de cette science, et que, d'après mes propres observations, je me fis à moi-même.

Le soleil et la terre placés tour à tour sur l'écliptique, par des motifs dont on sentoit un même besoin, n'ont-ils pas plutôt chacun leur propre orbite? Alors comment, et où, la terre se trouve-t-elle placée? Dans quel équilibre doit-elle être considérée relativement à l'organisation des mouvemens des autres globes; c'est-à-dire : peut-elle parcourir l'énorme grandeur de l'écliptique autour du soleil, quand tout annonce que le soleil marche autour d'elle?

D'après cette 5ᵉ. proposition, le théorème embrassa toutes les apparences connues par l'Astronomie dans les mouvemens dont elle avoit pu juger, et conduisit ainsi aux causes inconnues. LA DÉCOUVERTE devoit être la preuve de la solution d'abord pressentie.

Opération.

Il s'agissoit de trouver dans l'orbite du soleil, l'écliptique, le point de centre du vrai mouvement de cet astre; de déterminer si la circonférence de cette orbite étoit un *cercle parfait*, et si le soleil le parcouroit avec égalité. Découvrir la cause d'*une autre circonférence apparente elliptique*, qui offrit des déclinaisons, ou plus d'étendue de rayon en relation avec les temps, quoiqu'avec la même précision de mouvement, et sans que le soleil pût se déranger en rien de son orbite circulaire, soit pour se rapprocher, soit pour s'éloigner.

Il falloit trouver, pour les 4 principales époques des déclinaisons du soleil, *ou les saisons*, 2 relations extrêmes et 2 moyennes : c'est ce qui fit rencontrer les 2 points centraux différens, l'un du plan de l'écliptique, l'autre du plan de l'équateur, et leur situation respective. Ces 2 points centraux appartenant à 2 circonférences, chacune de celles-ci devoit avoir des rayons égaux dans son cercle propre, et en même temps fournir à des rayons inégaux dans toutes les oppositions du soleil et de la terre : de cette base unique résultoit les 2 distances extrêmes du soleil à la terre, et en second lieu les 2 distances moyennes.

Par cette application du théorème entier, sortit physiquement ou radicalement : L'ORBITE DE LA TERRE, sa position ; le point de centre de cette orbite ; l'équilibre du mouvement concordant ; le lieu des globes du soleil et de la terre dans la sphère céleste, pendant le cours de l'année ; enfin le vrai point de l'équation des orbites des deux globes dans le plan de l'équateur, et la base de leur STATIQUE, jusqu'alors ignorée.

Il en provint alors une autre découverte, celle *de la circonférence combinée.* Son résultat est produit par l'effet de deux cercles excentriques, dont un très-grand, *l'orbite du soleil*, plan de l'écliptique, et un petit vers le centre, L'ORBITE DE LA TERRE, plan de l'équateur. Elle rendit raison des fausses idées sur les formes apparentes elliptiques.

Ces données mathématiques résolues géométriquement en parties réductives, *dans la seule circonférence d'un cercle parfait*, détruisoient toutes les suppositions d'*ellipse* ou d'*ovale* et autres fictions employées d'une manière fort incertaine, définissoient sans réplique l'erreur des Aristarque, des Philolaé, etc., etc., soutenue et enseignée par les disciples de Copernic; enfin dévoiloient UNE ORGANISATION MYSTÉRIEUSE, ou si impénétrable que son existence ne fut pas même soupçonnée.

Il falloit donc que la RÉSOLUTION de cette utile Découverte fut à son tour définie par les preuves, ou la perfection qui devoit lui appartenir; c'est-à-dire qu'Elle offrit à la fois toutes ses justifications, savoir : les distances dans les points des solstices, des équinoxes, et la progression insensible des autres déclinaisons annuelles; ce qu'elle avoit opéré d'abord par elle-même. De plus, l'orbite de la terre produisoit également la juste définition des apparences principales dans les mouvemens des planètes (1): *direction, station, rétrogradation, lenteur, vîtesse, etc.*

(1) Voilà les points qui firent divaguer le raisonnement dans la science de l'Astronomie, et qui conduisirent à des milliers de suppositions contradictoires.

Dans l'analyse et la poursuite d'une aussi importante découverte ou vérité, il s'ensuivit une foule d'autres vérités, parmi lesquelles on devoit s'attendre à l'explication de cette question : *Pourquoi les vrais mouvemens du soleil ont-ils pu rester insolubles pendant plus de 3600 ans ; et pourquoi ceux de la terre et son vrai lieu ont-ils pu échapper sans cesse aux recherches faites par les premiers savans du monde ?* Ce fut par la cause même de la simplicité des mouvemens concordans ou combinés, de leur uniformité et de leur miraculeuse organisation. Celle-ci a déçu les plus habiles.

ORBITE DE LA TERRE.

Dans un cercle établissant une ligne du point boréal B, au point Austral A, on aura les pôles et l'axe de la sphère céleste. Partageant cette ligne par la ligne C formant des angles de 90 degrés, et qui, par ses extrémités, rencontre la circonférence de ce cercle, on aura le parallèle de l'équateur et le plan de l'horizon du pôle boréal B. Ce pôle sera le zénith, et le zénith la latitude : donc 90°. Le point de centre de ce cercle, où les deux lignes se coupent à angles droits, est aussi le centre de l'orbite du soleil, l'écliptique.

Fig. 1.
Profil,
Sphère
parallèle.

Traçant une 3e. ligne qui, se portant obliquement de

droite à gauche, passe ainsi au-dessus et au-dessous du plan de l'horizon parallèle, par un angle de 23° ¼ E D on aura le profil du plan de l'écliptique, son obliquité, et les 2 points des solstices E D sur la circonférence. Elevant sur cette ligne oblique une perpendiculaire **F**, elle viendra du centre à 23° ¼ du pôle, et ce sera l'*axe* de l'orbite du soleil, l'écliptique, et de la bande zodiacale.

Établissant à un tiers de degré, environ, au-dessous de la ligne C, une ligne parallèle, laquelle n'ait qu'environ 2° de longueur, à partir de la ligne de l'axe des pôles 1 au point 3, on aura le profil et la position vraie du plan de l'orbite de la terre, qui est le profil du cercle de l'équateur, et le point où ce plan de l'équateur coupe le plan de l'écliptique.

Lors du solstice d'été, le soleil étant arrivé en **E**, la terre est arrivée au point 3. Lors du solstice d'hiver, la terre se plaçant au point 1, le soleil se place en opposition au point **D**.

Sur la section formée par les deux orbites arrive l'équinoxe.

Sphère droite. Tournant cette figure, de manière que l'étoile soit en haut, on a le profil de l'orbite de la terre et de l'orbite du soleil pour la sphère droite (1).

Fig. 2. Plans des mouvemens. Ayant obtenu les quatre points des déclinaisons, on établira le cercle du plan de l'orbite

(1) Les figures qu'on joint à cet Ouvrage sont d'après les grandes et les moyennes, qui appartiennent aux travaux de la découverte.

de la terre, figuré géométralement, dans le plan aussi géométral de l'orbite du soleil, l'écliptique, comme si on les voyoit du zénith du pôle boréal. Ainsi :

Retraçant un grand cercle, c'est l'écliptique vue dans les environs du zénith du pôle : on y établira excentriquement entre 1. 2. 3. 4., un petit cercle, dont le diamètre sera moindre de deux des degrés de l'écliptique, l'extrémité : 1, de sa circonférence, passe sous le centre même du grand cercle de l'écliptique. Ce petit cercle est l'ORBITE DE LA TERRE.

Telle est LA DOUBLE ORGANISATION, si long-temps incompréhensible, qui produisoit tant d'apparences d'inégalités qu'on ne savoit expliquer, et qui fit employer les plus singulières conjectures pour satisfaire encore moins la curiosité que l'orgueil de l'esprit humain. Cet esprit, vain, livré à un faux savoir, nie ou méconnoît les mystères dont lui-même est enveloppé en se flattant vis-à-vis des autres de tout pénétrer.

Voilà un de ces secrets renfermés PAR LE MAITRE DE TOUTE SAGESSE DANS L'ŒUVRE DE LA CRÉATION. Contre cette organisation, aussi admirable que simple, sont venus échouer CEUX que, jusqu'à présent on a regardé comme étant les plus habiles géomètres, les plus profonds mathématiciens, les plus pénétrans observateurs, les plus subtils métaphysiciens, enfin les professeurs livrés à la science matérielle ou purement humaine.

C'est donc LA PROTECTION DIVINE qu'il faut reconnoître dans la réussite de tout ce qu'on entreprend pour être utile aux autres. « *Vota mea Deus reddam coram omnis po* » *puli ejus.* »

DÉVELOPPEMENT

MATHÉMATIQUE

DE LA SITUATION DES ORBITES

DE LA TERRE ET DU SOLEIL.

LE point de centre de l'écliptique est placé dans la ligne artificielle de l'axe des pôles célestes, ligne qu'on suppose les toucher ; le pôle de l'écliptique est oblique à cette ligne, formant deux angles, l'un supérieur ou boréal, l'autre inférieur ou austral, et l'extrémité oblique de la circonférence de l'écliptique, orbite du soleil, est à 66 degrés 3o' de distance des pôles célestes.

Divisant le diamètre de l'ORBITE DU SOLEIL, l'écliptique, d'une des extrémités de sa circonférence à l'autre, ou du solstice d'été à celui d'hiver, d'après le rayon propre de l'orbite de la terre, il vient 116 parties environ (1). Ainsi

Fig. 2, 3.

(1) On évitera le plus possible de rapporter de légères fractions.

le point central du cercle de l'écliptique, **orbite
du soleil**, est placé au milieu ; c'est-à-dire à 58
environ desdites parties.

Et le point de centre de l'ORBITE DE LA
TERRE ou plan de l'équateur est à 59, de ces
mêmes parties boréales, de la circonférence de
l'écliptique, orbite du soleil, à compter du vrai
lieu de cet astre au solstice d'été ; et à 57, de ces
mêmes parties, de ladite circonférence de l'é-
cliptique à compter du vrai lieu du soleil au
solstice d'hiver ; c'est-à-dire diamétralement à
l'apogée et au périgée.

Le plan de l'équateur èst celui de l'ORBITE DE
LA TERRE ; il a son pôle parallèle aux pôles
célestes.

Le diamètre de l'orbite terrestre étant de
deux parties environ des 116 ci-dessus, le soleil en apogée est éloigné de la terre de 60 desdites parties, en périgée de 58. Organisation
admirable qui produit sur le diamètre réel de
l'écliptique un autre diamètre, le seul apparent,
qui offre 118 de ces mêmes parties. Ainsi les
comparaisons de la grande et de la petite distance sont comme 3o à 29 environ.

Tel est L'UNIQUE MOBILE de la déclinaison
et des mouvemens vrais, confondus dans une
multitude de fausses apparences dont on forma

tant

tant d'inégalités. Par cet auguste mécanisme l'ordonnée de 118 parties prises sur un diamètre qui n'en contient que 116, dévoile une vérité de la première importance; car en considérant cette merveilleuse organisation dans ses effets, on y trouve :

1°. *Les principes du mouvement concordant des deux globes.*

2°. *Le véritable lieu du soleil et de la terre, pendant toute l'année, sur leur orbite respective, et leur route fixe dans l'espace.*

3°. *La certitude des orbites purement Circulaires pour tous les globes célestes.*

4°. *La solution de tous les mouvemens réels et apparens des planètes: Direction, Rétrogradation, station, élongation, etc.*

5°. *Et par la section des plans des deux orbites, d'après leur position respective, le* POINT RÉEL *où l'équateur coupe le Zodiaque par la commune section desdites deux orbites.* Ce qu'on détaillera dans la suite.

Voilà une partie des avantages généraux que donnent les ORBITES DU SOLEIL ET DE LA TERRE, dont les preuves les plus sensibles vont se multiplier en y appliquant simplement les résultats des meilleurs travaux de l'Astronomie.

Pour faire apprécier toutes les opérations de

cette DOUBLE ORGANISATION, par les personnes qui n'ont pas eu le loisir de se former une idée des anciennes hypothèses, ou systèmes faits sur la sphère céleste, et même qui n'en auroient jamais eu connoissance, je développerai le mécanisme de l'organisation des deux Orbites du Soleil et de la Terre en approximation de lieues communes, et tout sera soumis aux calculs ordinaires de l'arithmétique. Ceci bien entendu, on donne une définition préliminaire de la marche annuelle *concordante* ou réciproque, des deux globes le soleil et la terre.

Fig. 2.
La terre et le soleil exécutent ensemble leur mouvement annuel d'occident en orient, chacun dans l'opposition de la circonférence de leur propre orbite : le soleil dans le plan A de l'écliptique, la terre dans le plan de l'équateur ; c'est-à-dire, que le chemin parcouru par le soleil de son point du *Capricorne* 1. dans la partie australe, jusqu'à son point du *Cancer* dans la partie boréale 3., est exécuté en opposition par la terre sur sa propre orbite, plan de l'équateur, de son point du *Cancer* 1. ou partie boréale, jusqu'à son point du *Capricorne* 3. ou partie australe, et ainsi de suite pour les côtés opposés ; et chacun de ces globes le fait *en temps égaux*, dans leurs degrés de cercle relativement *égaux*. Les chiffres 2 et 4 marquent les points équinoxiaux.

D'après la position des centres des orbites, le point de l'équateur terrestre est le seul dans la circonférence de l'orbite de la terre qui passe dans le plan de l'écliptique orbite du soleil; celle-ci lui étant oblique. Ainsi le point propre du centre de l'orbite de la terre est, relativement à la partie boréale, au-dessous du point central de l'écliptique, comme il a déjà été dit, et il diffère par son propre plan, l'équateur, de toute la distance qui sera indiquée. C'est ce qui place la terre (*fig.* 1) dans le mouvement concordant, en partie au-dessus du rayon austral du plan de l'orbite du soleil, l'écliptique, lors du solstice d'été, et en partie au-dessous du rayon boréal de ce même plan lors du solstice d'hiver. L'angle aigu que forme l'orbite du soleil, comptant cet angle d'après son sommet au centre de l'é-cliptique, et une perpendiculaire passant dans le méridien vertical à ce centre et parallèle à *la ligne*, a d'ouverture 23° 30'. Mais, *l'obliquité de l'écliptique*, au méridien pris sur le point de la section des deux orbites, ou au point même de *l'équateur*, étant soumis à d'autres résultats, on en parlera en détail. Ici on dira seulement:

Que l'écliptique coupe le plan de l'équateur à une très-petite distance, parallèle, du point d'excentricité géométrique de *l'orbite de la terre :* cette distance étant de la valeur d'un mouvement $\frac{1}{4}$ environ des mouvemens journaliers de la terre sur son orbite.

PARTIES RÉDUCTIVES, qui comprennent les étendues des orbites, les distances des deux globes, d'après les proportions géométriques et les approximations de l'Astronomie, d'où sortent les fondemens du mouvement concordant.

Apogée du soleil,
  ou sa plus grande   Parties.
  distance....... $223\frac{3}{4} - 1.$ Diamètre total apparent
Périgée ou petite   de l'écliptique.
  distançe....... $216\frac{1}{4} + 1.$ 440 parties.

    Différence. $7\frac{1}{2} - 2.$ otez $7\frac{1}{2} - 2.$ orb. de la terre.

Reste diamètre réel......... $432\frac{1}{2} + 2.$ orb. du soleil.

La moitié donne le rayon vrai de l'écliptique, donc........................ $216\frac{1}{4} + 1.$

Le diamètre de l'orbite de la terre étant.................... $7\frac{1}{2} - 2.$

Donne pour l'apogée et grand rayon........................ $= 223\frac{3}{4} - 1.$

Ceci (1) renferme déjà le principe de l'effet du mouvement concordant, et la position de L'ORBITE DE LA TERRE, placée près le centre de l'écliptique, ORBITE DU SOLEIL.

(1) Il n'importe la sorte de mesure de détail qu'on veut ensuite appliquer à ces parties géométriques.

PRINCIPES et exposition des parties réductives dans des valeurs relatives aux approximations.

La grande distance du soleil à la terre, en été, est en demi-diamètres terrestres : 22,374 ou... *lieues.* 32,050,755

Moyenne distance vers l'équinoxe d'automne, 22,000 demi-diamètres, ou......... 31,515,000

    1re. Différence.................... 535,755

Moyenne distance vers l'équinoxe du printemps, 22,000 demi-diamètres, ou......... 31,515,000

La petite distance du soleil à la terre, en hiver, est en demi-diam. terrest. de 21,626 ou................................... 30,979,245

    2e. Différence.................... 535,755

Grand rayon en lieues 32,050,755
Petit rayon *idem*....................... 30,979,245

    Différence.................... 1,071,510

1re. Déclinaison moyenne 535,755
2e. Déclinaison moyenne 535,755

    Ensemble.................... 1,071,510

La grande distance en demi-diamètres terrestres est de.................... *D.-diam. ter.* 22,374
La petite distance de................. 21,626

    Ensemble 44,000

La moyenne distance vers l'équinoxe d'au-   D.-diam. ter.

tomne, est de......................................   22,000

Et celle vers le printemps est de.........   22,000

     Ensemble........................   44,000

Le grand rayon est donc..............   22,374
Le petit rayon de....................   21,626

     Différence....................   748

Et 748 demi-diamètres, grandeur du diamètre de l'orbite de la terre, donnent également. = 1,071,510[1].

Base de l'organisation du mouvement annuel et concordant. Fig. 3.

Le diamètre du disque du soleil considéré lors de sa plus petite distance du globe terrestre, peut être regardé comme étant à peu près cent fois plus grand que le diamètre du globe de la terre, ce qui donne environ....................   286,500 lieues.

La circonférence relative du soleil est donc d'environ.....   900,000.

Le diamètre de l'orbite du soleil ou l'écliptique.......   61,958,490.

La circonférence de l'écliptique ou orbite du soleil, dont il parcourt annuellement l'é-

tendue par son mouvement
propre, est d'environ....... 194,726,670.

Le degré de l'orbite du soleil, étant la 360e. partie de cette totalité, contient...... $540{,}907\frac{5}{12}$.

Le soleil, dans son mouvement journalier ou concordant et de l'année commune, parcourt en 24 heures sur chacun des susdits degrés $533{,}132^{\text{l.}}\frac{7}{12}$. Et le mouvement commun annuel du soleil, en rapport au mouvement commun annuel de la terre, produit une période solaire de 365 jours $\frac{1}{4}$ environ.

Le diamètre de l'orbite du soleil, approximé en degrés de sa circonférence de 360 est d'environ 114° 33′ (1).

Le diamètre de l'orbite de la terre, qui peut être considéré comme représentant la corde de la courbe formée par 2° de la circonférence de l'écliptique, orbite du soleil, donne par approximation 118′ 31″ 25‴ (2) environ de la valeur desdits degrés de l'orbite du soleil, l'écliptique, et produit, par tous les divers calculs auxquels on l'a soumis, l'étendue déjà présentée de 1,071,510 lieues.

(1) (2) On évitera le plus possible de détailler des fractions infinies.

La circonférence de ladite orbite de la terre, en valeur des degrés de l'écliptique est d'environ 373' 33" 1''', et son produit en lieues ordinaires d'environ 3,367, 600 lieues.

Relativement à la grandeur réelle du soleil, comparé lui-même, pour l'optique, à la valeur des degrés de l'écliptique, son orbite, dans toutes les distances, moyennes et extrêmes, celle au solstice d'hiver offre l'approximation de 32' 30" (1). Le diamètre du globe terrestre est d'environ 19" 5''' $\frac{1}{2}$, et sa circonférence proportionnelle environ 59" 59''' 56'''' ou une minute à peu près.

Par ces principes généraux, il est facile pour tout le monde de suivre avec intérêt et satisfaction les principes vrais de l'organisation du mouvement annuel, commun aux deux globes, par l'effet des mouvemens particuliers qui forment celui nommé *concordant*; on prévient, avant de passer aux définitions, qu'il faut : 1°. considérer toujours que c'est la terre qui est la directrice du résultat du mouvement *en temps* : c'est-à-dire journalier et commun. 2°. Savoir

(1) D'après les meilleurs astronomes, Tycho-Brahé à leur tête..... et mal-à-propos, selon d'autres, un peu plus.

aussi que l'orbite de la terre et l'orbite du soleil sont mutuellement la base des déclinaisons, équations, amplitudes, etc., et d'une infinité d'apparences dans leurs relations avec les autres mouvemens qui s'exécutent dans la SPHÈRE CÉLESTE.

Produit de la composition harmonique du mouvement concordant.

Le diamètre combiné par la distance du soleil à la terre, lors du solstice d'été et celui d'hiver, est de.................... 63,030,000 lieues.

Le rayon vers l'équinoxe est de 31,515,000 $\times$ 2 pour les deux temps moyens, vers l'équinoxe, vient une somme égale au diamètre combiné.. = 63,030,000

Et pour retrouver le diamètre vrai dans les points vers les équinoxes, effet du mouvement concordant, il faut soustraire du rayon vrai, qui est de 30,979,245 lieues, le rayon de l'orbite de la terre, qui est de 535,755 reste .... 30,443,490 lieues.

Ajouter le rayon vers l'équinoxial..... 31,515,000

on rencontre le diamètre vrai de l'écliptique .... 61,958,490.

Harmonie des mouvemens en étendue.

Le soleil et la terre parcourant annuellement

leur propre orbite, le mouvement journalier du soleil est concordant au mouvement diurne de la terre.

Le cours périodique de la terre sur son orbite se décide par 365 mouvemens près d'un quart, mais un de ces mouvemens est pris sur les $364\frac{1}{4}$ environ, ainsi qu'il sera expliqué; et la terre est toujours en relation au mouvement concordant pour chaque mouvement journalier, qu'elle exécute vis-à-vis du soleil, qui parcourt seulement par la concordance du mouvement commun 59′ 8″ 15‴ environ. Ainsi le degré de l'orbite du soleil étant de.......................... $540,907^{1}\ \frac{5}{12}$.
le mouvement journalier du soleil est de... $533,132\ \frac{7}{12}$.
Et le degré de l'orbite de la terre étant de.. $9,354\ \frac{4}{9}$.
le mouvement journalier ou *diurne* de la terre est de........................... $9,220$.
Le mouvement comparé étant de 1′ 1″ 22‴.

Composition harmonique du mouvement concordant, exécuté par le Soleil et la Terre, sur leur orbite respective.

Il faut considérer la valeur de la circonférence de l'orbite de la terre, en rapport à celle de l'orbite du soleil.

Le degré de la circonférence de l'orbite du soleil est de 60 minutes de l'écliptique, et la circonférence de 21,600 minutes. Le degré de la circonférence de l'orbite de la terre est de la valeur ou étendue de 1′ 2″ 15‴ $\frac{1}{4}$ des minutes de l'écliptique, et sa circonférence de 373' 33" 1''' de ces mêmes minutes, ou de 6 degrés 13 minutes, etc. des degrés de l'écliptique.

Le rayon ou demi-diamètre de l'orbite de la terre est de 59' 15" 42''' $\frac{1}{2}$. Le rayon ou demi-diamètre vrai de l'orbite du soleil est de 57° 16' 22" 49''', etc. Le degré relatif est de 540,907 lieues $\frac{1}{12}$ environ, la minute de 9015 $\frac{7}{60}$, la seconde de 150 $\frac{1}{4}$, la tierce de 2 $\frac{1}{2}$, etc., etc.

Avant de passer à l'harmonie des mouvemens, on va remettre sous les yeux le résultat ou solution complète de la découverte.

Produit de l'organisation.

Réunissant l'effectif du rayon du solstice d'été, au rayon du solstice d'hiver, qui forment ensemble l'apparence du *diamètre combiné* dans l'écliptique, il vient. . . . . 63,030,000 lieues.

Comparant le diamètre réel de l'orbite du soleil, l'écliptique, qui est de. 61,958,490

La différence donne le diamètre de l'orbite de la terre. . . . . 1,071,510.

Prenant la circonférence combinée, renfermée dans l'effet réel de l'organisation harmonique du mouvement concordant des deux globes, circonférence qui s'établit d'après le diamètre combiné, il vient, (fig. 3 G). . . . . 198,094,270 lieues.

Comparant la circonférence réelle de l'écliptique, orbite du soleil, établie sur le diamètre vrai E. 194,726,670

Fig. 3.

La différence donne la circonfé-
rence de l'orbite de la terre........ 3,367,600 lieues.

Ce qu'il falloit trouver !

Définition de l'Organisation harmonique du mouvement concordant.

Fig. 2. Le soleil et la terre parcourant chaque jour en temps égaux des arcs égaux relatifs à leur orbite respective, c'est ce que j'ai dû nommer le mouvement concordant.

Le cercle de l'écliptique étant de 360 degrés, et le soleil parcourant un degré moins 7775 lieues $\frac{5}{12} \times 360 = 2{,}799{,}140^{l}$. A ces 360 degrés, il faut ajouter la valeur de 5 mouvemens $\frac{1}{4}$ environ, pour répondre aux mouvemens de la terre : ainsi le mouvement journalier du soleil étant de $533{,}132^{l} \frac{7}{12} \times 5 \frac{1}{4}\ldots\ldots = 2{,}799{,}140^{l}$. Et lesdites $533{,}132^{l} \frac{7}{12} \times 365$ j$^{rs} \frac{1}{4}$, donnent $194{,}726{,}670 + 3$, ce qui est la circonférence de l'écliptique, Orbite du Soleil. On sait d'ailleurs que l'année solaire est à environ 11 minutes $\frac{1}{4}$ de différence en rapport à l'année commune.

La comparaison des susdites lieues en minutes de degrés s'établit ainsi qu'il suit :

La minute étant de..................... $9{,}015^{l} \frac{7}{60}$
Et le soleil ne parcourant pas le degré en entier par mouvement journalier, il laisse........ $7{,}775 \frac{4}{12}$.

Ainsi il n'a anticipé sur la 60e. minute du degré que

1,240^1 ; donc il ne parcourt chaque jour dans l'écliptique pour l'année de 365 parties $\frac{1}{4}$ environ, que 59' 8" 15''', et il laisse par degré, ou 360 fois............ 51" 45'''.

Quant à la terre, elle parcourt par chaque mouvement journalier 9,220$^1 \times$ 365 $\frac{1}{4}$....... $=$ 3,367,600$^1 +$ 3. valeur de la circonférence de son orbite.

Les degrés de cette orbite sont de .... 9,354^1 $\frac{4}{5}$.
Elle ne fait dans son mouvement journalier que 9,220

et laisse par chaque degré................. 134 $\frac{4}{5}$.

C'est ce qui sert à former 5 jours, 5 heures, 48 minutes, 46 secondes environ.

Ex. : 134 $\frac{4}{5} \times$ 360 $=$ 48,400^1. Et 9,220$^1 \times$ 5 $\frac{1}{4} =$ 48,400$^1 +$ 3.

Harmonie des mouvemens en temps, ou distribution horaire.

Pour l'Astrostatique, d'après la découverte, le *mouvement naturel, journalier et vrai,* est le mouvement concordant. Le soleil en l'effectuant sur son orbite emploie 24 heures. C'est aussi le jour Astronomique qui se compte d'un midi à l'autre midi. Mais les étoiles nommées fixes, ou ce que l'Astronomie apelle la *révolution totale de la sphère,* n'emploient que 23 h^{res}. 56' 4" 6''', pour se retrouver ou revenir au même méridien.

Pour se rendre raison de cette différence, il faut savoir, 1°. qu'en 23 h^{res}. 56' 4" 6''', la terre fait sa révolution diurne, et rencontre par conséquent l'étoile qui étoit la veille au méridien avec le soleil, et qui passe ce jour avant lui. 2°. Que le soleil marchant toujours pendant ce temps sur son orbite, l'écliptique (1), doit se rencontrer au méridien terrestre 3′ 55″ 54‴ plus tard que le précédent point celeste du méridien, pris sur une étoile fixe. 3.° Que cette apparence du retard du soleil forme, pour la terre, une avance sur sa propre circonférence qui, répétée pendant 364 mouvemens et près d'un quart, *lui fournit dans l'année ordinaire le 365ᵉ. jour*, qui se termine constamment dans la partie boréale ou septentrionale de l'écliptique, comme le 366ᵉ. jour dans la partie australe ou méridionale (2).

1re. D É F I N I T I O N.

Ce qu'on nomme un jour se divise en 24 parties égales, dans lesquelles on fait le partage relatif des jours et des nuits. Ces 24 *parties horaires* ont reçu le nom d'heures : elles contiennent chacune 60 minutes relatives, la minute

(1) La comparaison du passage de l'étoile fixe avant l'arrivée du soleil, étoit une conviction du mouvement de cet astre annuellement autour de la terre, et l'ancienne Astronomie y resta sagement subordonnée.

(2) Voy. la table des distances journalières.

60 secondes, et la seconde 60 tierces, etc. Ce qu'on nomme *la révolution du premier mobile*, ou *révolution totale de la sphère*, est pour l'*Astrostatique* l'effet du mouvement propre de la terre, qui lui fait faire un tour entier sur son axe dans 23 h^{res}. 56' 4" 6''', lesquelles formeroient 24 h^{res}. terrestres supposées ; ainsi, ce mouvement particulier partagé aussi en 24 parties, donne les 24 heures du premier mobile. Ces 24 dernières divisions réunies sont *un peu plus courtes* que le jour solaire, qui se mesure d'un méridien à l'autre, c'est-à-dire, d'un point du ciel où l'on a rencontré le soleil à midi, à l'autre point où on retrouve cet astre le jour suivant.

Pour tout suivre avec méthode, il faut se rappeler que la révolution totale et journalière de la sphère, est une apparence produite par l'effet du mouvement propre de la terre.

DONC LA TERRE EST LE PREMIER MOBILE. Quant aux différences qu'établissent entre elles les 24 heures terrestres, et les 24 heures solaires, il faut concevoir cet effet comme étant formé par un mouvement commun-concordant, dont le mécanisme se partage entre la terre et le soleil, et par un mouvement propre, indépendant pour chacun de ces deux globes en particulier.

On rappellera ici que le cercle de la sphère céleste, ainsi que celui de l'écliptique, orbite du soleil, est, comme tout cercle quelconque, divisé

en 36o degrés. Mettant ces 36o degrés en rapports relatifs à 24 parties horaires, soit terrestres,
soit solaires; alors 15 degrés répondent à une
heure; 15 minutes de degré à une minute d'heure,
et 15 secondes de degré à une seconde d'heure;
ainsi de suite jusqu'à la subdivision la plus
extrême de 15 aux moindres fractions ou les
infinimens petites.

D'après ces bases, employées de tous temps,
on entendra facilement la solution du principe
Astronomique qui suit, et auquel la découverte
manquoit pour être intelligiblement expliqué et
défini. « Les heures solaires moyennes sont plus
» longues que les heures *du premier mobile;*
» par exemple...., etc. (1) » J'observe que ces désignations reviennent à celle - ci seule : que la
terre rencontre le point du méridien de la veille
3′ 55″ 54‴ avant de rencontrer le soleil dans le
méridien du jour. Or nous avons fait pressentir
que c'étoit dans le mouvement concordant l'effet du mouvement propre à chacun de ces deux
globes, et on va ajouter les différentes solutions
qui leur appartiennent en particulier.

(1) Voy. ce qui vient d'être dit 1re. Définition, et la
conviction se succède, de la marche propre du soleil
autour de la terre.

2e. DÉFINITION.

2ᶜ. DÉFINITION.

Le mouvement du soleil distribué dans l'année concordante (365 jours près d'un quart) , est de 59′ 8″ 15‴ environ ; et le soleil parcourt en une heure solaire 2′ 27″ 5o‴ 38⁗ $\frac{1}{2}$ environ, des degrés de son orbite, l'écliptique, ou 22,213 lieues $\frac{1}{12}$. Ainsi, en 24 heures le soleil se trouve éloigné du méridien céleste de la veille des 59′ 8″ 15‴ environ.

Voilà pour le mouvement horaire simple, soumis à la valeur des degrés de l'écliptique. Actuellement il faut soumettre les degrés de l'écliptique à la division horaire. On a indiqué que quinze minutes de degré, vis-à-vis du mouvement horaire, répondent à une minute en temps.

3ᵉ. DÉFINITION.

24 Heures solaires répondent à 59′ 8″ 15‴, mouvement journalier du soleil. Elles ne s'effectuent point pendant la révolution propre de la terre sur son axe, qui donne les 24 heures du premier mobile en rapport avec tout le ciel, ou 36o degrés ; mais seulement les 24 heures solaires se complètent pour le soleil comme pour la terre, lorsque celle-ci arrive au nouveau méridien solaire. Car 24 heures terrestres ou du premier mobile se consomment pendant que le soleil fait sur son orbite 58′ 58″ 3o‴. Il manque donc, du côté du mouvement journalier du soleil, 9″ $\frac{1}{4}$ de degré *de l'écliptique,* pour que la terre complète les 24

heures solaires. Pour opérer ce complément, il faut prendre 3' 55" 54''' solaires dont on donne ici l'approximation : le soleil parcourt en une heure 148 secondes de degrés de son orbite, à très-peu près.

3' d'heure solaire donnent 7" 15''' de mouvement.

... 55" 54'''............... 2 3o.

9" 45'''

Ajouter les........... 58' 58 3o. *vient la révolution*

mérid. *du mouv. conc.* 59' 8" 15''' , qui répondent au mouvement concordant journalier du soleil et de la terre ; et les 9 secondes ¼ ajoutées, ont donné au soleil, pour terminer ce mouvement, 1,5o2 lieues ½ environ à parcourir. Et les 3' 55" 54''' ont donné aussi à faire au mouvement de la terre sur elle-même et à sa marche sur son orbite, près de 25 lieues.

Ce qu'il falloit définir pour passer à la formation du 365ᵉ. jour de l'année ordinaire.

Mouvement journalier et annuel de la Terre ; formation particulière de la 365ᵉ. partie de l'année.

Si la terre n'avoit d'autre mouvement que celui d'être toujours portée sur un même point de sa surface, autour de son orbite, alors une moitié de ce globe jouissant d'une lumière perpétuelle, sa partie opposée seroit constamment dans les ténèbres ; on ne distingueroit plus de

jours solaires, on ne connoîtroit pas leur distribution horaire : enfin cette utile transition de jour
et de nuit n'existeroit plus, et manqueroit à l'avantage des hommes. Cependant quant à cette mutation si essentielle , qui s'effectue chaque jour,
ceux qui pratiquèrent la science Astronomique,
négligèrent d'apporter leur attention sur tous
les résultats opérés par cette mobilité des deux
globes , qui ne fut jamais connue qu'à moitié :
*tantôt la terre et tantôt le soleil, tour-à-tour
réputés fixes.* Dans les deux hypothèses , on
supposa un effet réel d'inégalités ; je parle ici
de ce retard du soleil au point du méridien , ou
le complément des 24 heures solaires, qui me
conduit à donner la définition déjà annoncée :
comment le 365ᵉ. jour de l'année ordinaire se
forme pour la terre par le mouvement de
chacun des 364 ¼ qui le précèdent.

On vient de prendre connoissance de la distinction des heures du premier mobile, et des
heures solaires du mouvement complet pour
l'un et l'autre globe : cela n'est en aucune manière un effet d'inégalité quelconque, mais l'exécution du mouvement concordant. La terre com-
plétant son mouvement de rotation de 360 degrés sur le point du méridien solaire de la veille ,
le surplus qu'elle fait pour atteindre le point

suivant, donne une quantité qui forme un jour terrestre sur les 364 mouvemens $\frac{1}{4}$ environ qu'elle produit dans le mouvement concordant.

1re. Définition *en minutes d'heure, ou en temps.*

Les 3' 55" 54"' d'anticipation que reçoit la terre sur chaque mouvement journalier complet du soleil, produisent par chaque mois 1^h 57' 57" environ du 1er mobile, ce qui donne pour les douze mois ou 364 mouvemens $\frac{1}{4}$ environ, un jour à y ajouter de 23^h 56' 4" 6"' environ (1).

C'est ainsi que se trouve produit le 365°. jour de l'année, résultat de la différence des 24 heures terrestres et des 24 heures solaires.

2e. Définition *en étendue, ou lieues ordinaires.*

En 24 heures solaires, la terre fait sur son orbite 9220 lieues. Il manque, entre les 24 heures terrestres ou du premier mobile et les 24 heures solaires, 3' 55" 54"', qui doivent contribuer à fournir le 365°. mouvement, ou jour, de l'année commune. Opération : 9220 lieues. Par heure 392, par minute $6\frac{1}{4}$ environ, $\times$ 3' 55" 54 $= 25$"' lieues, $\times$ 364 $= 9220$, valeur d'un mouvement.

(1) Et son complément solaire se reprend sur le $\frac{1}{4}$.

*Combinaison des heures et jours solaires,
par le mouvement concordant, d'où sortent
l'année civile, ou ordinaire, et l'année
bissextile.*

En outre du mouvement journalier de la terre
qui produit autour de l'orbite qu'elle parcourt
365 mouvemens $\frac{1}{4}$, sur lesquels on ne compte que
365 jours solaires qui forment l'année commune,
il faut encore faire distinguer ce qui résulte de
ces jours terrestres et solaires, et ce qui détermine *l'année bissextile* de 366 jours, c'est-à-
dire une amplification horaire qui ne peut s'employer que de 4 en 4 ans (1).

(1) *Nota.* Lorsqu'en 1582 le pape Grégoire XIII fit
former le calendrier qui porte son nom, ce fut d'après
le sage projet d'*Aloïsius Lilius,* astronome Vénitien,
habile géomètre. Il fut réglé que rapport à ce qui
manque à l'année bissextile, tous les 300 ans on omet-
troit le 6ᵉ. jour, et qu'on n'y auroit égard qu'à la 400ᵉ.
année; ce qui eut lieu pour la première fois au présent
siècle : l'année 1800 ne fut point bissexte. Cela se détermina autant que possible par le cours du soleil et la
variation des jours, des équinoxes et des solstices. A
cette époque, 1582, le désordre chronologique étoit
grand, l'équinoxe du 21 mars se trouvoit être sous la
date du 11. — Le calendrier grec n'ayant pas encore été
soumis à cette sage réforme, il en résulte qu'en Russie,

Si le mouvement du soleil sur son orbite étoit, relativement à la terre, et celui de la terre relativement au soleil, d'un degré, il n'y auroit qu'une année exacte de 360 jours solaires ; mais dans le mouvement de la terre marqué par jour de sa révolution de 24 heures solaires, le soleil abandonne $51'' \frac{1}{4}$ environ par degré, c'est-à-dire une minute moins $8'' \frac{1}{4}$ environ, ce qui forme ensemble la quantité de 310 minutes $\frac{1}{2}$ environ.

Car : $51'' \ 44''' \ 24'''' \times 360^{\text{jrs}} = 310' \frac{1}{2}$ environ.

Et . . . . $5\frac{1}{4} \ = 310\frac{1}{2}$ environ.

Ainsi, de tous ces mouvemens combinés, il sort l'année concordante d'environ 365 jours, 5 h^{res}. $48' \ 45'' \ 44'''$, et lesdites 5 h^{res}. $48' \ 45'' \ 44'''$ réunies à la quatrième année la rendent bissextile, ou de 366 jours à très-peu près.

Circonférence combinée, ou Étendue apparente de l'Écliptique, orbite du Soleil.

Fig. 3.   Pour se rendre raison du mécanisme de toutes les sortes d'apparences qui ont fait errer les plus scrupuleuses observations de l'Astronomie sur les mouvemens journalier et annuel du soleil, il faut connoître le calcul comparatif *de l'organisation combinée et rendue commune* entre les deux orbites, fig. 3. Il porte sur la plus

pour le XIXe. siècle, le jour de l'an n'arriva que le 13 janvier, et ainsi pour les années suivantes jusqu'en l'an 1900, où il sera encore reculé.

grande et sur la moyenne équation, dans leur réalité géométrique-mécanique, et il renferme les apparences astronomiques ou optiques. E marque l'orbite du soleil, l'écliptique.

LA CIRCONFÉRENCE COMBINÉE G est le produit naturel mathématique et mécanique de la position respective des deux orbites, celle de la terre et celle du soleil; ELLE a mis en défaut, jusques à présent, tous les praticiens de la science Astronomique et de la science optique. Cette circonférence, qui renferme le mystère de la double organisation, se compose par elle-même ainsi qu'il suit; car elle seule est la cause de la mobilité *dans le plan des horizons,* dont on donnera par la suite l'explication. La terre est constamment, dans toutes ses positions, le *point directeur* de la distance du soleil à elle, pendant le cours de l'année, et le diamètre de leur orbite respective s'unissant (1) soit dans l'augmentation, soit dans la diminution qu'offrent les positions journalières, il en est de même pour les deux orbites qui au point de l'année concordante révolue, ont produit l'effet d'une seule et unique circonférence, quoique jusque-là les deux circonférences aient été absolument distinctes.

(1) **Voy.** Table Astrostatique des Distances, et la fig. 6.

DÉFINITION.

Le rayon du diamètre combiné, vers le solstice d'été et l'apogée, se forme de la grande distance à la terre . . . . 32,050,755 lieues.

Y ajouter la plus petite distance en hiver, périgée 30,979,245

On obtient le diamètre combiné, ou le positif, par l'effet relatif desdits deux rayons : ce diamètre est de 63,030,000

Sous ce rapport le degré arrive à la valeur de . . . . 550,261 environ,

lesquelles multipliées par 360, donnent la circonférence combinée de . . . 198,094,270 lieues. (1)

Ce qu'il falloit dévoiler !

On a déjà défini dans la composition harmonique des mouvemens, comment se retrouvoit par la plus grande et la plus petite distance le diamètre de l'orbite de la terre, et dans les deux circonférences extrêmes, la circonférence qui appartient à l'orbite de la terre. Le même principe indique la même conséquence pour examiner les rapports de la plus grande et de la moyenne équation de l'excentricité dans ce qui en fut connu et ce qui en étoit inconnu.

(1) Motif de l'erreur des orbites en ellipses.

Examen.

2 Degrés de l'orbite du soleil ou l'écliptique, donnent...................................... 1,081,814 lieues.
Et le diamètre de l'orbite de la terre
est de........................... 1,071,510.

Différence, 10,304. Ainsi, le diamètre de l'orbite de la terre, comparé aux degrés de l'orbite du soleil, l'écliptique est de . ... 1° 58′ 51″ 25‴ environ, qui est la plus grande équation ;
et le rayon de............. 59′ 25″ 42‴ $\frac{1}{2}$ environ, donne la moyenne équation astrostatique.

Solution de ces Équations, sous les apparences astronomiques.

Comparant la valeur de l'orbite de la terre, avec tout le développement qu'il donne au diamètre combiné de l'écliptique qui le renferme, on forme le principe de l'apparence, et la conséquence se trouve dans la solution.

Prenant donc la survaleur approximée de l'étendue des degrés vrais de l'orbite du soleil, l'écliptique, devenus degrés apparens de 550,261^l $\frac{10}{36}$, par l'accroissement progressif on augmentation de son rayon vrai ; cette augmentation est telle que vers le temps du solstice d'été et de l'apogée, 2 degrés apparens donnent 1,100,522^l, etc. La valeur de l'orbite de la terre pour son diamètre étant de 1,071,510, la différence est 29,012^l, ce qui répond à 3′ 9″ 52‴ $\frac{1}{2}$ des degrés de l'orbite du soleil, l'écliptique, et ce qui confond le vrai diamètre de l'orbite dans la comparaison des distances, en le diminuant d'autant par la progression des apparences également comparées.

Ainsi l'apparence de l'effet excentrique réduit aux proportions de la circonférence combinée peut n'offrir, pour la plus grande équation, qu'environ $1° 55' 41'' 32\frac{1}{2}$, et l'équation moyenne dans la proportion $57' 50'' \frac{3}{4}$ environ.

Il convient de dire que les Astronomes, selon qu'ils opèrent, et selon les lieux et les temps de leurs travaux, doivent éprouver des variations en plus ou en moins; enfin qu'il faut connoître aussi ce que produit l'effet de *la mobilité* dans le plan des horizons, dont je parlerai.

MOUVEMENT PROPRE ET PARTICULIER DU SOLEIL AUTOUR DE LA TERRE.

La folie systématique qui, par une fausse *loi universelle*, voulut faire regarder le Soleil comme *centre unique* et *moteur* de toutes les opérations des globes de la sphère céleste, aveugloit les élèves du *Dogme du Naturalisme,* et celui-ci avoit besoin de cette importante absurdité qui devenoit *le seul principe,* ou cause des effets de *la matière.* Aussi, tous les partisans de ce dogme répétèrent, en s'appuyant des plus faux raisonnemens, *que le soleil n'avoit aucun mouvement autour de la terre.* Plus ils se tourmentèrent pour l'assurer, d'après leur loi factice, autre hypothèse remplie d'inexactitudes, plus ils prouvoient : que l'esprit machinal se trahissoit lui-même, n'avoit aucune notion des lois exactes d'une organisation toute particulière pour chaque partie de la sphère céleste, et qu'il en ignoroit les conséquences. Incontestablement cette sorte d'esprit se montra dans toute son absurdité lorsqu'il rejeta même les conséquences de la vraie physique, en ce qui convient à la substance ignée, laquelle n'a d'action et ne peut s'entretenir que par l'effet du mouvement, et plus ce mouvement est rapide et violent, plus il est assorti et nécessaire à la capacité de la substance ignée.

Les coperniciens en raccommodant sans cesse la mécanique céleste de Philolaé (1) furent contraints d'avouer un des mouvemens du soleil,

(1) Je ne sais combien le cardinal Cusa a payé le manuscrit de Philolaé, qui a fait depuis tourner la tête à tant de gens qui avoient des prétentions à la science astronomique, géométrique et physique ; mais, d'après ce qu'en a dit Iamblicus, *Dion de Syracuse* donna 100 mines d'argent à Philolaé pour les ouvrages de Pythagore, qui devoient contenir cette hypothèse.

celui de *rotation*, qui devenoit alors très-singulier pour un corps tournant sur lui-même, et .cependant fixé sur le même point.

Renfermé dans notre ouvrage à ce qui appartient à l'Astrostatique, on se contente ici d'exposer les relations des mouvemens propre et particulier qu'offre le soleil dans sa route annuelle sur son orbite, l'écliptique, et autour de la terre.

Le soleil, dans son mouvement annuel autour du globe terrestre, est emporté par un mouvement *en proie*, divisible en 14 parties $\frac{1}{4}$, peu plus. Ce mouvement, rapide dans son exécution, est important pour conserver autour du globe terrestre l'égale efficacité des rayons, et il est en équilibre avec l'action du mouvement propre du soleil sur son axe. Chacune des susdites divisions est établie d'après les révolutions propres à son globe, ainsi qu'on va l'expliquer.

Le soleil, en tournant sur lui-même, ne développe qu'insensiblement la circonférence de son disque, ce qui ne produit, pour 14 révolutions $\frac{1}{4}$, sur l'étendue de son orbite, l'écliptique, que 12,862,043^l; mais dans chacune de ces divisions, où la circonférence du disque se développe en entier, le mouvement *en proie* est presque équivalent à la totalité des 14 $\frac{1}{4}$ développemens, c'est-à-dire, 12,762,430^l $\times$ 14 $\frac{1}{4}$ = 181,864,627. Donc, ensemble, mouvement *en proie* et développement du disque = 194,726,670^l, qui est l'approximation déjà indiquée de la circonférence de l'orbite du soleil, l'écliptique, ou enfin de 14 mouvemens $\frac{1}{4}$, etc. Car dans tous les rapports relatifs de mécanique, ou mouvemens, considérés pour le soleil et la terre, et par les comparaisons de distances ou autres, on trouve que l'analogie est dans l'approximation du 60ᵉ. environ.

D'après ce qui vient d'être défini, si on vouloit replacer, pour comparaison, le SOLEIL au centre de l'écliptique, et transporter la TERRE sur la vaste circonférence de l'orbite qui appartient au soleil, le mouvement *en proie*, de 550 mille lieues par jour, *pour la terre*, seroit destructif de toute idée d'habitans sur ce globe, et même d'aucune production, et l'équilibre des vicissitudes seroit dans tout ce qu'on peut y éprouver 60 fois plus irrégulier. Il est donc aisé de sentir que le globe terrestre se trouveroit livré sans relâche aux horreurs d'un ouragan violent et perpétuel, tel que les tempêtes les plus inconnues ne pourroient en donner une idée; et comment accorder avec ce mouvement excessif ces temps calmes et heureux dont la terre jouit presque toujours sur quelques-unes de ses surfaces (1)! Ce

(1) Comme on ne pouvoit dans cet Ouvrage embrasser la volumineuse *physique artificielle* des Coperniciens nouveaux (car il faut encore distinguer ceux-ci de ceux qui les précédèrent), on se réserve, si cela avoit quelque utilité, d'en traiter par la suite.

court exposé suffit pour faire apprécier le mouvement très-modéré qui appartient à la terre, et le mouvement rapide qui est de l'essence et du ressort de ce globe de feu nommé le soleil.

Ainsi par l'équilibre du mouvement concordant, l'Etendue qui appartient à l'exécution mutuelle de la mobilité des deux globes, *Règle principale* qui convient à la base de la *Statique céleste,* par le lieu actuellement connu du PREMIER MOBILE, est en analogie entre le soleil et la terre, ou se trouve dans les rapports de 1 à 60 environ, c'est-à-dire près de $\frac{1}{6}$.

Preuve.

Orbite de la terre 3,367,600^l. Le cercle composé et qui représente la valeur de l'ellipse apparente 198,094,270^l. Ainsi, le degré composé 550,000^l, et le mouvement composé diurne, 540,000^l. Donc le mouvement qu'on forçoit la terre d'exécuter en 24^h égaloit plus de 540,000^l, tandis que le diamètre de l'orbite du globe terrestre n'est pas le double de ce prétendu mouvement journalier. La découverte prouve physiquement que la terre, en *deux mois,* ne fait qu'un peu plus du chemin que Copernic, Képler, etc. lui faisoient faire par chaque jour; car en *deux mois* 561,250^l $\times$ 6 $=$ 3,367,500. Or en 2 mois il y a près de 61 jours.

Et si l'on vouloit rapporter le mouvement du premier mobile, à celui du jour solaire, alors : 61 $\times$ 9 $=$ 549, on trouve une 2e. preuve, et encore celle du mouvement concordant.

Donc, tout, dans les suppositions des Coperniciens, les égaroit de 1 à 60. Et l'on doit raisonnablement croire *que les étoiles sont 60 fois plus rapprochées de la terre dans la véritable organisation* ASTROSTATIQUE, que les Coperniciens ne pouvoient l'admettre, étant obligé de tout sacrifier à l'égarement de leur hypothèse.

DU ZODIAQUE.

Examen de sa formation et de son emploi.

Si c'est une des importantes solutions de l'Astrostatique de montrer l'absurdité de la prétendue *lenteur* et *vîtesse* du soleil sur son orbite, l'écliptique, en deçà et au delà du point équinoxial, ce sera de plus prouver la cause de la majeure partie des inégalités qu'on attribue, avec aussi peu de vraisemblance, aux différens mouvemens des globes célestes. L'examen du ZODIAQUE fournira ce principe fécond, et pour le définir, il faut faire connoître la construction primitive de ce grand cercle de la sphère céleste.

Toutes les opérations relatives à l'Astronomie chez les peuples antiques, se sont faites par le transport de ce qu'on voyoit aisément pendant la nuit, à ce qu'on ne pouvoit apercevoir dans le jour (1). Ainsi dans l'origine de cette science, les difficultés ont dû y être innombrables. On travailla cependant avec autant de patience que de courage à la progression de son étude, et sans doute avec plus d'idées constantes que dans les temps modernes. Alors on ne pouvoit chercher de gloire dans les petits détails qui, accumulés par quelques praticiens des derniers temps, firent de la contexture de cette science une sorte de labyrinthe dont toutes les issues s'obstruèrent pour empêcher la raison d'y pénétrer.

Les Anciens ont su former un chef-d'œuvre pour diriger la science Astronomique : c'est le zodiaque ! Eh, pourroit-on leur reprocher de n'avoir pas prévu (2) ce que plus de 3600 ans

(1) C'est-à-dire, le passage des étoiles dans un tems de l'année rapporté à son opposition. Ex. : Une étoile zodiacale vue à minuit en décembre passe à midi en juin.

(2) Le génie conçoit, établit une chose, et ne peut vaincre la longueur du temps qu'il faut pour la perfectionner.

de

de travaux suivis avoient encore laissé à deviner? j'entends les moteurs des inégalités *apparentes,* reproduites sans cesse par les propres effets de cette grande base; effets qui, à part *de la mobilité dans le plan des horizons,* dont on rendra compte dans la suite, seroient toujours considérables, d'après le point de l'équateur terrestre, sur le grand cercle de la sphère. En faisant connoître ce point dans son rapport avec la distribution organique du zodiaque, le labyrinthe moderne s'écroule de toutes parts, la science se purifie et les inégalités sont réduites à de simples prestiges.

D'après les notions trop rares qu'offre l'antiquité, et auxquelles le bon sens doit suppléer, il est probable que les étoiles furent un grand sujet de contemplation avant que la réflexion ait pu les indiquer comme signes relatifs à la route périodique du soleil, et ensuite comme premiers élémens des connoissances du navigateur.

L'apparence qu'offre l'ensemble de la sphère céleste donna peut-être l'idée de figurer un cercle. De toutes les figures ou formes, c'est d'ailleurs la plus multipliée aux yeux de l'homme; la courbe se trouve facilement par tout corps élastique, et le tour d'un tronc d'arbre put inspirer à l'observateur le désir de tracer une circonférence. Les grandes choses à la fois simples et utiles appartiennent au génie, comme celles compliquées et sans nécessité réelle appartiennent à la vanité de l'esprit; la méditation et la sagesse savent rencontrer les premières; l'orgueil et la passion de la célébrité enfantent les secondes.

Par la contemplation du cours des Astres, l'observateur méditatif sentit le besoin de mesurer le temps. Le passage des étoiles dans une nuit douce, calme et resplendissante de leurs étincellemens fit chercher à comparer leur apparition annuelle. Ensuite on sut établir quelques résultats; enfin sans le secours d'aucun de ces instrumens si favorables, inventés depuis environ trois siècles, le zodiaque n'en fut pas moins dès lors conçu.

Le cours du soleil, dans l'arc céleste où se formoit le solstice d'été, pouvant le plus intéresser des hommes qui se trouvoient si voisins de ce tropique, on s'occupa dans les temps opposés à marquer les étoiles sous lesquelles le grand Astre passoit, puisqu'on savoit déjà que c'étoit celles qui remplissoient les nuits opposées. Par ce moyen on *crut* calculer sa marche. Les premiers fondateurs de l'Astronomie étoient noctambules (1); pendant l'absence du soleil, ils examinoient le ciel pour en faire la description, regardant la terre comme fixée au centre du mouvement. Ainsi qu'il vient d'être dit : par la situation des contrées où se forma la science, en Asie et en Afrique : les points solsticiaux furent les plus nécessaires à bien connoître. Depuis on s'attacha à la recherche de l'équateur, par le désir qu'eut la science de s'étendre dans toute la sphère, et de rendre compte des divers mouvemens de la lune, des autres planètes, du cours des Astres en général et des éclipses en particulier.

Les anciens observateurs ayant obtenu deux principaux points pour le lieu du soleil dans sa route, rassemblèrent autour de chaque point de grands amas d'étoiles, ensuite d'autres amas intermédiaires, auxquels ils attribuèrent des figures analogues à quelques époques des saisons ou des travaux agricoles; ils rendirent familières ces grandes allégories, en les désignant par un

(1) Il ne faut pas confondre, comme quelques dictionnaires, le terme *noctambule* avec celui de somnambule, qui désigne l'état d'une indisposition physique. Le premier terme exprime des gens qui agissent, s'occupent pendant la nuit, mais éveillés.

symbole caractéristique, de là ils procédèrent à d'autres constellations formées hors du zodiaque.

Les observateurs qui par la suite employèrent ces divisions célestes à l'étude du mouvement des globes, soit qu'ils aient altéré toutes les premières dénominations ou symboles primitifs du zodiaque, soit qu'ils n'en aient conservé qu'une partie, ne pouvoient rien changer au cadre naturellement géométrique ; c'étoit un cercle parfait, mais imparfaitement détaillé. Ils le laissèrent tel, et le croyant aussi bien divisé par chaque équinoxe, comme il l'étoit par les solstices, *c'est-à-dire partagé en deux demi-circonférences égales,* ils les employèrent donc comme relatives entre elles.

Je reviens encore ici sur ce que j'ai déjà dit : dans les temps les plus reculés, les importantes observations se faisoient la nuit, et on manquoit de la ressource en instrumens pour opérer. Les constellations du zodiaque placées de l'un et de l'autre côté de l'équateur, sont inégales entre elles : les distances comprises entre les points diviseurs des onze anciennes constellations, ou des douze sections, se trouvent mutuellement plus étendues dans l'arc boréal, et plus rapprochées dans l'arc austral, ce qui sera expli-

qué. Mais il faut poursuivre l'examen du zodiaque dans la science elle-même, la considérant
lorsque l'Astronomie fit des progrès chez les
Grecs.

Selon quelques auteurs, on devroit leur attribuer l'arrangement ou la forme actuelle de ce
qu'on nomme le zodiaque; Chyron détermina,
disent-ils, les constellations, voulant faciliter la
navigation à des héros qui s'embarquèrent pour
faire la conquête de la toison d'or, et qui furent
ensuite désignés sous le nom d'Argonautes. D'a-
près l'opinion la plus vraisemblable, ce seroit
vers l'an 1475 ou 1470, avant l'ère chrétienne.

Newton prétendit établir ce fait 533 ans plus
tard : il n'est point question ici de résoudre sa
fantasque hypothèse chronologique (1), les dis-

(1) D'après cet auteur, l'expédition des Argonautes et
du sac de Troie sont des événemens qui se touchent,
et il appuie l'un par quelques noms des personnages de
l'autre. *Horace* regardoit l'Odyssée comme une fable,
et l'Iliade comme une fiction qui représentoit les affections
de l'esprit revêtues d'une forme humaine. Pascal a dit :
« *Homère fait un roman qu'il donne pour tel, et qui est*
» *reçu pour tel : car personne ne doutoit que Troie et*
» *Agamemnon n'avoient non plus été que la pomme*
» *d'or... Mais on l'a appris, cela peut passer pour vrai.* »
Comment croire que le zodiaque fut subitement com-

cussions des modernes sur les époques des travaux des Anciens sont des plus oiseuses, et la plupart ne tendent qu'à déranger l'ordre des connoissances en rendant tout problématique.

Les Grecs ne tirèrent leurs sciences que des peuples les plus antiques. De là, les Chaldéens, les Egyptiens, les Phéniciens, les Ethiopiens mêmes doivent avoir la préférence pour la formation du zodiaque, et chacun de ces peuples lui donnèrent, et aux autres constellations, des allégories relatives ou à leur histoire ou à leur religion. Les Grecs après eux en firent de même.

De telle manière qu'on s'y prenne, on ne peut reconnoître dans les Grecs, pour les sciences, qu'une nation intermédiaire qui eut des moyens plus favorables pour les transmettre aux nations modernes. Avant les Grecs, la primitive Astro-

pose pour diriger une entreprise de pirates, destinée à enlever des bestiaux ? Ce seroit avoir une bien mince idée d'une composition si étonnante.

Les Grecs ne négligèrent jamais de s'appliquer l'universalité de toutes les inventions qui les précédèrent de tant de siècles; ils avoient un grand-homme pour toutes; ils regardoient sa gloire comme la leur propre. Ce caractère national de l'honorer pour s'honorer eux-mêmes, peut - il faire excuser leur orgueil, après avoir reconnu leurs mensonges ?

nomie avoit déjà des règles, et avoit fait la distribution du zodiaque.

Les Anciens divisoient le cercle en 60 parties seulement, ainsi les onze constellations étant divisées en douze signes, chacun de ceux-ci réunissoit cinq parties (1).

Les Grecs partagèrent ces constellations ou *Astérismes*, dans leur manière de compter, sous le nom de *dodécatemerie*, ou signes; et leurs cinq parties furent subdivisées en six autres, ce qui donna 360 degrés, division adoptée pour tout cercle. Ils mêlèrent leurs rêveries aux figures emblématiques ou hiéroglyphiques des Égyptiens; l'une, très-multipliée dans l'ancienne

(1) Sextus Empiricus, parlant des Chaldéens, dit que ces peuples divisèrent le zodiaque en 12 sections. Sextus Empiricus, lib. 5.

Macrobe, parlant des Égyptiens, en dit autant en leur faveur, et il donne à entendre que ce fut dans la première des douze sections que l'on plaça le belier; mais ils comptoient ce signe de nuit, ainsi ils commençoient le zodiaque en automne. D'autres disent que c'étoit par le taureau, qui en effet s'est trouvé pour les anciens peuples de l'Égypte à l'équateur du printemps, et de nuit à l'équinoxe d'automne. Les Grecs ont aussi commencé leur zodiaque comme les Phéniciens, par l'étoile du solstice d'été; chez les Grecs, la constellation de cette époque fut le cancer.

Egypte, fut nommée par les Grecs, *Castor et Pollux*, c'est le signe des *gémeaux*. Il est même facile de penser que *le belier* n'est également que le Jupiter *Ammon*.

Quoi qu'il en soit, il ne faut pas perdre de vue que les Astérismes ou figures des constellations sont toutes inégales entre elles, et que, dès les temps qu'on s'en servit directement, et plus encore depuis, elles ont successivement occupé d'autres points du firmament où les différens âges de l'Astronomie les avoient cru fixées ; qu'ainsi ces irrégularités sont devenues trop considérables pour asseoir quelques notions capables d'éclaircir les temps obscurs, ou pour démêler les événemens fabuleux qu'on peut supposer y avoir quelque rapport. C'est, on a lieu de le penser, ce que personne ne saura résoudre positivement; et la raison ne peut se laisser entraîner à le croire, elle qui fut trop souvent lésée par ceux qui vouloient réduire les sciences à des mots, et ne transmettre aux hommes, pour théorie, que de vaines suppositions.

L'Astronomie du moyen âge laissa échapper les principes, ou plutôt ne les a pu démêler, ce qui fut suivi par l'Astronomie moderne.

Déjà au siècle d'Hypparque, on ne s'y reconnoissoit plus. Ce savant homme est obligé de citer le poëte *Aratus*, et le grammairien *Attalus*, parce qu'ils avoient transcrit quelques observations de *Méthon*. « Aratus, dit Hypparque, » partage le zodiaque en commençant par les » points solsticiaux et équinoxiaux, au lieu que » suivant *Eudoxe*, ces points sont au milieu du » *cancer*, du capricorne, du belier (1), et des » serres du scorpion. »

Euctemon, qui vivoit environ 400 ans avant l'ère chrétienne, fut un des premiers qui établit les points cardinaux des solstices et des équinoxes avec le commencement des signes ; ce réformateur fit adopter aux Grecs de son temps cet usage. Cependant il n'y avoit rien de général à cet égard, et l'embrouillement venoit de ce que, jusqu'à Hypparque, personne n'avoit suivi le

(1) Cette constellation étoit regardée anciennement comme foible et obscure, quand on l'observoit et qu'il faisoit clair de lune. *Hygin* dit, que le triangle a été placé auprès parce que le belier avoit besoin, à cause de son obscurité, de l'éclat de cette constellation afin de distinguer l'endroit où il étoit situé. « *Ideo ut obscuritas* » *arietis hujus splendore, quo loco esset, significaretur.* »

Le belier est aussi la moins étendue des constellations du zodiaque ; on compte seulement 15 degrés de son oreille à la racine de sa queue. On n'est pas d'accord sur son attitude, ou sa manière d'être couché, et si sa 1re. étoile est l'oreille ou le pied.

mouvement des étoiles *fixes*, que lui-même crut pouvoir établir d'un degré en 100 ans. C'est pourquoi Méthon, 431 ans avant l'ère chrétienne, avoit trouvé les points cardinaux dans le zodiaque à 8 degrés, tandis qu'on les croyoit à 15. Eudoxe, contemporain de Méthon, transporta sa remarque en Italie, où l'on en fit un principe; on ignore qui les plaça au 12e. degré, mais il y en eut (1).

Ovide, Pline et autres parlent des solstices et équinoxes, et les placent au 8e. jour après l'entrée du soleil dans le signe, ce qui ne répond pas à 8 degrés; cet usage étoit introduit dans le calendrier des anciens Romains (2). Les siècles, en s'éloignant, ainsi que les changemens, emportèrent donc avec eux le souvenir des choses primitives.

Dans les temps modernes on se crut plus habile, parce qu'on étoit mieux secondé, tant par les travaux des Anciens que par des moyens in-

(1) De là toutes ces divisions du zodiaque introduites par les anciens Grecs, et citées par *Achilles Tatius*, chap. 26; par Hygin, liv. 1; Strabon, liv. 2; Cléomèdes, liv. 1, chap. 9; Sextus Empiricus, liv. 5, etc. etc.

(2) Ovide, Columelle, Pline, et aussi le calendrier dressé par *Sosigène*, vulgairement nommé calendrier de Jules-César.

génieux, qui conduisirent à une sorte de perfection les instrumens Astronomiques. On pénétra
avec plus de facilité dans l'espace immense de la
sphère céleste ; on crut mieux observer, et plus
on observa, moins on s'aperçut du défaut de rapport qu'il y avoit entre les deux demi-circonférences du zodiaque partagées par le plan de l'é-
quateur, et où l'opinion admettoit toutes choses
égales, c'est-à-dire 6 signes *factices,* supposés
égaux, ou embrassant une même étendue de part
et d'autre. Ainsi *les variations , les inégalités ,
les mouvemens apparens,* par les fausses déductions qui en résultoient, furent rejetés sur le
soleil, la lune et les planètes ; enfin *la terre
elle-même en fut accusée lorsque les Coperniciens accréditèrent leur propre illusion ,
qu'elle parcouroit le cercle de l'écliptique
par un mouvement autour du soleil.*

Le mouvement négligé des constellations zo-
diacales laissa donc suivre avec confiance *la
routine,* et quelques parties des grandes divisions de l'arc boréal passant dans l'arc austral,
furent remplacées en opposition par des parties
des petites divisions. Malgré l'évidence de cette
mutation, au lieu de la saisir et de l'employer,
on s'en tint au cercle, en y calculant toujours
deux demi-circonférences égales, contenant cha-

cune six divisions, aussi supposées égales, auxquelles on conserva le nom de ces constellations
fugitives ; ces divisions ont aujourd'hui la qualité de *signes du zodiaque*. Caressant tour à tour
le préjugé et l'habitude, sans s'occuper de la
profondeur des principes d'une science, qui est
de pénétrer les motifs des difficultés, de chercher à rencontrer dans les inégalités un chaînon
qui puisse conduire à des bases sensibles, on ne
pensa pas à étudier quelques points qui auroient
laissé apercevoir que la distribution antique du
zodiaque avoit été irrégulière par nécessité. Et,
peut-être, que cette invention admirable en elle-
même devoit se ressentir des siècles peu avancés ,
non pas du génie, car ils en furent tous remplis,
mais de l'art de perfectionner, dernier période
de l'esprit observateur.

Fig. 5.   Le zodiaque est un rassemblement d'étoiles,
dans une bande qu'on a supposé être terminée en
largeur par deux cercles éloignés l'un de l'autre
successivement de 16, 18 et 20 degrés, selon le
besoin qu'on a eu de l'élargir. Cette bande ou
zône est partagée dans son milieu par l'écliptique, ligne que décrit le soleil par son mouvement journalier pendant son cours annuel, ce
qui forme son orbite. L'écliptique ou orbite du
soleil est coupée à travers sa circonférence, par

le plan de l'équateur terrestre, ou orbite de la terre, à 181 degrés, 56 minutes, un peu plus de la demi-circonférence boréale, et à 178 degrés, 4 minutes environ, de la demi-circonférence australe. Le cercle de l'écliptique et celui de l'équateur sont deux grands cercles de la sphère par leur application à celui du zodiaque.

Les constellations qui forment le zodiaque ont, dans leur longueur de division, plus ou moins de 30 degrés. Le zodiaque ancien n'avoit que onze constellations symboliques ou désignées : une d'elles fut depuis divisée en deux portions ou signes, et le point de l'équinoxe, malgré le mouvement des étoiles fixes, a pu s'y rencontrer pendant beaucoup de siècles, puisque sa moitié nommée ensuite la *balance*, n'avoit pas cette désignation, même du temps de Ptolémée (1), et qu'elle faisoit partie de la constellation entière du *scorpion*.

Résultats de l'emploi du Zodiaque.

Voulant faire le rassemblement des étoiles qu'ils apercevoient à la simple vue, pour étudier la marche du soleil d'un solstice à l'autre, les

(1) Ptolémée la nomme *forcipes* ou *chœla*, les serres ou pinces.

inventeurs du zodiaque s'y prirent pendant l'opposition du cours de cet astre ; soit qu'ils aient
commencé par le solstice d'hiver, soit par celui
d'été ; de l'une et de l'autre manière ils partagèrent le cercle du zodiaque en deux demi-circonférence égales, et ils y placèrent tour à tour les
rassemblemens d'étoiles ou constellations.

Après eux, l'étude des éclipses conduisit sans
doute à remarquer le temps auquel le jour et la
nuit sont semblables, et elle fit deviner l'équinoxe. Alors on considéra les amas d'étoiles déjà
formées, et par les mêmes moyens que les précédens, on examina leur révolution dans l'arc boréal la nuit, pendant que le soleil parcouroit
l'arc austral, et elle se trouva de 179 jours environ ; suivant de même l'autre révolution de
l'arc austral, tandis que le soleil parcouroit l'arc
boréal, elle se trouva de 186 jours environ. Ces
observateurs ne tinrent point compte d'une telle
différence. Attachés principalement aux points
des solstices, on doit penser qu'ils regardèrent
cette différence comme peu importante.

Ceux qui leur succédèrent et appliquèrent les
360 degrés à ce cercle, en partant du principe
de l'égalité du jour et de la nuit, ou les équinoxes,
et qui par cette division du zodiaque, établirent
en deux parties égales de 180 degrés l'arc boréal

et l'arc austral, instituèrent la plus forte erreur
sans s'en douter.

L'astronomie ayant enfin acquis par ses expériences des hommes mieux instruits, ils portèrent leur attention sur cette différence *en temps*
que le soleil emploie dans les deux demi-circonférences du zodiaque, ou sur son orbite, l'écliptique, et ils la regardèrent, avec raison, comme
la suite de l'excentricité entre le globe solaire et
le terrestre; mais ne pouvant s'imaginer *com-*
ment et où l'excentricité étoit formée, les
uns lui donnant plus d'étendue, les autres moins,
ils suivirent la division équinoxiale de 180 deg.
pour chaque demi-circonférence. D'après cette
habitude, où restèrent enchaînés les observateurs
les plus profonds, il s'ensuivit que les praticiens
prirent l'idée que le soleil alloit lentement dans
un temps, et vîte dans un autre.

L'Astronomie de la troisième école, malgré sa
ferveur pour le mouvement copernicien et pour
les ellipses, ne trouva elle-même d'autres ressources que le vaste champ des problêmes qu'elle
cultiva avec autant d'ardeur que de facilité, parce
qu'il n'est que trop fécond; tandis que celui de
la raison et de la vérité s'abandonne aisément,
étant toujours resserré, long-temps stérile, et sans
cesse pénible à faire fructifier; mais aussi c'est

dans ce dernier seulement qu'il faut planter pour que les générations recueillent avec profit!

On proclama donc, en toute assurance, la marche lente et vîte du soleil et des planètes, ensuite, ayant paralysé le soleil, on gratifia de cette inégalité la terre elle-même : les partisans de l'influence magnétique de la lune, prouvèrent *algébriquement, non autrement,* que cela *étoit un ordre de* LA NATURE, et que *cette inégalité s'exécutoit en vertu de* L'ATTRACTION, *qui régit tout.*

Le génie de la science fut travesti à ne plus le reconnoître; partout, dans tout, on substituoit les moyens spécieux de l'esprit factice : *On créa un second soleil* (1), ne voulant plus suivre les caprices du vrai soleil dans une marche inconstante. Je vais exposer ce SECOND SOLEIL, ou ce principe *actif* de l'Académie des sciences de

---

(1) Il n'est besoin de citer les auteurs de pareils ouvrages, mais on doit rappeler leur livre sacré où tout cela est consigné, et qui a le plus coopéré à former des auteurs depuis un demi-siècle; livre tellement rempli de sottises et d'erreurs par la philosophie moderne, que la postérité n'en conservera que quelques feuillets, c'està-dire, les notions fournies par les artisans pour la partie des métiers.

Paris,

Paris, il peut servir à la preuve des lumières éclatantes du 18e. siècle.

« La révolution journalière du soleil s'achève
» plus promptement en certains temps de l'année
» que dans d'autres ; ce qui vient en partie de ce
» que l'orbite que le soleil décrit par son mou-
» vement annuel, n'est pas concentrique à la
» terre, et en partie de ce que *des arcs égaux*
» *de l'écliptique ne répondent pas toujours à*
» *des parties égales de l'équateur, qui lui est*
» *incliné*. Les Astronomes modernes pour la
» facilité des calculs ont *inventé* un mouvement
» qu'ils appellent *moyen*. Ils imaginèrent pour
» cela comme un SECOND SOLEIL, lequel com-
» mençant et finissant l'année avec le VRAI SO-
» LEIL, et faisant le même nombre de révolu-
» tions que lui, *iroit d'un mouvement toujours*
« *égal* (1). »

D'où proviennent ces suppositions accumu-

(1) Plus on examine la science humaine, plus on est étonné de ses singularités. Le SECOND SOLEIL de l'Astronomie étoit une superfétation mathématique. On croyoit que par lui SEUL on pouvoit rendre raison d'un vrai système horaire, et on ne s'apercevoit pas que tout ce qu'on attribuoit à ce second soleil, s'exécutoit avec plus de perfection encore par le vrai soleil. Voy. *Table As-trostatique*.

lées ? C'est ce qu'on va débrouiller. Les praticiens comptent, ainsi qu'on l'a dit, l'arc austral
et l'arc boréal de chacun 180 degrés *ou d'une
égale demi-circonférence, malgré l'excentricité des globes terrestre et solaire.* Ces 180
degrés sont comptés de chaque côté du point où
ils établissent l'équateur dans le zodiaque, et
par conséquent dans l'écliptique. Ils adoptèrent
ce précepte par l'usage formé d'après les apparences optiques qu'on ne savoit se définir. Ces
apparences, reçues sans contradiction, ont fait
méconnoître qu'il y avoit dans un des arcs, dont
l'équateur est le terme, des signes plus petits que
dans le côté opposé, et que dans ces deux arcs
différens, ou ces deux demi-circonférences inégales, il s'y opéroit plusieurs effets mécaniques,
dont une cause principale est *la mobilité dans
le plan des horizons.* C'est donc une opération
très-curieuse que nous allons traiter, afin de
rendre compte pourquoi l'Astronomie moderne
a établi *la marche lente et vîte du soleil.*

Fig 3.   Lorsque le praticien observateur est arrivé du
solstice d'hiver à l'équinoxe du printemps, où
commencent les grandes divisions ou grands
signes de l'arc septentrional de l'écliptique,
lequel arc contient de cet équinoxe à celui d'automne 181° 56' environ, et l'arc austral 178° 4'

environ, il suit ses calculs partant de $\frac{o}{o}$ à 180°,
d'après une table des mouvemens, ce qu'il continue ainsi jusqu'à l'équinoxe d'automne. Or,
par sa propre supposition, il résulte que de zéro
équinoxe du printemps, au solstice d'été et l'a-
pogée, les degrés de l'arc septentrional s'élar-
gissent ou s'étendent par des progressions relatives, à mesure que le soleil s'avance dans l'arc
septentrional, et que la terre en opposition passe
dans son arc austral; cet effet de l'élargissement Fig. 5.
des degrés peut se comprendre facilement puisque le diamètre composé est allongé progressivement dans l'écliptique par l'augmentation que
fournit peu à peu le diamètre de l'orbite de la
terre, et cela forme *la ligne ordonnée* ou rayon
toujours correspondant entre les deux globes,
ayant sans cesse la terre pour centre d'une circonférence mobile que ce rayon décrit, et qui
donne la *circonférence combinée par le mouvement concordant.* De là le soleil, quoique
marchant très-également sur son orbite, reçoit
une impression apparente de lenteur qui augmente de plus en plus, jusque vers la sommité
de l'arc de son orbite, c'est-à-dire, vers les 89,
90 et 91 degrés; alors on le regarde presque *stationnaire,* autre effet d'optique et de mécanique
sur lequel on devroit être revenu depuis long-

temps, d'après le principe de l'amplitude à l'horizon (1).

Nous avons donc déjà fait voir que l'observateur imbu du préjugé de l'égalité des deux arcs du zodiaque et de l'écliptique, a fait perdre à un des côtés de l'arc septentrional 57 minutes ½ environ. Cette erreur reflue et parcourt l'arc en y restant ignorée, et comme une suite d'observations chaque jour n'a jamais lieu, ainsi que l'atteste la vicissitude des températures, les remarques éparses sont soumises à des tables où le motif de l'erreur est ignoré en dépit de l'*excentricité* qui eût pu être le vrai guide, ou le flambeau brillant qui devoit dissiper les ténèbres de la routine. Il en résulte que malgré 181° 55′ que le soleil a à faire, on l'assujétit à 180° qu'on suppose qu'il a seulement à parcourir pour arriver à l'autre équinoxe ; et comme on voit, cela ne peut être ; ainsi il perd, pour l'apparence, les 57 minutes ½ environ du premier côté de son arc septentrional, et la fraction parallèle de l'autre côté. Enfin quoiqu'ayant fourni positivement sa carrière de 180 degrés, on assimile son mouvement à beaucoup moins ; les grands signes prêtent à cette erreur, et on se croit bien assuré *de la*

(1) Pour ceux qui ont la sphère oblique. **V.** *Apogée.*

lenteur du soleil, puisqu'il emploie près de *8 jours en plus*, et qu'il n'a pas rempli les *six signes*. Voilà cette base, d'où il suit une *inversion* : c'est que les petits signes reçoivent la fraction fluente, on l'enclave G, dans les prétendus 180 degrés de l'arc austral E, qui n'est, quoi qu'on fasse, que de 178° 5'.   Fig. 4.

Comme il est impossible de détruire une réalité indépendante de la volonté humaine, celle-ci ne peut, en voulant l'absorber, que la dénaturer, et elle porte cette différence en supplément au mouvement que le soleil va faire dans l'arc austral ; ainsi cet astre, pour les yeux égarés qui le poursuivent encore, semble y parcourir en 179 jours environ plus de 182°, produit naturel   V. Fig. 5 de l'*illusion inverse*; et dans *les observations*   et Fig. 4. *perfectionnées*, *publiées sous les auspices de*   E. G. *la science Astronomique moderne*, cette équivoque a fait porter le *mouvement inégal du vrai soleil*, dans la partie australe, jusqu'à 1" 1' 15", en certains jours d'automne et d'hiver, saisons enclavées sous la distribution des petits signes. Je ne citerai pas ici que vers la sommité de l'arc austral, on regarde le soleil comme y étant aussi stationnaire.

Voilà un premier examen des bases de la marche *lente* et *vite* du soleil. Je vais actuelle-

*

ment dans le second examen, c'est-à-dire, sans le secours de la découverte, essayer à mettre sous un nouveau jour cette prétendue lenteur et vîtesse.

Ce n'est qu'une contemplation assidue, une méditation suivie, une perception profonde et des réflexions constamment comparées, qui peuvent rendre raison des apparences optiques mêlées à des effets de mécanique: alors les règles mêmes de la perspective, qui dérivent des principes dont je parle, sont aussi applicables à l'observation; sans elles, en portant ses regards sur le firmament, c'est en vain qu'on voudroit *approximer* ce qu'on y voit. La plus petite définition va devenir une grande preuve de ce que je dis.

Ce qui sembloit confirmer dans l'illusion de la *lenteur* et de la *vîtesse* du soleil, dans l'arc boréal et l'arc austral, déjà détruite par l'explication de leur grandeur respective, se résout ici par le globe du soleil lui-même. Lorsqu'il passe dans l'arc boréal, il perd tous les jours un peu de l'étendue de son diamètre ou grandeur, de l'un à l'autre solstice, et c'est à celui d'été qu'il paroit plus petit. Or, un corps apporte moins d'obstacles à la vue, à mesure qu'il s'en trouve éloigné, et si c'est lui qu'on observe ou auquel on rapporte les observations, on voit qu'à proportion de son éloignement, il semble cacher moins d'étendue; et par l'inversion, lorsque le soleil se rapproche de la terre, le cercle qu'il a à parcourir étant plus petit, et le diamètre du soleil plus grand, cet Astre cache, dans cette nouvelle proportion, plus d'étendue, principalement si l'on croit que de l'un et de l'autre côté de sa route, il y a égalité de division; donc, dans les subdivisions de l'arc austral, l'apparence optique et celle de la perspective font croire et voir qu'il franchit bien plus vite ces prétendus 180 degrés, fussent-ils augmentés encore par l'imagination de quelques fractions. Quant au nombre des jours que le soleil emploie dans cet arc, on doit se ressouvenir de ce qui a été expliqué dans l'organisation, qu'il est réglé par la petite circonférence de l'orbite de la terre, et les mouvemens propres à ce globe *en temps égaux parcourant des arcs égaux*. Ainsi la position des deux orbites, ou L'EXCENTRICITÉ GÉOMÉTRIQUE, expliquée dans la découverte renverse, par le mouvement concordant, les chimères de *lenteur* et de *vitesse* attribuées, non-seulement au soleil, mais à tous les globes célestes. V. Fig. 5.

Revenons encore un instant au résultat approximatif de la fraction renfermée dans les 180

degrés qu'on donne seulement à l'arc septentrional, cause de cette illusion qui produisit le transport successif d'une fausse apparence sur tout le
cercle de l'écliptique et du zodiaque. A quelque
époque qu'on ait fait des observations, elles restèrent en défaut par cette vacillation d'une perpétuelle mobilité qui s'exerce insensiblement de
toutes parts, dans tout et sur tout. Le résultat
approximatif ressortant des grands signes, et
qui repassent dans les petits est de $1^{\circ}\,55'\,\frac{1}{4}$; nous
verrons ce produit jouer un rôle remarquable :
puisque, pour l'Astronomie on le voit *ressortir*
des calculs entre ce qui, selon elle, *étoit d'un
côté et devoit être de l'autre,* et qu'il sert à
former *sa plus grande équation* ou mesure de
L'EXCENTRICITÉ à quelques variations près. A
cet égard la véritable excentricité est fournie dans
notre ouvrage par la connoissance du centre de
l'orbite du soleil, l'écliptique, du centre de l'orbite de la terre, plan de l'équateur, et qui détermine le véritable point où l'équateur coupe le
zodiaque dans la sphère céleste. Ce qui est clairement défini par toute l'organisation et par les
explications fournies sur la mobilité *dans le
plan des horizons ;* par la dissertation sur l'obliquité de l'écliptique ; enfin par les figures géométriques qui donnent l'idée générale des effets par

Fig. 3, 4
et 5.

les causes, ou positions qui réalisent le mouvement concordant et la circonférence combinée.

Actuellement on présente sur *ce phantóme de la lenteur et de la vîtesse du soleil*, les données d'une observation annuelle puisée dans les travaux de l'école moyenne, lorsque l'Académie des sciences, à Paris, étoit florissante et le plus sagement dirigée.

« 21 *mars à midi, le vrai lieu du soleil a été déterminé par la hauteur méridienne en belier* 0° 47′ 38″, *et le 23 septembre* 186 *jours en balance à* 0° 15′ 50″. *Pendant lesquels le mouvement* vrai *du soleil a été de*................... 5ˢ 29° 28′ 22″ A.

» *Prenant le moyen mouvement du soleil qui répond à cet intervalle qui est de* 185 *jours* 23 hᵉˢ. 45 *min.*, temps moyen, *il auroit dû faire*... 6 3 19 12 B.

» *Différence* 3° 50′ 50″, *dont la moitié mesure la plus* grande équation *du soleil* 1° 55′ 25″.

» *Depuis le* 23 *septembre où le soleil étoit en balance à*........................ 0° 15′ 50″

*jusqu'au 21 mars suivant où
le soleil étoit en belier à.* . . . .　　　o 32′ o

____

*Il y a 179 jours 15 minutes,
pendant lesquels le mouve-
ment* vrai *du soleil a été de*...　6ˢ 1° 16′ 10″ **C.**
Par le temps moyen *il auroit
dû être de*. . . . . . .　. . . . . . .　5 27 25 37 **D.**

____

» **Différence** 3° 50′ 33″
*dont la moitié mesure la
plus grande équation du soleil* 1° 55′ 16″ ½.

N. B. « **L'année suivante,** *la plus grande
équation fut trouvée de* 1° 56′ 3″ ½. — *Et on
l'a aussi rencontrée de* 1° 59.»

Examen comparatif sur ces dernières observations, par les mouvemens en temps moyens.

Le soleil *auroit dû faire :*
arc boréal. . . . .　6ˢ 3° 19′ 12″ B.
Et il auroit dû faire : arc
austral. . . . .　5 27 15 37 D.

Donc. . . . . .　12ˢ 0° 44′ 49″.

Par les *mouvemens* appa-
rens le soleil *a fait* de balance

en belier . . . .   6ˢ 1° 16′ 10″C.

Et de belier en balance. . . .   5 29 28 22 A.

(1) Donc. . . . .   12ˢ 0° 44′ 32″.

De quelque manière qu'on veuille examiner ces calculs, lorsqu'on les soumet à la comparaison, aucune vraisemblance ne s'y trouve plus ; car le soleil ne peut pas anticiper par sa révolution annuelle de l'écliptique de près de 45′, comme cela seroit pour la marche ci-dessus, qui lui feroit en quarante ans dépasser un signe : $45 \times 40 = 1800$. Et $60 \times 30 = 1800$. Aussi n'a-t-on rapporté ces calculs que pour faire connoître l'évidence de l'inégalité des 2 arcs du zodiaque et de l'écliptique, les difficultés qu'eurent les meilleurs praticiens pour obtenir des vérités Astrostatiques, et enfin que tout ce qu'ils ont pu fournir de meilleur *sur la connoissance des temps*, ils le devoient aux nombreux travaux des anciens Astronomes plus substantiels que les leurs.

Telle étoit donc, sur le *vrai mouvement du soleil*, l'inversion la plus complète qui pouvoit être faite, par les apparences, dans le cours de l'année.

Fig. 5.

(1) Remarquons ici que ce que le soleil *a fait* est égal à ce qu'il *auroit dû faire*, et que ses mouvemens vrais ont donné un total moindre et plus digne de l'égalité de ses mouvemens.

Tel fut aussi le *résultat* d'où sortit le préjugé de la lenteur et de la vîtesse, qui devint un des préceptes de l'Astronomie moyenne et une DES PRÉTENDUES VÉRITÉS de la troisième école, ce qui lui faisoit répéter : « *lorsque le soleil retarde,* » *il s'en faut de près de 2 degrés qu'il ne soit* » *dans le vrai lieu où il seroit sans l'inégalité,* » *et de même lorsqu'il avance.* » Et aussi « *qu'il y avoit dans cet effet deux motifs, l'un* » *optique, l'autre physique.* » Ces deux motifs lui restèrent inconnus, et ils n'avoient qu'une seule cause : la position de l'orbite de la terre vers le centre de l'écliptique, orbite du soleil.

De l'Équateur vrai.

Le préjugé sur le zodiaque, relativement au point de l'équateur, aussi rapproché de l'erreur que tant d'autres qui arrêtèrent, pour l'*Astro-statique,* la marche active de l'Astronomie, ne s'en trouvoit que plus fort pour maintenir l'il-lusion ; et chacun put croire, en méconnoissant la loi inexpugnable de l'excentricité :

« *Que le point de l'équateur partageoit* » *également le zodiaque ; c'est-à-dire : don-* » *noit au cercle de l'écliptique deux demi-* » *circonférences égales, l'une pour la partie*

» *septentrionale, et l'autre pour celle aus-*
» *trale.* » Voy. obliq. de l'éclipt.

L'orbite de la terre servant à dévoiler plusieurs mystères de l'organisation, éclaircira encore celui-ci.

Ayant défini l'étendue et la position de cette
orbite, près le centre de l'orbite du soleil, l'é-
cliptique, et le mouvement concordant entre ces
deux globes, la TERRE, par l'effet de son orbite, doit être regardée comme le SEUL LIEU VÉ-
RITABLEMENT CENTRAL de toutes les observations qu'on peut faire dans le ciel. Ce globe,
comme celui du soleil, par les mouvemens journaliers et les mouvemens annuels, occupe quatre   Fig. 2.
points principaux correspondans, par le rayon
composé et la ligne ordonnée, à ceux où passe
le soleil dans l'écliptique, savoir : les deux solstices et les deux équinoxes, d'où proviennent
les déclinaisons, les équations, etc. Enfin ces
quatre points principaux, relativement à la terre
sur son orbite, l'équateur, vers le centre de l'é-
cliptique, orbite du soleil, sont tour à tour les
centres d'une circonférence mobile, soit qu'on
envisage cette circonférence par le mouvement
des planètes, soit par celui du soleil. Mais dans
cet ouvrage il ne peut être question que de ce

qui regarde cet astre et la terre dans l'organisation du mouvement.

Le soleil parcourant sa propre orbite, l'écliptique est constamment, par le rayon composé,
entre la terre et le zodiaque, un corps intermédiaire, c'est par-les points désignés du zodiaque
qu'on observe le lieu que le soleil occupe chaque
jour dans le ciel; et l'écliptique n'étant, comme
toutes les orbites, qu'une ligne engendrée par le
mouvement journalier et propre de cet Astre
sur le zodiaque, tout ce qu'on va définir doit
aussi s'entendre en rapport à la bande des signes.

*1re. Défini-
tion relative.*
Fig. 3.

*Tout cercle s'agrandit ou diminue en proportion
que son diamètre s'allonge ou se raccourcit, enfin
selon les distances du point de centre à la circonférence.*

*1re. Consé-
quence.*

Le diamètre de l'écliptique s'augmente progressivement de celui de l'orbite de la terre,
et on le remarque principalement aux points
moyens, les équinoxes, jusqu'au solstice d'été,
où il se trouve que le rayon boréal de l'orbite
du soleil est augmenté de tout le diamètre de
l'orbite de la terre, et du double de l'excentricité.

*2e. Défini-
tion.*
Fig. 5.

*Toute division d'une circonférence en nombres
déterminés, reportée en même quantité sur une autre
circonférence, produit des parties plus petites si le
cercle où on fait entrer la division est plus petit, et*

*plus grandes si le cercle est plus grand. Et si paral-
lèlement au diamètre on établit une ligne excentrique, les arcs d'une circonférence changeront de
rapport entre eux relativement à la distance de cette
ligne au point de centre.*

L'équateur terrestre divisant inégalement les deux arcs de chacune des orbites de la terre et du soleil, et la distribution du cercle immense du zodiaque ayant été faite, lorsqu'on y adopta la méthode des équinoxes, par la relation du plan de l'équateur terrestre au point de l'équateur céleste ; les deux demi-circonférences ou arcs du zodiaque ont plus ou moins d'étendue, d'après l'union plus ou moins considérable du rayon de l'orbite du soleil, l'écliptique, avec le diamètre de l'orbite terrestre, et chaque arc, selon son étendue, coordonne ses subdivisions.

D'où j'infère qu'il y a DES GRANDS ET DES PETITS SIGNES, et que l'équateur céleste partage inégalement la circonférence du zodiaque. Fig. 1, 2, 3, 5 ; et je le prouve :

Par la première conséquence présentée ci-dessus, *le cercle du zodiaque, vu dans les deux points extrémes que produit le lieu du soleil et le lieu de la terre, sur leur orbite respective, contient des parties en même quantité, mais qui ont plus d'étendue depuis l'équinoxe du printemps à celui d'automne que de celui-ci à l'autre.*

Donc : les deux arcs du zodiaque, par la division de l'équateur, ne sont pas et ne peuvent pas être égaux, et ils ne devoient point l'être. Ce qui est défini par la position de l'orbite de la terre qui est le plan de l'équateur.

Par la deuxième conséquence : *les grands et petits signes ayant été établis naturellement par les points antiques, ensuite confondus entre et avec les deux équations solaire et terrestre ; lorsque la terre se rend de l'équinoxe d'automne à son lieu d'hiver, et que de celui-ci elle se porte à l'équinoxe du printemps, elle fait perdre, par sa marche concordante avec le soleil, aux petits signes austraux la valeur double du petit rayon de*

V. Fig. 4. *l'excentricité (1), ce qui est repris, lors de la deuxième équation, sur les grands signes.*

Donc : les temps inégaux apparens sur l'ob-

----

(1) Ce petit rayon est un des moteurs pourquoi les astronomes n'ont jamais été d'accord sur l'étendue de la plus grande équation, et les ellipses ne pouvoient que défigurer le principe. Ce rayon est établi à angle droit sur la ligne (des équations) parallèle au diamètre, et qui en est éloigné seulement d'un mouvement trois quarts environ, de la valeur des mouvemens journaliers.

servation

servation des grands et petits signes, sont relatifs aux points de l'équateur céleste, ou la rencontre de l'orbite de la terre avec l'écliptique, orbite du soleil, produisant celle des deux globes solaire et terrestre sur la commune section de leur équation propre.

Enfin par ce qui vient d'être nettement défini, chacun peut en tirer cette conclusion bien décisive. *On a reconnu, dans l'ancienne et dans la moderne Astronomie, que le soleil étoit* EXCENTRIQUE *à la terre : où étoit donc la possibilité de leur équation sur le centre du mouvement?* En effet cette équation ne pouvoit se supposer qu'en détruisant *le lieu* de l'excentricité, c'est-à-dire, en le transportant *dans les temps mêmes des mouvemens,* anéantissant ainsi une existence physique par une abstraction métaphysiquée, ou l'hypothèse d'une étendue égale de l'un et de l'autre côté de la section de l'équateur. Cette confusion moderne força à adopter l'erreur qui enlevoit au soleil l'égalité parfaite de sa marche. Ptolémée, Tycho-Brahé, et autres grands hommes, dont la science doit s'honorer à perpétuité, avoient su échapper à cette inconséquence.

Fig. 4.

Conclusion sur l'emploi du Zodiaque.

Il est actuellement facile de se rendre raison pourquoi, malgré les efforts réunis d'hommes fort savans, on ne pouvoit définir ce temps d'environ 8 jours que le soleil passe en plus dans la partie septentrionale; et comment les *Arabes* séduits par la belle invention du zodiaque, répondant aux points périodiques des saisons, parce que c'étoit par suite de la connoissance de celles-ci seulement qu'on y avoit distribué ces points, travaillèrent d'après la croyance *des deux arcs égaux*, et par leur illusion amenèrent les modernes à en faire une réalité. Il est à espérer qu'avec le temps des Astronomes éclairés, et dévoués aux vrais progrès que la science attend, se rendront les prudens réformateurs de toutes les inutilités qui la surchargent. Alors connoissant le véritable emploi qu'on doit faire du zodiaque, on remédiera aux désordres des prétendues inégalités qui furent rejetées sur les mouvemens des corps célestes; et le Monde entier possédera de nouveau la certitude que le Créateur de l'univers les a tous soumis à des mouvemens égaux, à des relations constantes, et à des périodes régulières.

Les plus sages Astronomes détruiront aussi

un grand abus, inspiré par la paresse de l'intelligence, qui conduisit à déplacer les noms des constellations pour les supposer dans les points d'où elles échappoient, en obéissant à la loi invincible du mouvement commun, tandis que l'orgueilleux esprit de l'homme, les ayant d'abord jugé *fixes,* s'efforça encore, en dépit de la vérité, de les supposer dans les lieux où elles n'existent plus depuis long-temps.

Comme il est du droit d'une science utile d'épurer ses principes, d'élaguer ce qui est interverti, il est aussi plus digne de l'Astronomie de ne pas admettre un faux langage, et de suivre pour signes progressifs des époques, les constellations telles qu'elles s'y succèdent par le mouvement propre à tous les globes de la sphère céleste. Ce sera présenter aux hommes, d'un seul trait positif, grand et lumineux, et qui ne peut appartenir qu'à cette science : *l'histoire du temps qui fuit sans cesse pour s'unir à l'Éternité.*

DE LA SPHÈRE CÉLESTE.

Pour mettre à même de suivre la marche de la terre sur son orbite, qui est le plan de l'équateur, il faut connoître les effets multipliés par ce mouvement dans la sphère céleste, lesquels influent plus ou moins sur les aspects offerts par les autres globes à diverses époques. C'est pourquoi je traiterai en détail du grand cercle qu'on nomme horizon (1); car, outre que c'est par lui que passent tous les autres cercles supposés existans dans la sphère, quoiqu'ils ne soient que les résultats des mouvemens combinés les uns par les autres, son plan, en quelque lieu que ce soit, éprouve une variation particulière, et qui agit sur tous les aspects journaliers que la sphère présente.

J'entreprendrai ces détails concernant la sphère, sous une forme qui appartient à L'AS-TROSTATIQUE, d'après les principes de la DÉCOUVERTE, et c'est dire que je suivrai une route qui n'a pu être indiquée dans aucun ouvrage.

La sphère céleste, considérée dans toutes ses

(1) Voy. *Horizon.*

parties, n'offre rien que de mobile, et qui puisse par conséquent être confondu avec le cercle positif nommé horizon. Ce n'est donc pas le ciel qui détermine ce cercle, c'est seulement la terre, en divisant la sphère, dont elle cache sans cesse une moitié aux regards de l'homme. Quant au mot horizon, il indique qu'on trouva la division des heures par l'emploi de ce cercle.

A ce point de la terre où l'œil perd de vue le firmament, s'offre le cercle de l'horizon véritable ou sensible, et ce point sert de commune limite pour l'extrémité de l'étendue terrestre qu'il est possible de découvrir. C'est donc réellement par le globe terrestre que l'horizon existe. Dans l'immensité de la sphère elle-même, il n'y a plus d'horizon; ainsi se résout la fragilité de tout ce que l'homme peut établir : si l'on porte ses regards hors du domicile terrestre, il n'en existe plus rien.

Voir un objet à l'horizon, c'est rencontrer son apparition sur la ligne matérielle où se dérobe pour nos yeux le reste de la terre, qui doit sans cesse échapper à nos regards par l'effet naturel de sa forme ronde. Donc la terre est le principe de ce qu'on désigne sous le nom d'horizon.

Hors les corps célestes, d'après lesquels on

parvint à établir quelques désignations directes, toutes les autres désignations, pour les effets artificiels en rapport à la terre, doivent être définies comme sa propriété; car c'est de la terre et pour elle que les relations entre les mouvemens des corps célestes sont déterminées, et c'est en conséquence d'elle que ces relations ont reçu des désignations.

De cette juste méthode il suit : que le ciel n'a point par lui-même, ni horizon, ni orient, ni occident, ni nord, ni sud, ni méridien, etc.; que toutes ces désignations faites par l'esprit humain ne sont que des élémens d'une division, nécessaire à l'intelligence des mouvemens généraux, établie pour la terre, d'où on les transporte par l'imagination dans la sphère, d'après les points terrestres relatifs qui servent à les y appliquer.

Et dans les connoissances de la sphère céleste, que j'ai dit avec raison avoir été peu véritables, donc infructueuses jusqu'au XIXe. siècle, il est important d'y distinguer les qualités effectives, ou les élémens propres qui appartiennent aux choses, en les séparant des élémens ou qualités relatives qui s'y confondent. En précisant l'instruction, on agrandit l'esprit, on ne rend pas généraux des points particuliers, des désignations fictives ne paroissent plus des réalités.

Alors on aura une plus haute idée de la superbe organisation du monde, lorsqu'on pourra la juger dans la magnificence d'une étonnante simplicité qui força cependant l'homme à déployer, et multiplier même toutes les ressources des plus profondes conceptions, pour en saisir quelques aperçus ; et ce ne sera que dans une étude perfectionnée par la vérité qu'on fera reconnoître la sagesse divine du Créateur, et l'intelligence supérieure dont il voulut bien douer la nature humaine.

Orient, Occident.

L'*Orient* et l'*Occident* sont séparés du firmament par un arc vertical. La première désignation appartient au côté où la terre, dans son mouvement journalier, rencontre le soleil parcourant sur le même sens son orbite, l'écliptique ; on nomme l'apparition de cet astre *le lever*, d'après l'effet apparent que produit le globe terrestre, tournant sur son axe. Par ce mouvement, chaque point de la surface de la terre se portant tour à tour vers l'apparition du soleil, il suit : que chacun de ces points terrestres emporte devant lui son *orient*, et est suivi de son occident. Cette seconde désignation appartient au point de la terre diamétralement opposé au point d'orient : ainsi à l'occident s'opère la disparition du soleil, ce qu'on nomme *le coucher*.

L'orient et l'occident sont, relativement au ciel, deux points fictifs, mobiles, c'est-à-dire qu'ils changent continuellement, et ils ne sont pas des points célestes comme sont ceux des solstices et des équinoxes. Aussi ces deux points comparés à deux autres points supposés fixés au ciel, auxquels on donneroit cette dénomination, les rendroient, d'après l'organisation de la sphère céleste, tour à tour l'un et l'autre selon la position de la terre chaque jour ; mais principalement aux époques des saisons l'inversion seroit complète, par suite de son mouvement concordant avec le soleil. Voy. *Décomposition organique.*

L'orient, l'occident, l'horizon, le méridien, etc. sont des désignations qui appartiennent à l'optique, ce sont des relations terrestres que le sens de la vue reporte au firmament ; et par leur grande importance de distribution, elles ajoutent encore aux preuves du génie des hommes dans les temps primitifs.

De l'Horizon.

Définition.   L'horizon est un cercle optique formé dans le ciel, par toute la partie de la surface terrestre que notre vue peut embrasser, et dont l'apparence sépare ce qui est visible de la terre et du firmament de ce qui s'en trouve invisible. Ce cercle divise donc l'un et l'autre en deux parties ; celle visible est nommée *supérieure*, celle invisible est nommée *inférieure*.

Excepté pour les habitans *à l'équateur*, qui jouissent en 24 heures de la vue (1) totale de la sphère céleste; il est, pour les autres peuples, des parties du ciel qui sont toujours invisibles dans leur horizon. Ces effets forment les horizons particuliers qui appartiennent aux différentes positions de la terre et de la sphère céleste.

Il y a 4 points cardinaux dans ces différens horizons, qui se forment du mouvement de la terre et du soleil. Dans la sphère céleste, ces quatre points sont immobiles pour la terre; on les nomme *Orient, Occident, Nord* et *Sud.*

L'horizon parallèle fournit deux situations opposées, invisibles l'une pour l'autre, dont le plan qui les sépare est l'orbite de la terre ou plan de l'équateur, et le zénith d'une des deux de ces situations, est le nadir de l'autre. Tels sont les horizons des pôles boréal et austral.

L'horizon droit; son plan porte, en certains temps (2), sur la ligne des pôles célestes septen-trional et austral, ainsi il a ces deux pôles à ses extrémités opposées. C'est l'horizon des peu-ples qui habitent les pays sous la *ligne* équi-noxiale ou à l'équateur.

L'horizon oblique est relatif à chaque peuple placé sur la position intermédiaire aux deux ci-dessus, selon la latitude; son zénith est invaria-

(1) **Voy.** *Mouvement dans le plan des Horizons.*
(2) *Idem.*

blement une partie oblique du ciel, prise entre l'équateur et l'un des pôles.

Le point central pour toutes ces sortes d'horizons est le lieu où on se trouve. L'horizon reçoit deux désignations particulières comme il a été déjà dit : *l'horizon sensible ou visible, et l'horizon rationel*, qui est parallèlement au-dessous, et, quelque soit la position de la terre, il passe dans le plan de son centre : on conçoit facilement ce cercle, qu'ou ne peut jamais apercevoir à cause de la convexité du globe terrestre.

Ces plans d'horizons sont comme tout cercle de 36o degrés. Leur arc vertical de 18o, et leur zénith de 9o.

Avant de parler de *la mobilité dans le plan des horizons*, on dira relativement aux changemens toujours renaissans sur son cercle apparent, que cet effet est le produit des mouvemens généraux de la sphère céleste, en commun avec le mouvement journalier de la terre sur son axe.

Ainsi la terre exécutant son mouvement propre, le ciel change continuellement pour la sphère droite et oblique seulement, et tout ce qui arrive vers son orient, sur le cercle de l'horizon rationel, passe ensuite sur l'horizon sensible, et monte de là au vertical, pour redescendre

par le point opposé ou l'occident dans l'hémisphère invisible. L'horizon droit contient tout le
zodiaque, par le changement perpétuel dont on
parle, et les peuples qui se trouvent placés dans
cet horizon y voient, en 24 heures, entrer et
sortir les douzes signes. Il en est de même de ceci
dans l'horizon oblique. Au delà du cercle polaire boréal, jusqu'à ce pôle, les signes dits *méridionaux* se perdent de vue en proportion que
la latitude augmente, et il n'y a de constamment
visible au pôle septentrional que les *six grands
signes* entiers, et une petite portion de la largeur du zodiaque qui les suit. Ceci n'est pas
tout-à-fait semblable au pôle austral pour les *petits signes,* où l'on ne peut également voir
qu'eux seuls.

De la mobilité du mouvement dans le plan des Horizons.

La mobilité ou mouvement dans le plan des
horizons, est une suite du mécanisme de l'orbite
de la terre et de l'orbite du soleil. Cette mobilité
de tous les instans tient au mouvement annuel
et concordant, et se détermine à l'examen par
la ligne de distance entre le soleil et la terre,
dont la connoissance est définie par les quatre

Fig. 6.

principaux points de la grande, de la petite et des moyennes distances (1).

Cette suite, très-curieuse de l'organisation, est une des causes les plus fortes de certaines apparences optiques; j'ai dû la nommer *mobilité dans le plan des horizons*. Or cette réalité mécanique, qui a tant d'influence sur les effets optiques, restant inconnue, l'Astronomie ne pouvoit se flatter d'avoir une idée bien physique de toutes les apparences. Peut-être a-t-on suppléé aux difficultés que produisoit le mouvement dans le plan des horizons, avec le moyen habituel de quelques suppositions, par exemple celle : « *qu'un astre qu'on rencontre au-des-* » *sus de l'horizon ; qu'on y voit ; qu'on y* » *mesure même, ne doit cependant pas y* » *être arrivé, ni s'y voir, parce qu'il est* » *encore au-dessous.* » Et cette burlesque métaphysique dont on riroit chez les sauvages de la Californie (2), a trouvé son appui par les tables routinières formées d'après le principe faux D'UN CENTRE UNIQUE.

Il ne suffit pas de distinguer dans les mouve-

(1) Voy. *Table Astrostatique.*

(2) Adorateurs des Astres, et chez lesquels la lune joue un grand rôle.

mens successifs, l'effet entre les parties qui constituent le zodiaque dans l'horizon rationel et l'horizon sensible qui, d'après les deux systèmes opposés de la terre au centre, *et le soleil en mouvement autour,* ou le soleil au centre, *et la terre emportée autour,* ne faisoit toujours connoître de déplacement que pour un seul objet.

Il faut apprécier partout la mobilité générale, active de mouvement en mouvement, dans toutes les parties de la sphère céleste; ce que dévoile aujourd'hui le mouvement concordant du soleil et de la terre sur leur orbite respective; il faut enfin étudier la mobilité dans le plan des horizons, c'est-à-dire : suivre le lieu journalier de la terre sur le cours de son orbite, sa position dans le cours de l'année (1), en faire autant à l'égard du soleil, et déduire ensuite les effets des vieilles apparences et des fausses inégalités; alors on reste persuadé : QU'ON VOIT UN ASTRE A L'HO-RIZON PARCE QU'IL Y EST.

J'indiquerai en passant, ayant occasion d'en parler ailleurs, un autre résultat de la *mobilité dans le plan des horizons,* c'est que l'arc vertical devient plus élevé ou plus surbaissé (2), se-

(1) Observations par les étoiles circonpolaires que je fis dans le nord très-facilement à l'œil nu.

(2) Il en est de même quant à l'atmosphère.

lon les différentes époques de l'année, dans la sphère oblique et droite, et que le cercle de l'horizon en devient plus étendu, tantôt à l'orient, tantôt à l'occident, tantôt au nord, tantôt à l'opposé. Je vais actuellement traiter de quelques effets, dans le plan des horizons, provenant des mouvemens de la terre sur son orbite.

Fig. 5.

Effets dans le plan des horizons.

Fig. 1.

Sur le plan de l'horizon pour la sphère *parallèle*, la terre quittant le point 1 de l'axe des pôles célestes (solstice d'hiver) pour se placer à son point d'été 3, s'éloigne de la longueur du diamètre de son orbite, et

Fig. 2.

à l'équinoxe 2 ou 4, cet éloignement est moindre que la moitié; ainsi, dans le plan de cet horizon, *la mobilité qui y agit* est de près de 2 degrés d'un solstice à l'autre; et dans les pays septentrionaux, cette mobilité offre l'apparence de la voûte céleste plus élargie en été et plus rétrécie en hiver. Cette apparence est une réalité qui a lieu pour toutes les positions de la sphère; mais qui s'y effectue diversement, selon les rapports de l'orbite de la terre, ou sa position relative, puisque, comme on l'a dit, l'arc du vertical en paroît plus élevé ou plus abaissé selon les époques (1).

(1) On peut reconnoître ici les motifs des variations dans la hauteur de *l'étoile polaire*, qui la font paroître d'environ 40 secondes plus élevée dans un temps de l'année que dans l'autre. Étudiez aussi les positions re-

. Pour le plan de l'horizon, sphère *droite*, le mou- Fig. 1.
vement de la terre sur son orbite s'exécute, comme son Tournez la
mouvement journalier, en dessous d'elle-même; le figure l'étoile
cercle de son orbite, plan de l'équateur, y est vertical en haut.
au zénith. Ainsi par un aspect *stellocentrique*, c'est-
à-dire, dans la supposition d'un observateur placé dans
une étoile *fixe* qui rendroit ce zénith presqu'immobile, le mouvement de la terre sur son orbite paroîtroit se faire sur une ligne parallèle au plan de l'horizon
dont cette étoile est le zénith; car alors le globe terrestre va de l'orient à l'occident, et revient de l'occident
à l'orient, SOUS CETTE APPARENCE, et plus vite en
approchant des extrémités de cette ligne *apparente,*
qu'en approchant de ses passages sous les yeux de l'observateur; l'un et l'autre de ces mouvemens, qu'il
croiroit *rétrogrades,* seroit chacun de la moitié d'une
année.

Mais pour un autre aspect *stellocentrique,* ou d'un
observateur placé dans une étoile *fixe,* dont le lieu
formeroit un angle droit avec le lieu de la première
étoile, ce qui feroit passer le plan de l'horizon supposé immobile dans le centre de cette seconde étoilé:
le mouvement de la terre sur son orbite se présenteroit
s'exécutant verticalement en ascension et descension,
mouvemens qu'il croiroit aussi rétrogrades; enfin il
trouveroit plus de lenteur dans les approches du centre
de l'un et de l'autre *mouvement apparent;* effet naturel de l'étendue de la courbe réduite à l'étendue de

latives de la grande et de la petite ourse, en décembre.
avril, juin, etc.

son diamètre , par sa direction à l'égard de cette étoile , où l'on ne peut voir qu'une ligne droite et de la longueur de ce même diamètre.

Pour déterminer de suite de telles positions, on rappellera que l'orbite du soleil étant oblique à l'orbite de la terre, plan de l'équateur, par l'aspect *héliocentrique,* l'observateur supposé alors dans le soleil **E** ou **D**, la terre lui paroîtroit exécuter son mouvement annuel aussi par deux mouvemens rétrogrades de chacun 6 mois, et cet observateur se le persuaderoit d'autant plus fortement qu'il ignoreroit le mouvement annuel du globe où il se trouve.

De plus encore, l'aspect de l'orbite de la terre, pour différens points du ciel où il seroit possible de l'observer , s'offriroit dans toutes les gradations, c'est-à-dire, depuis son développement en cercle parfait , jusqu'à son reploiement sur une ligne droite apparente; ainsi ce cercle qui existe pour le zénith de la sphère parallèle devient ensuite une ellipse plus ou moins large, selon qu'on passeroit dans les zénith de la sphère oblique jusqu'à la sphère droite, où il devient une ligne confondue avec le diamètre. La géométrie , par les aspects, prouve toutes ces apparences sans réplique.

Ces perpétuelles variations d'effets, considérablement multipliés, font parfaitement connoître, actuellement que je les ai fait distinguer, en conduisant l'imagination calme et réfléchie sous toute la voûte céleste, comment ces effets réels et forts simples par eux mêmes, *de la mobilité*

dans

dans le plan des horizons, se transportèrent, se compliquèrent par l'illusion des sens, et furent appliqués à tous les Astres par les hommes qui vouloient chercher à rendre compte des mouvemens dans la sphère céleste, avant d'avoir étudié la BASE, c'est-à-dire : le lieu même où la terre se trouvoit placée, et qui formoit toutes ces apparences. Et par les détails abrégés que je présente, on retrouve cette source féconde en opinions si opposées, les unes donnant ces effets pour des phénomènes admirables, les autres pour *des jeux du hasard*.

Pendant 3600 ans on s'étoit cependant attaché à faire des observations pour arriver sur les voies de la vérité; mais dans les temps modernes les petites prétentions détruisirent tout le grand et long travail qu'offroit l'antiquité. La nouvelle Astronomie, défigurant l'ancienne, publia des livres sous des titres imposans : *Fundamentum Astronomiæ* (1), *Astronomia Philolaïca* (2), *Astronomia geometrica* (3), *Astronomia reformata* (4). Et c'étoit déjà le signal de la décadence du génie qui jusqu'alors avoit cherché à guider cette belle science. Ensuite l'égarement

(1) En 1588. (2) En 1643.
(3) En 1645. (4) En 1680.

Philolaïque fut porté à l'excès où on le voit aujourd'hui.

Ainsi, dans tous les temps, on n'eut aucune connoissance de la position de la terre dans la sphère céleste, puisqu'on n'eut aucun pressentiment de l'existence et du lieu de son orbite, du point de centre de l'écliptique, orbite du soleil, et par conséquent du *vrai point de l'équateur,* c'est-à-dire, de l'effet de sa section dans le zodiaque. Enfin, personne ne put même rendre compte de ce mouvement *prétendu rétrograde* du soleil sur les lignes des *amplitudes,* ou de son lever et de son coucher, ce que j'expliquerai en traitant la décomposition de l'organisation qui développera davantage le mouvement si intéressant) *la mobilité dans le plan des horizons*), produit de l'organisation merveilleuse du mouvement concordant. Il a déjà été possible de sentir que ce *produit inconnu* devoit offrir un prestige insurmontable aux yeux de la science, même lors de ses époques les plus brillantes; mais les difficultés sans solution, qu'on trouve dans les travaux de ses plus célèbres praticiens, sont enfin détruites par la DÉCOUVERTE.

J'ai pensé que pour compléter cet article, il seroit utile de ramener l'attention sur l'effet du mouvement de la terre autour de son orbite,

MOTEUR de la mobilité dans le plan des horizons.

Pour l'été, on doit considérer la terre à l'extrémité Fig. 6. de son orbite, dans la partie australe, partie qui donne plus d'étendue à tous les plans des horizons *de jour*; et comme on l'a dit, cette étendue se fait reconnoître d'après les distances respectives entre le soleil et la terre. L'axe des pôles de l'univers passant par le centre de l'orbite du soleil, en y formant un angle de 23 degrés et demi avec l'axe des pôles du mouvement de cet astre; la terre, au solstice d'été, est éloignée de ce centre de tout le diamètre de sa propre orbite, plan de l'équateur.

Dès le passage de la terre à l'*équation* du printemps jusqu'à *celle* d'automne, son mouvement journalier place son horizon de *nuit* en relation avec les six petits signes australx, et elle y arrive au printemps par le signe nommé la Balance, tandis que le soleil constamment en opposition avec elle, se rend dans la partie septentrionale par le signe nommé le Belier. Ainsi depuis un des cercles polaires jusqu'à l'autre, les horizons nocturnes embrassent plus ou moins les susdits petits signes, et le centre propre de la terre en est plus près qu'en hiver.

Du moment où la terre quitte sa position d'hiver, jusqu'à son arrivée à la position d'été, *le plan des horizons* se meut, pour la sphère oblique et droite, progressivement au-dessous du centre par lequel passe l'axe des pôles de l'univers (1).

Ainsi, en proportion qu'on se trouve soi-même placé vers *la ligne*, dont le zénith est dans le plan de l'orbite de la terre, on peut s'apercevoir que pour une partie de l'année l'horizon de jour est plus abaissé, ce qui fait perdre de vue l'un et l'autre pôle céleste dans le plan de l'horizon *nocturne*, d'après les remarques qu'on peut en faire par les étoiles *circonpolaires* (voisines des pôles), dont quelques-unes alors paroissent plus ou moins sur cet horizon en divers temps : et il est possible de croire que ce fut une des principales causes pourquoi *Mandeslo*, voyageur d'un mérite distingué, puisqu'il savoit observer, dit dans le recueil de ses voyages, chapitre 13, qu'étant sous l'équateur, il examina avec le plus grand soin à l'horizon si on pouvoit voir les pôles de la sphère céleste ; mais il n'aperçut ni l'un ni l'autre ; il perdit de vue le pôle arctique au 6ᵉ. degré de latitude septentrionale, et il ne vit le

---

(1) Pour la sphère parallèle, ce mouvement est parallèle, parce que là, le plan de l'orbite de la terre donne celui de l'horizon, qui alors s'élargit à mesure que le soleil s'y élève.

pôle antarctique qu'après être parvenu au 8ᵉ. degré de latitude australe. Et cette remarque est des plus conforme à la position de l'axe de l'orbite de la terre ou à son éloignement, quoique très-petit, de l'axe des pôles de la sphère.

Je souhaite qu'on n'ait pas oublié cette différence de proportion qu'il rencontra de l'un à l'autre côté *de la ligne,* lorsque j'aurai à indiquer que tout n'est pas aussi égal, que communément on le pense pour les deux hémisphères du monde séparés par l'équateur.

Décomposition des Apparences dans la Sphère céleste.

Ayant fait connoître l'organisation des propres orbites de la terre et du soleil, leurs distances extrêmes et moyennes, les distributions en parties divisibles, relatives et comparées, on établit ici la connoissance des effets du mécanisme ou opération du *mouvement concordant,* en décomposant par lui l'organisation et les apparences dans tout ce que nous voyons de la terre ; car celle-ci est pour l'homme le premier mobile du mouvement apparent journalier de l'ensemble de la sphère céleste, et de presque toutes les prétendues irrégularités qu'on croit apercevoir pendant le cours périodique des globes. Cette matière résout les examens faits en temps, positions, etc., dont on a donné les détails, et montre naturellement la terre en rapport avec tous les mouvemens nommés : *direct, stationnaire et rétrograde.*

Chacun saisira d'autant mieux cette importante solution, qu'on sait déjà, par les mouvemens propres et particuliers du soleil et de la terre, la part qu'ils ont dans le mouvement concordant qui s'exécute et ne peut s'exécuter que par la mobilité des relations de ces deux globes, mouvement qui produit toutes les époques des saisons et de la durée plus ou moins longue des jours et des nuits ; enfin c'est par le mouvement commun aux deux globes que le soleil parvient hors de l'horizon parallèle pour y produire des jours sans nuit, dans des temps extrêmes ou opposés, et dont les cercles polaires se trouvent les premiers et derniers termes.

Il a été dit que dans le ciel il n'y avoit point d'orient et d'occident, le soleil ne s'y trouve jamais dans un lieu fixe; cet Astre, comme tous les autres, parcourt sans cesse son orbite; dans cette course circulaire tout ce qu'on peut désigner, c'est qu'il se rencontre sous des points, et pendant qu'on croit l'y examiner il échappe

déjà à cette situation. De son côté la terre roulant
sur elle-même pour opérer son mouvement journalier et annuel autour de sa petite orbite, ses
faces, tour à tour, rencontrent le soleil toujours
avançant dans sa propre orbite, l'écliptique, et
tous ces mouvemens concourent à rendre le plan
de l'horizon toujours mobile, c'est-à-dire, à l'é-
tendre, à le resserrer, l'élever et l'abaisser en différens temps. Cet ensemble ajouta aux difficultés
des conséquences exactes, et fit passer la course
circulaire et périodique du soleil pour *un mouvement rétrograde.*

Explication de la décomposition.

Regardant à l'horizon le côté de la terre A, nommé Fig. 7.
Orient, où s'exécute l'apparition du soleil, il faut suivre
cet astre venant de droite à gauche, c'est-à-dire du solstice d'hiver à celui d'été ; toute cette partie du ciel marquée A est sa route pendant 6 mois ; la continuant du
solstice d'été à celui d'hiver, c'est la partie du ciel marquée D. Sur ces deux parties opposées se trouvent six
des constellations du zodiaque, ou trois grands et trois
petits signes. Dans le cours des premiers six mois, la
terre, par son mouvement annuel sur son orbite, change
sans cesse de place, mais en outre, par son mouvement
journalier, ses faces changent entre elles peu à peu de
relation avec le ciel ; ainsi changent également ce qu'on
nomme temps du jour et temps de la nuit, c'est-à-dire

qu'en six mois, la moitié de son globe qui se trouvoit à midi tourné vers **A**, ne s'y rencontre plus qu'à minuit, et par ce moyen cette face ou partie de la terre gagne insensiblement, d'un été à l'autre, sur 364 mouvemens un 365ᵉ.; c'est le jour de complément de l'année ordinaire, qui s'effectue vers le solstice d'été.

D'après ce qui vient d'être expliqué, et qui représente le mouvement vrai du soleil, parcourant son orbite autour de la terre par son mouvement périodique ; nous présentons la sphère dans la position oblique 49° de latitude, et la bande zodiacale partagée, comme les Anciens la considéroient primitivement, par le solstice d'été et par celui d'hiver. Les figures 7 et 8 doivent aider à faire sensiblement connoître l'effet du mouvement annuel du soleil et de la terre sur leur orbite respective, en suivant les conséquences de la décomposition et celles des mouvemens vrais.

Fig. 7. Une personne examinant le lever du soleil au moment de l'équinoxe du printemps A, indique de sa main gauche que le soleil qu'elle y voit doit aller au point extrême de l'orient du solstice d'été. Cette personne a alors le dos tourné à l'occident. Six mois après, le soleil ayant continué de parcourir son orbite, arrive à l'équinoxe d'automne D pour passer au solstice d'hiver où il se trouvera 3 mois après : dans les 6 mois du printemps à l'automne, le demi-mou-vement des faces de la terre qui appartient au 365ᵉ. jour, s'est effectué, et supposant toujours cette personne dans la même attitude, elle dé-signe le lever du soleil à l'orient du solstice d'hiver indiquant d'où le soleil est venu pour se trouver à l'équinoxe d'automne ; mais alors, cette personne est vue de face ; la laissant dans son attitude elle se retrouvera 6 mois après du côté A.

Définition des Mouvemens vrais.

Tout le ciel, qui progressivement s'est trouvé pendant six mois à l'*occident*, se trouve progressivement arriver à l'*orient* pendant les six autres mois ; car une surface de la terre ayant passé au-dessous de sa première po-sition, elle retrouve sans cesse à son *orient* le soleil parcourant tout le zodiaque par son propre mouvement sur son orbite, l'écliptique. Pour la terre, tout devient inverse: zénith, plan de l'horizon, arcs du méridien, jours, nuits et saisons, et c'est l'application seule qu'il faut savoir en faire.

C'est ainsi qu'on rencontre toujours l'appari-tion du soleil sur l'arc oriental de l'horizon, tandis qu'il poursuit sa route annuelle sur un cercle parfait autour de la terre, et qu'aux regards vulgaires il semble tous les six mois exécuter un *mouvement rétrograde*.

Pour sortir de leur ignorance quelques faux physiciens, qui voulant déterminer le mouvement annuel de la terre n'eurent d'autres ressources que de supposer le SOLEIL FIXE ; on

Fig. 8. présente par la figure 8 un observateur tournant à la fois avec le soleil et la terre. On le voit continuant de prendre chaque jour la hauteur de cet astre, ce qui le fait insensiblement passer dans toutes les oppositions du mouvement concordant, et il arrive comme le soleil, du solstice d'été à celui d'hiver, et de celui-ci il retourne à l'autre.

D'après cette décomposition des prestiges de toutes les apparences et des bases des inégalités, il est si facile de concevoir ce mécanisme sublime et simple, que l'organisation totale de la SPHÈRE CÉLESTE en devient de plus en plus admirable. ALORS, *et au moins d'après l'évidence de la vérité,* on se rend compte avec satisfaction de cet effet combiné si majestueusement par le PUISSANT CRÉATEUR DU MONDE, et exécuté avec tant de précision et de délicatesse que les SAVANS DE LA TERRE ne s'en doutoient pas !

A la vérité, sur cette mobilité de tous les instans on ne peut se faire une idée sans exercer fortement la plus subtile faculté de l'âme, c'est-à-dire : cette perception directe qui est son propre apanage, et que les sens matériels ne peuvent jamais remplacer.

Dans ce beau et perpétuel mouvement, dont le silence même est si éloquent, existe un de ces grands miracles de la formation de l'univers qui se reproduisent sans cesse pour l'utilité et la consolation de l'homme dans son lieu d'exil. Au centre de ces milliers de mouvemens, que les sens ont tant de peine à saisir, se trouve aussi, pour que la foible créature n'en soit point sans cesse alarmée, *une apparence* de repos général, *telle,* qu'on ne sauroit à quelle partie de la sphère on oseroit l'ôter; et en même temps, si on peut mettre en doute quel est le globe qui est en mouvement, on ne sauroit mettre en preuve quel est celui qui n'y est pas.

Du Jour et de la Nuit sous la Zône glaciale.

La routine transmet encore pour l'instruction, que *les habitans des pôles* sont chaque année plongés dans une *nuit de six mois.* Cette opinion servit assez bien les soi-disant philosophes des derniers temps, qui aimoient les erreurs

pour insinuer que *tout* ce qui existe *est le produit d'un hasard plus ou moins fatal ;* leur
hypocrite sensibilité s'écrioit : « *que les mal-*
» *heureux peuples des pôles se trouvoient*
» *les victimes des caprices de la nature.* »
Dans le siècle où le raisonnement égala le savoir, il étoit permis d'enseigner cette lugubre
hypothèse de six mois de ténèbres, *pour des
peuples qui n'existoient pas.* Car la petite
quantité d'hommes paisibles et très-heureux (1)
que l'on trouve placés le plus près du pôle boréal, ne connoissent point la science importante
qui, sous tant de formes, végète défectueusement
avec tant de succès dans la zône tempérée, et ils
sont au-dessus du besoin d'instituer des Aca-

---

(1) Quelques-uns se laissèrent conduire à Moscow,
capitale de la Russie, et alors la résidence des Tzars.
Ils parurent frappés de surprise quant à la manière dont
on vivoit. On leur demanda ce qu'ils pensoient du pays,
des palais, des habits, de la magnificence de la Cour? Ils
répondirent : « qu'ils trouvoient le pays beau, les vivres
» bons, tout le reste brillant, mais que leurs contrées
» avoient des douceurs et des agrémens qui ne se pou-
» voient trouver ailleurs ; *et que si le Prince en avoit la*
» *moindre connoissance, il quitteroit sa ville et viendroit*
» *demeurer avec eux, afin de partager leur bonheur et*
» *jouir du repos de leur vie.* » C'étoit une grande vérité
qu'ils disoient.

démies pour éclairer les autres sur une telle obscurité.

Le Maître de l'univers ayant préparé à chaque partie du globe terrestre ce qui y convient le mieux, tous les jugemens philosophiques s'écroulent devant sa puissante sagesse ; et l'on peut assurer ici que les habitans doux et hospitaliers de la zône glaciale (1) sont bien les enfans de sa plus bénigne providence.

Le soleil, dans sa course sur son orbite, l'écliptique, n'offre pas, vers le pôle boréal, les mouvemens *apparens* que les habitans de la zône tempérée et de la zône torride croient voir, où il leur semble *aller et revenir de côté* et passer

(1) Rien n'égale ailleurs les mœurs hospitalières et confiantes qui existent au fond du Nord. Les Lappons, entre eux, sont prévenans et affectueux, et très-humains pour l'étranger ; ils ne veulent pas sortir de leur pays, anquel ils sont excessivement attachés. Point de crimes, point de friponneries, point de serrures, point de tribunaux pour les habitans de l'intérieur de cette terre vierge ; mais point de sophistes : aussi jouissent-ils d'un bon sens étonnant. Jamais un Lappon, ni un Groenlandois, n'ont regardé *la renne* et *le castor*, comme ayant une organisation semblable à la leur propre. Ces hommes riches du côté de la paix de l'âme, ignorent les principes de l'*histoire* si *naturelle* enfantée par les célébrités modernes.

chaque jour par dessus la terre. Dans les environs du pôle, il annonce son retour en paroissant
tourner pendant quelques jours dans le plan de
l'horizon, avant de s'élever du point du printemps jusqu'à la hauteur extrême du point du
solstice d'été. Ainsi chaque jour il monte à différentes hauteurs, et la ligne en spirale se décrit
par son mouvement concordant autour de la
terre. Parvenu au point du solstice d'été, il termine *son élévation* et descend avec la même
progression par la ligne spirale opposée. Lorsqu'il est au-dessous de l'horizon, il s'élève de
grands crépuscules, lumière assez prononcée
d'abord, et qui diminue et s'absorbe. Pour définir ces transitions qui forment pour l'année deux
saisons bien disparates, composées d'une seule
présence du soleil, et d'une seule absence : on
fait remarquer que, dans le cours annuel de cet
Astre sur son orbite, du point qui forme l'équation au point du solstice d'été, il arrive dans les
grands signes septentrionaux, suivant une ligne
oblique qui produit au pôle et dans les environs
un rayon d'ascension sur l'horizon parallèle, ou
l'illusion d'une ligne verticale de lumière, de la
hauteur que fournit l'angle de l'obliquité.

Par la marche continuelle du soleil sur l'écliptique de l'équinoxe du printemps à celui d'au tomne, il a parcouru en plus de la moitié de son orbite 8 jours, auxquels il faut ajouter 8 jours des rayons lumineux, ce qui donne environ 6 mois et demi. Voilà pour le centre du pôle, mais il n'y fait pas nuit encore, il y a de grands crépuscules très-brillans dans les environs; et qui, d'après le mouvement de la terre et le lieu du soleil, éclairent pendant quelques heures sur vingt-quatre : or il en résulte une progression bien moins fâcheuse, qui abrège la longueur de la nuit unique.

Tel est le résultat de la prétendue *nuit de six mois*, et il faut bien se pénétrer que la plus longue privation du soleil n'a lieu qu'à la sommité ou centre polaire, que cela se renferme dans les latitudes du 85ᵉ. degré au 90ᵉ., région, non pas impraticable (puisque la mer est libre à ce centre), mais inhabitée, où il n'existe, dans les environs toujours glacés, que des monstres marins; voilà tout ce qui s'y forme, s'y détruit, s'y succède et peut y exister.

Déjà vers le 67ᵉ. degré, à 3o minutes du cercle polaire, il n'y a qu'une seule nuit réelle de 24 heures, elle a lieu lors du point précis du solstice d'hiver. Mais à cette époque on y est dédommagé par un beau crépuscule d'environ 4 heures, et le ciel, d'ailleurs, y est presque toujours, dans ces temps, plus net et plus brillant que dans les doux climats de la zône tempérée. On ne parlera pas ici, pour toutes ces parties *Nord*, du grand et magnifique spectacle que donnent les aurores boréales ; c'est là leur berceau, elles y renaissent sans cesse, et leur effet mêlé à la neige, qui couvre tout, convertit quelquefois la nuit en jour (1).

Au Spitzberg, dans la mer glaciale, entre le Groënland à l'ouest, et la nouvelle Zemle à l'est ; mais plus en avant (2), ainsi qu'aux Pointes des Sœurs (3), formées seulement par des pics de rochers liés à des montagnes de glace qui s'y accumulent, étant rejetées du centre du pôle par un courant qui vient d'Asie en Europe ; le soleil ne disparoît tout-à-fait que dans les premiers jours de novembre. Il s'y rencontre en février, alors recommence une alternative de jours et de

(1) Mairan est en France celui qui a le mieux expliqué cette sorte de phénomène qu'on vient d'amalgamer à la chimie.

(2) Latitude 80°, la plus près du pôle où l'on ait pu faire quelques observations.

(3) Qu'il ne faut pas confondre avec les Trois-Sœurs, îles situées vers le 45°. degré de latitude, dans la mer de la Tartarie Chinoise.

nuits

nuits ; et pendant les mois de mai, juin et juillet, il ne quitte plus l'horizon dès le 75ᵉ. degré ; enfin, au 85ᵉ. le soleil est constamment au-dessus de l'horizon pendant 6 mois.

C'est par le mouvement concordant, qu'exécutent si parfaitement le soleil et la terre sur leur orbite respective, que se développe le grand effet pour les jours sans nuits. L'inversion de ces jours sans nuits qui s'établissent au pôle dès l'équinoxe du printemps, les fait se reporter insensiblement du pôle jusqu'au $66° \frac{1}{2}$, progressions formées des oppositions continuelles des mouvemens exécutés par l'un et l'autre globe. C'est enfin le concours de cette admirable organisation qui fait qu'aux environs d'*Abo* (1), *Wiborg* (2) et *Saint-Pétersbourg* (3), on peut

(1) Capitale du grand duché de Finlande. Cette ville maritime et commerçante se trouve placée près l'embranchement que forment les golfes de Bothnie, de Finlande et la mer Baltique. Latit. $60° 27' \frac{1}{4}$.

(2) Place forte, à la Russie, dans la Carélie Finoise, au fond d'un petit golfe de son nom, qui a son embouchure dans celui de Finlande. Latit. $60° 55' \frac{1}{4}$.

(3) Ville impériale de la Russie, Moscow étant le siége et la seule capitale de ce vaste empire. St.-Pétersbourg est sur la Newa, qui communique du grand lac Ladoga au golfe de Finlande. Cette ville, située dans

voir le soleil plus de 19 heures de suite, et qu'il y a au delà d'un mois sans nuit close ; qu'à *Upsal* (1), près de *Stockholm* (2), le soleil reste environ 18 heures ¾ sur l'horizon, et aux *Orcades* (3), pendant 18 heures ½, tandis qu'au 45ᵉ.

l'Ingrie, est devenue le séjour des empereurs de Russie, et c'est une très-belle résidence. Latit. 59° 57′ 30″.

(1) En Uplande : célèbre par son antique Université et les savans qui s'y sont formés. Latit. 59° 52′.

(2) Aussi en Uplande, capitale du royaume de Suède. Ville agréable, des plus pittoresque par son site et les belles localités de ses environs, dont le vaste et superbe port rivalise le magnifique bassin de Constantinople. On y pourroit voir la disparition du soleil, dans les jours du solstice d'été, un peu plus lente, sans la longue chaîne des Alpes Norwégiennes, qui à cette hauteur bordent la Suède dans tout le nord-ouest, et absorbent une partie des rayons solaires au couchant. Latit. 59° 20′ ¼.

(3) *Orkneys*, îles à la pointe nord du royaume d'Écosse, difficiles à aborder en certains temps, et de l'aspect le plus sauvage ; mais curieuses par l'opinion que les Phéniciens en donnèrent aux anciens écrivains. « Dans ces » parages, des navigateurs Phéniciens jetés à la côte, » s'y trouvèrent encore au solstice d'été, et malgré leurs » connoissances astronomiques, ils ne furent pas peu » surpris d'être dans un jour continuel, c'est-à-dire, » sans nuit. Ils pensèrent que plus loin étoit le séjour » des *Bienheureux*. Frappés de cette idée, ils laissèrent » le nom de *Thule* à l'endroit où ils étoient : *Ultima*

degré, il n'y est que 15 heures $\frac{1}{2}$ environ; car le plan de l'orbite de la terre se déploie, dans la sphère oblique, à mesure que la latitude s'éloigne du point de l'équateur, et à cette latitude de 45 degrés l'orbite de la terre est dans un effet de position oblique qui couvre la moitié de son étendue.

Nous ajouterons pour ce qui concerne les grands crépuscules ou grandes réflexions de la lumière au pôle et ses environs, lorsque le soleil le quitte, ou y arrive : 1°. qu'il faut tenir compte de l'effet de la grandeur du diamètre ou disque du soleil, relativement au diamètre du globe terrestre; cause qui, à l'horizon, d'après l'effet des rayons qui excèdent, produit une réfraction de lumière (1) augmentant toujours à mesure que le soleil s'avance dans la région polaire, et

» *Thule*, le plus grand terme où la vie de l'homme » puisse atteindre. »

Les Romains, fort crédules, reçurent ces opinions. On trouve dans Claudien : *Ratibusque impervia Thule*. Thule où on n'ose aborder. Et Senèque, écrivain très-confiant, dit aussi : *Terrarum ultima Thule*, dernier terme du séjour terrestre. Latit. 59° à 59° 37′ $\frac{1}{2}$.

(1) Tycho-Brahé estimoit que la réfraction *de la lumière* étoit d'un peu plus de 45 degrés. On peut l'évaluer à 47°, ce qui est plus juste vers le pôle.

qui a déjà un effet bien merveilleux aux latitudes 59 et 60. 2°. Que plus le soleil s'élève en parcourant son orbite, l'écliptique, et que la terre s'éloigne du centre de l'orbite du soleil, en parcourant la sienne, plan de l'équateur, les rayons lumineux déploient plus de longeur et embrassent plus d'étendue. Ce qui se remarque aisément dans la progression du *jour sans nuit* qui, ayant son commencement au pôle, redescend insensiblement pendant trois mois jusqu'au cercle polaire. Par exemple à Kengis, 28' au delà du cercle polaire, dans le *Lapp-Mark de Torneo,* dès le 1ᵉʳ. mai, les jours y sont de 20 heures environ. Les grands jours sont aussi établis à 18 heures sur le cercle polaire, dès le mois de mai, augmentant jusqu'à 24 hᶜˢ. lors du solstice d'été, puis retombant à 18 à la fin de juillet, et zéro le jour du solstice d'hiver. *A Luhle,* en deçà du cercle polaire de 1° 18' environ, petit port de la Bothnie, situé vers le fond du golfe de ce nom, le 12 mai, le soleil se lève déjà à 2 hᶜˢ. ½ du matin et se couche à 9 hᶜˢ. ½ du soir, son arc semi-diurne perd quelques secondes au couchant, effet de la localité ; au solstice on voit en plein cet Astre sur l'horizon pendant plus de 23 heures, ensuite il revient à droite à mesure qu'il disparoît à gauche. Ce spectacle, qui ne se rencontre que dans le fond du *Nord,* est unique en magnificence, et il rend bien petits les spectacles les plus brillans que l'esprit de l'homme ait pu et puisse jamais établir.

C'est ainsi qu'à différentes latitudes de la région polaire on voit constamment, chaque année, pendant plusieurs jours, semaines et mois, le soleil éclatant sur l'horizon sans disparoître, ce que les peuples placés du 57ᵉ. degré jusques *à la ligne* (1), ne peuvent facilement concevoir, parce que pour eux cet Astre passe dans des déclinaisons insensibles, donnant alternativement des nuits et des jours si progressifs, dans leurs inégalités, qu'ils frappent à peine l'attention : effet qui n'inspire pas cette ardente contemplation par laquelle on se laisse entraîner à gravir de rochers en rochers, voulant toujours suivre de la vue la marche du soleil qui, lui-même, semble quitter à regret ces différens lieux.

Le pôle austral ne jouit pas de tout l'avantage du pôle boréal; on peut le préjuger d'abord par

(1) Selon l'expression d'*Hermogène,* on jugeoit dans l'antiquité que « *les savans qui n'ont point voyagé sont* » *des* SAVANS DE PAILLE. » Eusèbe, liv. 10. Voy. aussi Dissertation sur l'utilité des Voyages, sect. III, p. 21.

la position respective des orbites du soleil et de
la terre, autant que par l'examen des difficultés
énormes que n'ont pu vaincre le courage, même
la témérité des navigateurs intrépides qui tentè-
rent d'approcher de ses hautes latitudes, et qui
n'ont pu franchir au delà du 66ᵉ. degré (1), où
ils coururent les plus grands dangers par l'immense continent de glaces mouvantes qui couvre
ces localités, où on n'a trouvé aucun lieu habitable. Mais comme il est juste de résoudre les
connoissances un peu spéculatives par celles
que prouvent les réalités; nous essaierons de le
faire en présentant un court aperçu des voyages
les plus près du pôle boréal; et pour notre opinion sur le pôle austral, nous l'appuierons en
offrant l'évidence *de l'inégalité entre les deux
angles de l'obliquité de l'écliptique*, à la
partie septentrionale et à la partie australe, dont
l'avantage est encore pour celle septentrionale;
ce qui doit augmenter dans le second hémis-

____

(1) Accordons jusqu'au 68ᵉ. degré..... Qu'importe!
cela ne peut altérer l'idée du genre d'obstacles qui règne
de ce côté du globe terrestre, et ne peut détruire l'opinion d'un climat glacé et inhabité : voilà la certitude
d'une localité impraticable, tandis que dans de semblables latitudes la partie boréale est assez peuplée et
productive.

phère l'étendue de la zône glaciale, prouvée d'ailleurs naturellement par la solution *en temps* et *en mouvemens* ou présence et absence du soleil. La partie australe perd en avantage plus de $\frac{1}{52^e}$ comparée à l'autre.

Aperçu de quelques Voyages près le Pôle terrestre boréal.

Les Hollandais, les Anglais et les Russes, sont ceux qui ont fourni le plus de connoissances relatives à la mer glaciale et au pôle terrestre boréal. Les suédois, les Danois semblent, en comparaison, s'en être bien moins occupés; cependant les derniers sont en possession de toutes les côtes, depuis la Mer Germanique jusqu'au Cap-Nord situé dans la Mer Glaciale.

Les Norwégiens, dans le Xe. siècle, connoissoient une partie du Groënland, par des relations mercantiles, qui étant négligées la firent bientôt oublier. Sept siècles après, des marins Hollandais s'en attribuèrent la découverte, et cette extrémité du monde fut visitée ensuite jusqu'au delà du 82e. degré. Ce n'étoit point l'amour de l'instruction qui faisoit faire les frais de ces pénibles voyages, c'étoit seulement l'appât du gain.

Par les différentes navigations, et par des marins qui passèrent l'hiver dans les parages les plus inconnus du Groënland, et aussi d'après les écrits que laissèrent ceux qui y périrent, on sait qu'au 82°. degré de latitude le soleil disparoît le 10 octobre pour très - peu plus de 4 mois.

Le capitaine Barrentz, Hollandais, dans son troisième voyage, voulut tourner les côtes septentrionales de la nouvelle *Zemle;* il parvint au 76°. degré, après avoir franchi tant de glaces qu'il en eût son vaisseau brisé; lui et son équipage obligés de passer l'hiver sur une côte inhabitée, y retrouvèrent le soleil 15 jours plutôt qu'ils ne l'espéroient. Ils quittèrent le port des glaces au printemps, embarqués sur deux chaloupes qui les portèrent à la rivière de *Kola*, dans la Lapponie russe, au 69°. degré de latitude.

Goulden, capitaine Anglais, assura *Charles II*, que naviguant à l'est de l'île *d'Edge*, près le *Spitzberg*, deux vaisseaux hollandais, en compagnie desquels ils se trouva, avoient été jusqu'au 89°. degré de latitude.

D'autres Anglais, ayant été aussi au 82°., tous convenoient qu'au delà d'une sorte de continent de glaces qui environnent, dans une largeur de 20 lieues, la nouvelle Zemle, on trouve une

mer libre et profonde, et qu'elle a un courant
qui rejette les glaces sur la nouvelle *Zemle*, le
Groënland, et jusqu'en Islande. Ces courageux
voyageurs ont découvert plusieurs pointes de
terre et promontoires au 82ᶜ. degré ; les plus
remarquables sont la pointe de *Purchas*, et
plus à l'*est* le promontoire *Elizabeth*.

Les Russes d'Archangel firent la découverte
de la nation *Samoyède*, du *mont Oural*, et
de *l'embouchure de l'*OBY, vers le milieu du
XVIᵉ. siècle. Au commencement du XVIIᵉ. siècle
on entreprit la navigation du *Kam-Tscha-Tka*.
La Cour de Russie y employa en divers temps
plusieurs vaisseaux, et une quantité d'officiers
les plus instruits : on fit une carte de ces pays
inconnus jusqu'alors, et on l'étendit jusqu'au
75ᶜ. degré ½. La plupart des navigateurs Russes
qui se portèrent au Nord-Est, n'allèrent pas plus
haut que le 77 degré ½, à cause des glaces qui
leur parurent impénétrables de ce côté.

D'après les notions de quelques-uns d'entre
eux, qui furent retenus l'hiver entre les fleuves
Lena et le *Jena*, à leur extrême embouchure,
où se trouvent les confins du pays des Jakutes,
on fut assuré que près du 74ᶜ. degré et demi de
latitude, le soleil disparoît le 16 novembre et
se remontre au commencement de février, ce

qui donne deux mois un peu plus de privation de cet Astre qui y fournit progressivement des grands et petits crépuscules.

DIVERS PRINCIPES ASTRONOMIQUES
SOUMIS A L'ANALYSE.

J'ai montré que, dans ses formes et les résultats, l'Astronomie fut obscurcie par les professeurs d'une hypothèse barbare qui renversoit le peu de vraies connoissances humaines qu'on avoit aperçues, et aussi que des opinions vagues et fausses dénaturèrent les travaux des grands hommes qui avoient le mieux pratiqué. J'ai donc fait voir que la branche Astrostatique dévoilée par la découverte, étoit pour les progrès de la raison un flambeau qui ne leur permettoit plus de s'égarer.

Je ne dirai rien dans cet ouvrage de ce qui peut concerner les détails sur les planètes; les relations de celles-ci avec la terre et le soleil se retrouvent les mêmes que ce que les meilleurs Astronomes ont pu en indiquer; sauf des *apparences* sur lesquelles les doutes seront facilement levés par la connoissance de la *double organisation*, et la *mobilité dans le plan des horizons*. Les hommes sages et profonds que

la science possède encore, dans quelque partie
du monde que ce soit, en auront bientôt fait l'a-
veu. Quant à la lune, je me propose d'en parler
dans un autre ouvrage qui traitera d'un phénomène, sur lequel aussi des idéalités d'*influence
attractive* avoient fait disparoître la saine physique (1). Il y sera question de la position et de la
distance du point central de l'orbite de la lune,
orbite qui n'a pas encore été expliquée, difficile
à saisir par le mouvement de la planète, et qui
étant un CERCLE PARFAIT comme toutes les
orbites, a été aussi soumis à l'opinion Elliptique. Cette partie, comme celle que je publie,
étant longue, il est nécessaire non-seulement
de la réduire, mais de la présenter à part.

J'ai déjà dit, et il faut le répéter encore, que
l'Astronomie ancienne et celle moderne n'offrent
aucun accord dans les observations qui déter-
minèrent de part et d'autre certaines grandeurs
et distances. Le sens de la vue et l'activité de la

---

(1) La saine physique ne peut se confondre avec celle
moderne; cette dernière convient à la *Cosmologie de
Wolf*, formée d'une métaphysique mensongère et em-
brouillée par les lois attractives et autres rêveries de
l'esprit machinal, qui se retrouvent dans une infinité
d'ouvrages que l'imprimerie fera peut-être survivre
pour l'humiliation de la raison.

raison peuvent servir à les approximer ; mais le sens de la vue est l'un des plus sujets à discussions, et la raison du *savoir de l'école,* n'est pas toujours la raison de la science.

La vraie grandeur de la planète nommée *Mars,* est encore à juger. Le lieu de l'excentricité de son orbite n'est pas connu, dans les hypothèses adoptées jusqu'à présent, puisque c'est cette orbite qui conduisit aux ellipses, et que c'est elle qui en devint l'appui, quoiqu'elle soit aussi un cercle parfait (1).

D'exactes observations sur la planète nommée *Mercure,* sont encore à faire, et sa théorie est conjecturale. Il en est à peu près de même pour *Vénus,* et la discussion sur le mouvement propre de cette planète est encore à décider ; l'opinion qui en résulte est tellement extrême qu'il n'y a point de motif, depuis plus d'un siècle, pour prendre parti ; les uns y admettant

(1) Des observateurs réunis voulurent décider la grandeur du disque de *Mars ;* les uns soutinrent qu'il ne paroissoit guères plus grand qu'un *écu ;* les autres qu'il étoit de la grandeur d'une *assiète.* Ceux qui furent ensuite en juger, au télescope, se décidèrent : *pour tout ce qu'on voudroit.* Que de choses reçues avec une telle justesse d'esprit !

autant de jours que les autres veulent seulement y admettre *d'heures.*

Si les données actuelles de l'Astronomie ont
quelque suite aux yeux du public, et dans les
mains de la 3ᵉ. *école,* c'est que tout va dans la
sphère céleste avec la plus exacte perfection, et
que le meilleur tracé en a été fait par les *Méthon,
Hypparque, Ptolémée, Tycho-Brahé,* etc.
Une telle vérité peut conduire à cette grande
question : la SCIENCE, qu'on regardoit dans les
temps antiques comme *sapience,* est-elle aujour-
d'hui *art* ou *métier ?* Je laisse à chacun d'en
décider.

La multitude d'erreurs que renferme dans ses
bases l'Astronomie, doit devenir un stimulant
de réformation pour ceux qui s'y adonneront à
l'avenir. Qu'ILS se rappellent, avant tout, que :
*les vieilles femmes, dans la Chaldée, et les
jeunes filles, dans la Thessalie, prédisoient
les éclipses ;* que toutes croyoient *au pouvoir
influent et magnétique de la* LUNE, comme
quelques professeurs et praticiens modernes ;
qu'enfin ces choses ne peuvent plus passer pour
le génie de la vraie science. Qu'ILS n'oublient
pas que la secte philolaïque ne travailla qu'à
étouffer l'intelligence et à détruire la perfection
dans l'instruction, pour laquelle tout homme

vertueux doit se sacrifier, en faisant abnégation d'une célébrité éphémère; car la postérité doit, tôt ou tard, juger avec rigueur une fausse célébrité. En attendant d'aussi grands avantages par l'éducation, et d'aussi généreux efforts pour les sciences, je présente, en faveur de celle Astronomique, une analyse sur l'obliquité de l'écliptique; sur le soi-disant aplatissement des pôles terrestres; sur la latitude et la longitude, etc. Je la ferai suivre d'une TABLE ASTROSTATIQUE *du Mouvement concordant*, c'est-à-dire, des distances entre le soleil et la terre pour tous les temps de l'année, avec la critique d'une Table Astronomique (*de la connoissance des temps*) établie systématiquement, sur ces distances, par les praticiens de l'Académie des sciences à Paris.

OBLIQUITÉ DE L'ÉCLIPTIQUE.

Examen pour servir de preuve à son immobilité.

Les vrais savans en Astronomie ont été autant tourmentés pour connoître si la prétendue diminution de l'obliquité de l'écliptique existoit qu'ils l'ont été par la supposition du soleil fixe, et la terre soi-disant tournant autour. Les hommes prudens ne se permirent pas de croire à l'une et à l'autre de ces hypothèses ; mais n'ayant aucun moyen pour s'élever contre, ils gardèrent le silence. Ainsi tandis que beaucoup soutenoient, comme ils pouvoient, de fausses opinions, quelques-uns cherchoient à les rejeter, et les autres restoient indécis.

Eratosthène et *Hypparque* ont évalué l'angle de l'obliquité de l'écliptique à 23 degrés 51' 20". *Ptolémée* à 23 degrés 51' 10". Mais dans le terme de ses observations, il se trouve d'accord avec eux.

Av. l'ère Ch.
230 et 241
Apr. l'ère Ch.
140.

L'observatoire de Paris réduisit l'ouverture de cet angle à 23 degrés 28' 20", en avouant cependant qu'elle alloit à 23° 29' 16".

Il étoit si difficile de penser que les trois grands hommes qui viennent d'être cités aient pu se tromper, que cela entraîna vers l'opinion de la diminution de l'obliquité de l'écliptique, prônée par la troisième école (1).

(1) *Louville*, entr'autres (année 1714), n'y a pas peu contribué par une chimère ; qu'attendre de ceux qui croient aux sortiléges, à la baguette mystérieuse ? Louville pouvoit donc bien croire aussi à une prétendue grande *Période des Babyloniens ;* qui, ainsi que toutes les autres périodes établies sur les données du

D'un autre côté, quand on est parvenu à bien apprécier la mobilité générale qui concourt avec la stabilité des globes dans leur position respective, il devient impossible de reconnoître la diminution de l'obliquité de l'écliptique.

Bien plus, on aperçoit que ceux qui adoptèrent la conséquence qu'elle devoit rentrer dans le plan de l'équateur, étoient d'ignorans physiciens, puisqu'ils n'en pressentoient pas le fâcheux effet pour les zônes tempérées, et le malheur des quatre cinquièmes de la terre.

880. Les Anciens, qui portèrent la distance des deux solstices ou tropiques à 47° 42′ 40″. L'Arabe *Albategnius*, qui la réduisit à 47° 16′ 40″, et les Français, en l'an 1700, à 46° 59′ 0, ont eu une différente manière d'opérer dans leurs observations, et certainement les ARABES, sur lesquels les modernes Académies crurent devoir appuyer leurs travaux, n'avoient plus la connoissance des vrais principes des Anciens.

En 1500, Copernic donna ses *conjectures* sur l'obliquité de l'écliptique; selon lui elle n'étoit que de 23° 28′ 24″, ou l'ouverture de l'angle des solstices de 46° 56′ 48″.

contingent des temps futurs, n'établissent en rien la durée des temps passés.

En

En 1570, Tycho-Brahé, sans contredit bien plus savant observateur, la trouva de 47° 3′; augmentation 6 minutes 12″.

Plus on examine les variations entre le travail des Anciens et les données des modernes, moins on croit à la progression systématique que les derniers voulurent attribuer à cette diminution (1), puisqu'en comparant les travaux de quelques-uns de ces modernes qui ont mérité le plus d'estime dans les observations, jusques vers le milieu du 18ᵉ. siècle, ils sont disparates à cette combinaison factice pour arriver à la GRANDE PÉRIODE IDÉALE des Coperniciens, qui ont oublié ou peut-être même *ignoré,* ce qu'a dit leur maître : « *qu'il avoit conjecturé que l'obli-* » *quité n'avoit jamais été plus grande de* » 23° 51′ 20″, *ni plus petite* de 23° 28′ 0. »

La science resta divisée entre les partisans de la progression, et ceux qui doués du sens commun disoient : « que l'obliquité a toujours été ce » qu'elle sera (2). » Cette dernière opinion est

(1) 70″ par siècle. Le P. *Riccioli* a écrit contre ce système. Depuis lui, le P. *Souciet* se moqua de la grande période. Ces deux grands mathématiciens étoient astronomes.

(2) *Cassini* fils, pag. 113; le P. *Riccioli, Copernic,* les *Tychoniciens, Auzout,* çent et *cent autres.* Il y a

raisonnable ; mais si l'une tendoit a obscurcir un des principes essentiels, celle-ci ne servoit point à l'éclairer.

Il faut donc approfondir la question par ses bases, et la résoudre par la DÉCOUVERTE, qui doit encore faire rejeter cette prétendue diminution ; car les faux principes accumulés dans l'Astronomie prouvent que, depuis Ptolémée, la moderne ne connoissoit rien moins que la partie Astrostatique qui exige des combinaisons justes et simples, et plus géométriques que des abstractions puériles soutenues par des partis exagérés.

Ptolémée, observateur profond, immortel par ses grands talens, trouva sans doute la raison de beaucoup d'apparences, d'après son invention très-savante des épicycles et ses combinaisons des excentriques. Il donna le résultat de ses travaux, sans expliquer les motifs particuliers des différens cercles, et comment il s'en rendoit compte ; les Arabes traduisirent l'ouvrage de Ptolémée, dénaturèrent tout par une immensité de calculs, mais dans les résultats il y manquoit

même aujourd'hui quelques Académies assez prudentes pour ne savoir que conclure.... mais il y en a une aussi où on ne doute de rien, en se trompant toujours.

l'œil de ce beau génie pour en diriger les principes pratiques.

D'après la découverte de l'orbite de la terre, je vais faire connoître ce qu'il m'a été possible de pénétrer, relativement aux travaux des autres.

Établissant une ligne du centre de la terre au zénith de l'équateur, si l'on tire une ligne parallèle dans un méridien dont le centre passe par celui de l'écliptique, elles sont distantes d'environ 20 minutes : on portera de part et d'autre de cette ligne, qui est parallèle à celle de l'équateur, 23 deg. $\frac{1}{2}$, alors cette ligne fournira la véritable position des angles de l'obliquité de l'écliptique dans la partie boréale et la partie australe; leur sommet ou section, par l'effet de la marche du soleil dans sa route annuelle sur cette orbite, dont on voit le profil qui coupe un peu au-dessus du centre (au point de l'équateur) le diamètre de l'orbite de la terre, ou plutôt la circonférence aussi vu en profil, ce qui représente la terre dans l'exécution de son mouvement pour l'horizon droit, c'est-à-dire toujours à la distance de la susdite ligne parallèle.

Fig. 1.
L'étoile marque le Zénith.

Cette obliquité doit donc être considérée dans les mouvemens de la terre, la position de celle-ci avec le soleil relativement au zodiaque; et la solution géométrique indique la mobilité dans les plans des horizons qui change à diverses époques tous les effets.

On a déjà dit qu'au solstice d'été, la terre

confond le diamètre de son orbite avec le rayon boréal du diamètre de l'écliptique, ce qui agrandit autour d'elle les effets dans l'optique de l'étendue du rayon composé, lequel diminue à chaque équinoxe de plus ou moins de la moitié de l'orbite de la terre. Et au solstice d'hiver la terre étant à la direction du centre de l'écliptique, le plan de l'horizon redevient à très-peu près de la même étendue qu'on le verroit se trouvant audit centre de l'écliptique ; mais pour le vertical de l'horizon droit, le méridien elliptique, partie australe, perd 20' d'étendue, parce que la position du plan de l'orbite de la terre fait que celle-ci arrivant dans son extrémité boréale, tandis que le soleil est dans l'extrémité australe, l'angle septentrional de l'obliquité étant au-dessous du point du centre de l'écliptique au solstice d'été, l'angle austral par cette raison se trouve au-dessus dudit centre. L'un et l'autre partage établi par le point de l'équateur, dans le plan de l'orbite de la terre que la ligne oblique coupe.

D'après ce mécanisme, donné par le profil de l'écliptique et de l'équateur, on peut reconnoître la raison évidente et juste de l'obliquité indiquée par les Anciens, qui croyoient aussi l'angle austral égal à l'angle boréal de 23° 51' 20'' : et d'après ce préjugé, ils regardèrent l'étendue entre les deux solstices, ou l'obliquité du cercle de l'écliptique, comme étant de 47° 42' 40". Ainsi que les modernes ils crurent saisir exactement l'opération, en doublant l'angle par sa valeur ; mais l'erreur est bien différente, au moins l'opération par excellence, *pour un angle,* reste aux Anciens. Ils établirent donc l'obliquité de l'écliptique sur l'ouverture de l'angle septentrional, jugée sur un côté réel perpendiculaire à l'équateur *vrai,* dont ils avoient la théorie pour l'écliptique qui se rapporte à celle-ci : à 25 deg. $\frac{1}{2}$ réelle ouverture d'angle, de l'obliquité, dont le sommet passé au centre même de l'écliptique de la partie boréale du zodiaque à la partie australe, rapporter la distance des 20 minutes jusqu'à la perpendiculaire de l'équateur *vrai ,* on porte le sommet de l'angle de la ligne directe d'obliquité à la commune section des deux orbites solaire et terrestre, se croisant et donnant le point de l'équation ; il en résulte 23 degrés 50 minutes ; et doublant aussi comme eux ce produit, il vient 47° 40', etc.

Cette preuve matérielle détruit la prétendue diminution.

Actuellement va s'établir une preuve particulière sur ce que le tropique du cancer est un peu plus éloigné de l'équateur que le tropique du capricorne, ce qui est en défaveur du pôle austral : et ce qui doit être d'après le grand et le petit arc du zodiaque et l'excentricité.

La difficulté si célèbre entre l'ancienne Astronomie et la moderne est levée; mais la dernière, qui s'attachoit à des détails singuliers, ne se douta jamais de la différence qui existe entre la grande et la petite demi-circonférence du zodiaque et de l'écliptique.

Il faut faire pénétrer ici les rapports de cette extrême mobilité, dont j'ai parlé, qui agit sur toutes les parties de l'univers, et qui par l'organisation du mouvement concordant du soleil et de la terre se confond, dans le plan des horizons, avec les résultats des travaux des Anciens et les conjectures des modernes. C'est elle qui induisit les derniers à beaucoup d'indécisions et de variations : on va en donner une définition pour le plan de l'horizon droit, et sur le cercle immobile d'un méridien qui reçoit l'obliquité de l'écliptique, d'après les formules de la découverte.

DÉFINITION.

Fig. 1 et 2.　La terre et le soleil se trouvant chacun à leur point respectif du solstice d'été, le cercle ou plan de l'horizon s'est agrandi par le rayon composé; et le vertical, dont la terre est immuablement le centre, se trouvant compris dans la grande demi-circonférence du zodiaque ou des grands signes, qui est de près de 182 degrés au point de l'équateur : le cercle de l'horizon d'été s'élargit, et le ½ cercle vertical s'étend dessus dans la proportion du nouveau point de centre que donne la terre à environ 2 degrés du centre de l'écliptique, ce qui fournit le rayon composé diamétral, ou l'ordonnée de la relation entre le soleil et la terre. Mais l'optique présentant toujours cette demi-circonférence comme 180 degrés, le quart de cercle ou autre instrument ne peut résoudre que l'effet apparent ou optique, alors il faut employer une très-simple combinaison. On ne peut compter ce mouvement nouveau dans le plan de l'horizon, que du point vrai de l'équateur, qui donne à l'orbite de la terre une demi-circonférence de très-peu plus d'un degré pour son rayon du printemps à l'automne. Il faut donc, pour retrouver ce qu'est l'angle de l'obliquité dans le cercle vertical au solstice d'été, augmenter les degrés de 40″, tels qu'ils le sont par le mécanisme.

Ainsi chaque degré s'étend dans ce vertical Fig. 5. de 40″, de plus que l'Astronomie optique ne peut l'indiquer, lesquelles multipliées par 23½ que contient l'obliquité immobile passant par le centre de l'écliptique, vient 14′ 52″ à ôter de 23° 50′, que donne l'angle de l'obliquité dans le cercle mobile qui appartient à l'équateur, et il reste pour l'angle de l'obliquité, rayon du solstice d'été ou côté boréal dans le cercle du vertical, 23° 35' 8''.

La terre et le soleil se trouvant à leur point du solstice d'hiver, ce plan de l'horizon est totalement changé, le rayon composé n'existe plus, le vertical, dont la terre est toujours le centre, se trouve à peu près être à la demi-circonférence de l'écliptique, ce qui rend en hiver le soleil plus près de la terre de tout le diamètre de l'orbite de celle-ci; mais l'arc du zodiaque solaire de cette époque n'est que de 178° environ, et l'optique produit un cercle apparent de 180°. Et comme dans le cercle immobile pris de l'équateur vrai, l'angle austral de l'obliquité immobile de l'écliptique n'est que de 23° 10', son sommet pris du point des intersections des plans des orbites qui peuvent seules donner le véritable équateur céleste, les degrés se trouvent plus petits de 40'' environ, d'après l'apparence susdite de 180°. Ainsi par la définition ci-dessus, il faut reconnoître que cela ajoute aux 23° 10' la valeur des 14' 52'' environ audit angle, ce qui le porte en apparence, pour des observations qui seroient faites avec précision sous *la ligne,* à 23 degrés 24 min. 52 sec.

Alors on retrouve par ces opérations, à travers *la mobilité dans le plan des horizons,* L'IMMOBILITÉ DE L'OBLIQUITÉ DE L'ÉCLIPTIQUE, donnée par les angles vrais qui appartiennent aux verticaux de l'équateur vrai, combiné avec le méridien de l'écliptique, c'est-à-dire, les verticaux mobiles déterminés par les deux lignes parallèles, etc. Ce qui produit pour l'angle boréal 23° 50′, l'austral 23° 10′=47°, solution qu'affirme géométriquement la DÉCOUVERTE, et qui donne l'équilibre naturel entre les opinions anciennes et les nouvelles.

Les Anciens ne connoissoient point (astronomiquement) le côté austral, ni la situation de son tropique. Les modernes ne s'en sont pas extrêmement occupés. On va comparer un travail fait dans les environs de *la ligne,* avec les résultats qu'offre la situation de l'orbite de la terre dont on vient de parler.

LOUIS XIV donna l'ordre d'envoyer vers *la ligne* quelques académiciens pour y faire des observations Astronomiques. L'un d'eux se rendit à Cayenne, et détermina le lieu de ses travaux à 5° *latitude nord de la ligne,* 315° ⅓ environ *de longit.* Il trouva par la hauteur boréale du soleil, le 20 juin 1672, la distance *apparente* de cet Astre, au zénith du lieu, de

18° 32' 37", parallaxe et réfraction corrigées (1). Y ajoutant les 5 degrés, il vient 23° 32' 37".—Et le 20 décembre, il détermina la hauteur australe par la distance *sud* du soleil au zénith du lieu, parallaxe et réfraction corrigées, à 28° 25' 11". Oter 5° pour la latitude, reste 23° 25' 11".

Différence entre les deux tropiques en faveur du pôle boréal, d'après le travail académique 7 minut. 26 sec., et selon l'opération Astrostatique ou de la découverte 10 minut. 14 sec.

L'Académie des sciences à Paris, ne fit aucune attention à cette différence des angles, si importante à comparer, soit pour la marine, soit pour la géographie, dans les mesures du globe terrestre ou fixation des lieux par les latitudes. La Compagnie astronomique s'en tint à réunir ensemble le produit des deux observations, et quelques membres furent satisfaits d'y trouver leur but, c'est-à-dire, la donnée de 46° 57' 47". Ce qui servoit *l'opinion* que *l'écliptique rentreroit parallèlement dans le plan de l'équateur.*

(1) On reconnoît par la découverte et la mobilité dans le plan des horizons, la difficulté cachée qui fit recourir à l'hypothèse de la réfraction moderne, qu'on emploie avec la parallaxe fort arbitrairement.

Si je détaillois ici les autres examens sur de pareils travaux, exécutés à l'observatoire de Paris, et qui sont soumis entre eux à leur propre comparaison, cela conduiroit à trop de détails; mais ce seroit renouveler la preuve de ce qu'a publié Isaac Wossius, l'un des plus grands génies du 17ᵉ. siècle, que l'on avoit embrouillé tout : » *latitude, détermination du pôle et de l'é-* » *quateur, et quant aux longitudes, qu'il* » *n'y en avoit pas une de réelle,* malgré la » recette *des satellites de Jupiter.* » Ces sortes d'accusations, heureusement, ne portent point sur la beauté de la science en elle-même, mais sur la pratique; elles n'altèrent pas le vrai zèle des Astronomes qui repoussent les chimères et les faux principes quand ils le peuvent; mais elles démasquent les suppositions vaines, et qui nuisent à l'utilité générale; elles répondent enfin péremptoirement à la question : *comment s'est maintenue l'opinion moderne de la prétendue diminution de l'obliquité de l'écliptique?* et à plusieurs autres, sur le charlatanisme de la 3ᵉ. École. Car celle-ci, en transposant tout, par ses combinaisons erronées, se forma un monde tout différent du véritable, et partout on reconnoit à l'analyse qu'elle n'a jamais su se définir ce que c'étoit que l'excentricité, base première des succès de l'observation réelle. D'après des opérations faites dans le 18e. siècle, on lui voit donner à l'ouverture de l'angle *septentrional* de l'obliquité 22° 53′ 8″, et à l'angle *austral* 24° 5′ 14″, les réunir et en former 46° 58′ 22″. Mais *en corrigeant cette fausse opération par l'application de l'effet qu'elle méconnoissoit du lieu de l'excentricité*, cette même opération se transforme pour l'angle septentrional en 23° 53′ 8″ (1), et l'angle austral en 23° 7′ 14″＝47° 0′ 22″. Alors on retrouve encore les Anciens et les modernes réunis par un terme moyen, à l'insu du savoir de ces derniers.

On doit enfin regarder leur GRANDE PÉRIODE comme les rêves d'une fausse science, qui sans cesse multiplioit des opinions fort extraordinaires pour dérouter la raison, abuser de la crédulité, et surprendre l'admiration.

Actuellement on doit rendre justice aux plus

(1) Les Chinois, dont les sciences sont autant admirées par quelques savans de Paris, que la moralité des anciens Romains. Les Chinois ont trouvé, il y a 2000 ans et plus, que l'angle septentrional étoit de 23° 54′. Par ces rapprochemens, les différences tenoient comme on voit à une difficulté cachée. Les Chinois modernes, qui opèrent actuellement d'après les Arabes, ont peut-être adopté l'hypothèse de la grande Période.

prudens et aux plus doctes qui pratiquèrent la science; ne pouvant sortir des variations innombrables qu'on leur offroit sur cette soi-disante diminution de l'obliquité, ils décidèrent que de telles apparences « n'alloient qu'à un certain » point, et qu'elles se reportoient ensuite en « sens contraire. » Cette raisonnable conclusion rentre dans la juste idée qu'inspirera toujours la sagesse : « DIEU a établi la stabilité de tout ce » qu'il a créé dans l'instabilité apparente de » toute chose aux yeux de la créature. » Aussi pour se décider au milieu de tant d'opérations contradictoires produites par l'esprit de système, il faudroit être assuré si l'homme, calculant sans cesse les espaces célestes, a quelque certitude de l'étendue du sol qu'il occupe : nous allons l'examiner.

Sur les Mesures du Globe terrestre.

LATITUDE.

Des voyages étendus et multipliés servirent à me rappeler le doute que *Wossius* et *Danville,* le plus profond géographe français, manifestèrent sur les *exactitudes* astronomiques et géographiques; et sur les ressources adoptées pour couvrir les erreurs de l'une et de l'autre ; car aujourd'hui, elles sont dans cette mutuelle dépendance. Des hommes doués d'une telle franchise sont réellement utiles, ils accordent à tous le droit de réfléchir, et ne cachent point sous des opinions de compagnies savantes, cette barbare décision proclamée par l'orgueil du faux mérite : « *Nul ne doit avoir de génie que nos* » *initiés.* »

Mais des remarques sur la géographie (1), exigeant trop de détails, il faut les abandonner aux siècles. Tout ouvrage méthodique étant le plus limité, le nôtre ne peut que faire jeter un coup d'œil sur les dernières relations établies, par l'imagination humaine, entre la sphère céleste et le globe terrestre. Tel est ce qu'on nomme *longitude* et *latitude,* d'où suit l'approximation plus ou moins réelle de la situation des parties respectives de la surface de la terre.

La TERRE étant ronde, la plupart des cosmographes modernes ont trouvé singulier qu'on ait pu y admettre une *longueur* et une *lar-*

____

(1) Je parle de la position, et non du détail *locographique ;* ce dernier genre s'élève actuellement à un mode de prose poétique qui pourra le rendre fort utile pour les amplifications, les romans, etc.

geur (1); ils ne jugèrent pas que c'étoit encore l'effet de la sagacité des Anciens : ces derniers ont regardé la marche apparente du soleil *d'orient* en *occident*, constamment exécutée dans une demi-circonférence de 180°, comme *longueur* d'un mouvement, et le comparèrent à sa marche *apparente rétrograde*, dans l'étendue des tropiques ou 47°, qui devenoit le mouvement en largeur : *latus*.

Les degrés de *latitude* d'un lieu se trouvent compris entre le zénith de ce lieu et l'équateur, *zéro*, d'où ils se comptent en se portant vers l'un ou l'autre pôle du monde : il en résulte que, à prendre d'un point de l'horizon, le pôle se trouve élevé de la même quantité de degrés que le zénith est éloigné de *la ligne*. Ainsi ces deux arcs doivent donner une même quantité ou solution, mais il faut alors supposer le point de l'équateur bien déterminé ainsi que le pôle céleste, et celui-ci n'est jusqu'à présent établi que sur la supputation de l'*étoile* nommée *polaire*, qu'on imagine en approcher le plus. Or les deux constellations nommées *petite et grande ourses*,

—————

(1) D'autres, sans réflexion, supposent que cela est provenu de l'étendue des pays connus dans la géographie ancienne.

se présentent d'une manière opposée de six mois en six mois, effet de la petite orbite de la terre, ce qu'on expérimente parfaitement dans le fond du Nord, et ce que l'Astronomie n'a encore su définir.

En voilà assez pour entrer en matière sur les résultats, c'est-à-dire, ce qui regarde les prétendues *mesures* et *formes* de la terre. Nous éviterons les comparaisons qu'offriroient les Anciens sur les distances géographiques les plus familières; car entre eux et les modernes, il n'y a aucune conciliation. La grande question seroit de savoir si ces derniers, qui ont trouvé tout préparé, c'est-à-dire le plus difficile, et qui malgré les énormes travaux des Anciens ne leur firent aucune grâce lorsqu'ils crurent les prendre en faute, ont eux-mêmes obtenu une assez parfaite connoissance du globe et de la situation réelle des lieux, pour que leurs ouvrages multipliés soient exacts? Sans entrer dans les détails, j'ai des preuves pour ne pas le croire.

La latitude passe dans les Écoles géographiques et astronomiques pour être bien établie, entre les relations des points de la sphère céleste et les points du globe terrestre (1). De là chacun croit

(1) La latitude, même pour Paris, n'est pas encore

avoir

avoir produit de bonnes cartes et les meilleurs élémens. Alors où sont ces élémens, où sont ces cartes? puisqu'avant tout on peut dire, où étoit le PRINCIPE? Certainement *le faux mouvement copernicien* ne pouvoit le faire rencontrer, et *l'opinion des ellipses* ne pouvoit que l'éloigner pour toujours.

J'observe qu'en 1774, des savans ayant été par ordre de leur Gouvernement à *Wardhus*, dans l'île du même nom, extrémité des trois Lapponies *Norwégienne, Suédoise* et *Russe*, pour en fixer la *longitude :* la situation de ce lieu étoit dès lors estimée 70° 35' de LATITUDE, et le *Cap-Nord* 71° 10'. J'ouvre un dictionnaire français, je trouve la latitude de Wardhus 70° 22' 36. Une carte très-soignée établie en 1785, la porte à 71°. Une autre de 1803, la ramène à 70°; une autre à 71°, et le Cap-Nord à 72°. Ceci suffit pour donner l'idée d'un résultat des latitudes comparées pour les mêmes lieux, en formant une table d'après l'astronomie et la géographie des différens pays en Europe, ainsi que je l'ai fait pour moi. Alors il est très-facile de juger que les positions géographiques réelles sont encore

connue; celle *qui varie*, pour son observatoire, est d'approximation relative aux opinions.

loin d'être fondées pour les lieux et les distances respectives d'endroits plus éloignés, et d'autres moins fréquentés. Cette vérité rend raison des discussions élevées sur l'étendue et la configuration générales et même locales, des quatre parties du monde et des mers : de là on est moins étonné aussi de la FORME qu'on prétendit donner au globe terrestre.

Plusieurs Astronomes et mathématiciens ont essayé de mesurer un degré de sa circonférence; mais les résultats sont si dissemblables qu'on n'en peut rien conclure. La grandeur du degré de la terre, en réduisant en toises les diverses mesures qu'on y a employées, s'est allongée ou raccourcie selon l'exécution des opérations plus ou moins imparfaites. On ne fera que transmettre ici les bases principales, puisque chacun peut examiner les détails dans d'autres ouvrages. En établissant le degré à 57,000 toises, il se trouve qu'*Eratosthène* lui donne en plus 9,493; *Hypparque* 6000 et plus; *Possidonius* 6,800; *Strabon* et *Ptolémée* réduisirent le degré à la valeur de 47,875 toises, et les *Arabes, qui avoient la manie de tout diminuer,* mirent le degré à 43,279 toises. Voilà pour une partie des Anciens. Quant aux modernes, ils ne se trouvèrent pas plus d'accord.

Picard, membre de l'Académie de Paris, réduisit encore le degré, et *assura qu'il n'avoit que* 47,188 *toises,* mais dans le même tems, *Riccioli,* professeur à Bologne, l'étendit à 62,900 *Fernel,* médecin, avoit prétendu mesurer le degré, par la terre elle-même, avec les roues de sa voiture, et il donna au degré 56,747 toises. *Senelius* le mesura par le ciel, et trouva 55,021 t^{es}. Et Newton, vers 1670, trouva, *dans son cabinet,* que le degré devoit être de 49,200 toises, ce qui étoit tout aussi exact comme de résoudre : *d'après ses remarques de la chute des pommes dans son jardin :* que les planètes pesoient les unes sur les autres (1).

On assure, en Angleterre, que dès l'année 1636, M. *Norwood,* très-habile homme, avoit trouvé, par des opérations *fort scrupuleuses,* que le degré entre *Londres* et *Yorck* étoit de 57,300 à 400 toises. Enfin tandis que Newton consultant tous les pilotes de son temps, soutenoit que le degré étoit de 60 *milles* anglais, Picard fut obligé de reconnoître que le degré avoit 57,060 toises, c'est-à-dire, environ 3 *milles* $\frac{1}{2}$ anglais de plus ; et l'Académie de Paris adopta, en

(1) Voilà l'origine de toute la métaphysique des Newtoniens et des Coperniciens.

1670, l'estimation de Picard. Voulant la perfectionner, elle nomma ses membres les plus expérimentés pour obtenir une vérification qui s'étendît de *Paris* à *Colioure*.

Principe essentiel pour mesurer un degré de la Terre.

Personne n'ignore que la ligne fictive des degrés de latitude et le cercle du méridien ne font qu'un. Cette ligne, pour être mesurée, doit être directe, c'est-à-dire, que partant d'un point de la *ligne équinoxiale* terrestre, pour couper le point de l'un et l'autre pôle terrestre, elle fait ainsi le tour du globe, et vient se réunir à elle-même sur le point d'où elle étoit sortie. Pour maintenir la direction de cette ligne, il faut un point invariable sur la ligne équinoxiale, ou l'un des parallèles ; cette direction forme l'intersection de l'un et l'autre cercle. Ainsi pour mesurer réellement une surface de la terre qui a quelque étendue, il faut, avant tout, être assuré de la section directe que forment la latitude et la longitude en deux lieux éloignés, entre lesquels on mesure, et s'en assurer continuellement par des intermédiaires, afin de tenir sa route très-directe pour arriver au terme.

Norwood ne le fit pas. En prenant sa direction vers le Nord, il partit du point 51° 30′ 29″ de latitude, pour se porter au 53° 29′ aussi de latitude; mais il quitta la direction de 17° 34′ 13″ de longitude, et finit par s'écarter de son but en arrivant sur le point de section formé au 16° 33′ 10″ de longitude.

Ce devoit être une leçon pour l'Académie des Sciences de Paris, qui auroit dû y reconnoître une ouverture d'angle de 1° 1′ 13″ que donnoit la marche diagonale, ce qui étoit énorme entre deux degrés $\frac{1}{2}$ environ de toisé; et elle auroit dû sentir qu'une telle opération étoit loin d'être *scrupuleusement* exécutée. Cependant elle ne s'en aperçut pas, et commit la même faute. L'an 1700, les Académiciens partirent du 48° 50′ 10″ de latitude (1), pour prendre leur route vers l'équateur, et *arrivèrent à Colioure,* au 42° 31′ 45 de latitude, toujours mesurant et toujours quittant la vraie direction, qui étoit le 20e. degré de longitude, et qui les auroit amené droit à Carcassone, au lieu d'aller au 20° 45′ 2″. C'est ainsi qu'ils s'écartèrent en différence de plus de $\frac{2}{4}$ de degré, ce qui donnoit encore une ouver-

(1) C'est la latitude que l'Académie des Sciences de Paris a voulu assigner à son observatoire.

ture d'angle de au moins 18 lieues. Qu'en pouvoit-il résulter? des mécomptes. On trouva d'abord par *approximation*, ou par le *degré moyen*, entre Paris et Colioure, 57,292 toises ; mais on s'aperçut, sans pouvoir y remédier, qu'il y avoit 11 toises ½ de *différence progressive* d'un degré à l'autre ; et on conclut que *chaque degré augmentoit en avançant vers le midi.*

Aussitôt les Anglais s'empressèrent à faire d'autres tentatives, et soutinrent *qu'au contraire* les degrés augmentoient de grandeur en allant *de l'équateur au nord.* Les Académiciens français, pour ne pas trop se compromettre, en cédant sur le champ, envoyèrent en 1736, à Torneo en Bothnie, quelques membres savans (1); ils en revinrent pour attester « *que les degrés* » *étoient considérablement plus grands en* » *avançant au nord, puisque sous la lati-* » *tude de 66 degrés, on trouvoit le degré de* » *57,438 toises...* » *ne pouvant attribuer cette* » *différence, parce qu'elle étoit trop grande,* » *aux erreurs des observations, l'Académie*

(1) Comme il plut beaucoup et de suite à Torneo pendant leur court séjour en cette ville, ils remarquèrent qu'en Bothnie les pluies y sont plus fréquentes et abondantes qu'entre les tropiques ; ce que les compilateurs certifièrent avec l'ellipsoïde allongé.

» Décida *pour la première fois cette célèbre*
» *difficulté : la figure de* LA TERRE *déter-*
» *minée être un* ELLIPSOÏDE ALLONGÉ. » Nous
dirons ce qui en est résulté, après avoir parlé de
la longitude.

Longitude, et premier Méridien.

La longitude est la distance entre deux mé-
ridiens; *ou bien,* c'est l'arc d'une courbe *pa-*
rallèle à l'équateur, compris entre le premier
méridien (1) et le lieu où on se trouve. Pour
l'optique, cette courbe fait partie du passage
journalier du soleil autour du globe terrestre.
Pour l'organisation, elle appartient à l'effet du
mouvement des surfaces de la terre autour de
son axe.

Où est le premier méridien, base de la longitude? Partout et nulle part. Il a été placé au
Ténérife par les Hollandais, et à *l'île de Fer* (2)
par les Français, qui eurent l'idée de le rendre
général pour toutes les nations (3). Les Anglais

(1) Premier méridien : expression uniquement géographique.

(2) Isle de Fer, à 18 lieues environ de Ténérife, tous
deux faisant partie des Canaries. Ptolémée avoit aussi
adopté l'isle de Fer.

(3) Ordonnance de Louis XIII, 25 avril 1634.

n'adoptèrent point ce projet. Actuellement chaque peuple l'a établi au méridien de sa capitale, ou d'une de ses principales villes. Aussi rien n'a été moins résolu que la fixation des longitudes ; et cependant cette fixation conduiroit à déterminer réellement sur une carte générale la situation exacte d'un lieu à l'égard de tous les autres, ou ce qu'on nomme, en géographie, *la position*. L'Astronomie voulut en vain que ce résultat ait lieu en combinant des points du ciel.

Une *position réelle* ne peut donc se régler que par la connoissance de sa longitude et de sa latitude, et si on savoit bien l'une et l'*autre*, alors assignant à tous les lieux leur vraie place sur le globe, on connoîtroit avec certitude la grandeur de la terre et l'étendue de ses mers.

Les Portugais et les Espagnols ayant eu un procès politico-géographique, par suite de leur envahissement des Indes, cherchèrent à établir des longitudes pour se favoriser aux dépens les uns des autres, le Pape (1) voulant terminer leurs débats, décida le *premier méridien* à 36° de l'occident de *Lisbonne* ; cependant les deux peuples en réglèrent un autre sous le titre de *ligne de démarcation*, à 370 lieues, au

(1) Alexandre VI.

couchant, des îles du *Cap - Verd;* mais c'étoit pour les marins seulement, et leur géographie d'Europe établissoit des cartes sur le méridien de *Tolède, Madrid, Cadix, Lisbonne,* etc.

Les Arabes modernes avoient posé leur 1er. méridien au *Détroit de Gibraltar.* Les Anglois à *Greenwich, Londres, Édimbourg , Dublin,* etc.

La difficulté n'est pas de ramener les Européens à l'adoption *d'un seul premier méridien;* car rien n'est plus à la portée de l'homme que la raison, quand son intérêt s'en trouve le mobile; mais c'est de découvrir le principe général et exact qui peut déterminer en tous lieux la longitude; et fort inutilement jusqu'à présent, plusieurs Souverains ont promis de grandes récompenses à qui trouveroit ce principe.

On a regardé ce secret comme entièrement du ressort de l'Astronomie, qui adopta, d'après l'usage des Arabes, l'hypothèse des éclipses de soleil, de lune, et même ensuite des satellites de Jupiter; et des savans ont prétendu que ces différentes opinions nouvelles n'ont pas peu contribué à bousculer *les positions étudiées par les Anciens,* ou à gâter la géographie figurée.

Des Académiciens accusèrent Ptolémée et ses prédécesseurs d'avoir fait des fautes grossières. Il étoit bien facile de dire : « *que l'An-* » *tiquité étoit peu savante en géographie.* » Mais quand on sait réfléchir sur la science des modernes, une telle phrase ne signifie autre chose, *que l'Antiquité n'a pas eu autant de notions sur autant de pays que ces derniers.*

On ne citera pas les discussions importantes et curieuses élevées entre les modernes eux-mêmes sur *leur inexactitude* géographique : les Astronomes persistant à régler les longitudes par les différentes sortes d'éclipses, et les Géographes-voyageurs, ainsi que les marins instruits, convenant également que les distances itinéraires sont beaucoup plus justes et exposent le navigateur à moins de dangers.

Isaac Wossius, doué des plus vastes connoissances, a écrit : « *que jamais la géographie* » (universelle) *n'a été chargée de plus de* » *ténèbres et remplie d'erreurs plus énormes* » *que depuis que les Arabes* (1) *inventèrent* » *la détermination des longitudes par les* » *éclipses;* » et il regarde comme deux écueils à cet égard les suppositions des *réfractions modernes* qui font voir les astres plus haut

(1) Les maîtres de l'Astronomie française, italienne, espagnole, etc.

qu'on prétend qu'ils ne peuvent être, et des parallaxes (1) par lesquelles au contraire le lieu apparent des astres est plus bas que le vrai lieu de la *pénombre* (2).

Dans tous les démêlés des savans, on voit que les Arabes, et leurs imitateurs, ont altéré l'Astronomie, et ont contribué à gâter la géographie-pratique. Quelques auteurs assurent qu'on a raccourci la méditerranée de 200 lieues environ, en voulant mesurer cette mer par la pratique des éclipses. Ptolémée place Alexandrie, lieu principal de toutes ses observations, à 60° 30′ de longitude. Les Arabes introduisirent depuis, dans les cartes, une différence de 8 à 9°. Enfin on prétend que l'Asie est entièrement trop resserrée, et ses vastes côtes, depuis le détroit de *Babel-Mandel* jusqu'à celui *du Nord*, dans la mer Glaciale, par trop fort mutilées, ou mal indiquées ; or cela fait tout le tour méridional et oriental de l'Asie.

Quant aux bévues en noms causées par des

---

(1) Les subtilités de la *réfraction fluide*, qui avec les parallaxes se corrigent l'une par l'autre, selon qu'on en a besoin.

(2) Pénombre, ombre moyenne entre l'ombre vraie et la lumière.

marins ignorans qui ont donné pour des découvertes des lieux déjà connus par d'autres,
cela n'est point du ressort de cet Ouvrage, et
je ne citerai qu'un fait curieux qui servit au
moins à éclairer une Nation sur cet objet. A
la suite des voyages entrepris par les Russes
sur la mer Glaciale à l'Est du Kam-Tscha-Tka,
la cour impériale voulant connoître les contrées
et les mers au delà, en latitude, courant *Nord*
et *Sud*, on s'adressa à l'Académie des Sciences
à Paris. Un des membres dressa, sous les yeux
de cette société, une carte des rives du Kam-
Tscha-Tka, la terre d'Ieço, l'île des États,
terre de la Compagnie, le Japon, et de plus
une côte immense soi-disant vue dans le XVIe.
siècle par un capitaine Indien-Espagnol, *Jean
Gama*. On nomma cette côte *Terre de Gama*,
à 44, 45, etc. deg. de lat. Cette carte engagea
les Russes dans des courses longues et péril-
leuses, sans avoir rien aperçu; et le frère du
rédacteur de la carte fut du nombre des 21 sur 70
qui y périrent. L'Académie supposoit cette terre
de *Gama* au Sud-Est d'Avatscha (1), et sa
côte énorme devoit être de 15° d'étendue d'occident en orient. Dans ce voyage, les uns re-

(1) **Port du Kam-Tscha-Tka**, 53° 2' lat. N. E.

connurent que ce pouvoit être les terres de la Compagnie, ou la grande île que les Japonois et les Chinois nomment *Kia-y-Tao*. Les autres pensèrent que cette grande côte n'existoit qu'imaginairement ; ce qui forma un problême géographique dont les Russes se désabusèrent les premiers. Depuis ils ont pris le parti de comparer les cartes françaises, anglaises et hollandaises ; mais pour les corriger quel sera le principe ? *le soleil, les distances, la lune*. Mais actuellement cependant il faut tenir compte de la division du zodiaque par l'équateur vrai, du lieu de la terre, sur son orbite pour la lune, et du soleil dans l'un ou l'autre angle de l'écliptique pour la hauteur du pôle.

Quant aux rédacteurs de cartes, que ceux-ci ou ceux-là aient été induits en erreur, la preuve reste également la même, que la géographie moderne ne s'en trouve pas plus exacte, quoique la 3ᶜ. École astronomique la dirige. Des missions à la Chine, au Japon, à Siam, etc., ont servi à faire reconnoître d'énormes fautes dans les cartes générales de l'Asie formées en Europe. Le P. Kirker, qui fut distingué parmi les meilleurs observateurs, fit connoître que les cartes des modernes établissent l'Inde orientale de 1200 lieues environ plus proche de l'Europe qu'elle ne l'est ; cela se conçoit quand on voit combien la vaste étendue de la Sibérie est rétrécie dans les points mêmes où les cercles parallèles vont toujours en diminuant. Cette digression nous conduira aux mesures de la terre ; mais avant d'y passer nous devons ajouter que, relativement aux *Longitudes*, il est reconnu que les observations d'éclipses se contredisent souvent, et qu'après avoir fait passer une ville à un certain méridien, l'éclipse suivante fait transporter cette ville à quelques degrés de là.

Je ne rappellerai pas, à la suite de ceci, toutes les apparences à calculer et à déterminer provenant des effets de la mobilité générale, qui appartient en détail à l'ensemble de la sphère céleste, et de *la mobilité dans le plan des horizons ;* et je terminerai par l'observation que m'a fourni la *Découverte de l'orbite de la terre,* pour les Latitudes, sur lesquelles les Longitudes ont une déviation journalière.

Observation sur les Parallèles.

En traçant des cercles parallèles à l'équateur, et regardant le cercle solaire équinoxial comme coupant exactement les deux hémisphères terrestres, par une circonférence passant dans tout le plan de l'orbite de la terre, ces cercles parallèles ne peuvent être considérés que comme des suppositions; et s'ils ont été ainsi mis sur les cartes pour venir au secours de la géographie figurée, ils ont fait manquer le but. L'Astronomie a bien voulu feindre de l'ignorer, sans doute; mais dans l'Astrostatique, il n'en peut être de même: on y doit tout considérer sous son véritable aspect et par le résultat positif; sans cette sévérité il n'y a plus de science.

Le mouvement solaire *diurne*, apparent dans son mouvement annuel et réel, se décrit autour du globe terrestre, depuis le point du solstice d'été jusqu'à celui d'hiver, et de celui-ci à l'autre : d'après le mouvement propre et journalier de la terre *en une ligne spirale* POSITIVE, effet du mouvement concordant; cette ligne donne une *déviation* constante pour tous les parallèles géographiques, ce qui éloigne chaque 24 heures la direction des cercles, quoique supposés immobiles, de plus de 6 lieues ½ du Nord au Sud, dans un temps de l'année, et du Sud au Nord dans les temps opposés.

Sur le soi-disant Aplatissement de la Terre.

La manie de faire parler de soi en s'unissant
à une cabale qui prend de la prépondérance,
quoiqu'en outrageant toutes les vérités, fut
une épidémie dans le siècle précédent ; et c'est
ensuite par cette humiliante foiblesse de l'esprit
qu'une opinion absurde égare pour long-temps
quelques hommes. Peut-on placer dans cette
classe ceux qui soutinrent le plus l'idée singulière de *l'aplatissement de la terre ?* Sans
doute ! Et cette idée tenoit trop au bizarre pour
ne pas devenir un des principes *supposés réels*
par la *troisième École.*

Les Anciens ont cru que la terre avoit la
forme d'une boule, et Ptolémée, dans sa géographie, en détermina la circonférence sur tous
les sens, dans le rapport de 8999 lieues, chacune de 2283 toises. L'Académie des Sciences,
toute entière, n'avoit rien de mieux à faire que de
suivre une telle donnée, et elle le fit ; car où étoient
ses connoissances pour s'y refuser ? Aussi adopta-
t-elle cette détermination : le globe terrestre fut
déclaré avoir 9000 lieues de circonférence, ce
qui au reste n'est qu'une probabilité.

Quelques gens abondans en paradoxes et en
conjectures

conjectures (on les appeloit sophistes chez les Grecs) prétendirent, sans connoître la mesure de la terre, qu'elle n'étoit point ronde, mais d'une figure très-irrégulière. Dès lors des mathématiciens soutinrent que les courbes les plus étendues se trouvoient vers l'équateur. Ces mathématiciens étoient en France; d'autres tournant le dos à cette décision, assurèrent que c'étoit vers le pôle : ces derniers étoient en Angleterre. Ainsi, comme pour tant d'autres choses, ce fut déjà une supposition inverse, par laquelle chaque parti décida contradictoirement qu'elle provenoit d'une erreur, quoiqu'en la soutenant. Parce que les Anciens comparoient l'axe d'un globe à un essieu, les Modernes s'imaginèrent que *la terre devoit ou s'être raccourcie, ou s'être allongée par le frottement;* c'étoit encore une victoire pour les docteurs du *naturalisme.* Rien n'est si productif qu'une supposition; tous les jours elle en engendre une autre qui n'est, comme la précédente, qu'une folie de plus. Il auroit été bon d'établir contre quoi le frottement usoit ou aplatissoit le globe, enfin l'utilité de ce frottement. *Étoit-ce depuis le gigantesque mouvement du globe terrestre autour du soleil?* Alors on en donnoit la raison la plus conséquente, la plus digne de la

justesse d'esprit des partisans d'une telle hypothèse (1).

L'*aplatissement* ayant été présenté avec
l'heureux pouvoir à chaque savant de le façon-
ner, il fut adopté. On écrivit, on copia, pour
le recopier sans cesse, afin de prouver le progrès des lumières, que l'aplatissement de la
terre étoit évalué à...... C'étoit déjà le principe posé; mais la *valeur* en formoit l'*inconnu.*
Les Newtoniens embrassant l'excellente nouveauté, prouvèrent, selon leur méthode générale, *que la terre étoit nécessairement
aplatie, d'après la loi de l'attraction.* Les
Cartésiens en disoient autant : *par la cause des
tourbillons.* Les Sélénociens, par la gravitation
de la terre vers la lune, ou *la puissance influente de cette planète.*

Une nouvelle branche de métaphysique à
exploiter, fut donc l'aplatissement du globe ;
établi sans discussion, il n'y avoit que les preuves
à rencontrer. Dans la recherche de celles-ci, les
contradictions furent au comble, et montrèrent
que c'étoit encore un nouveau produit de l'équa-

(1) Les Astronomes qui ne prirent point part à
ces débats, étoient les *Tychoniciens* ; ils sont encore
nombreux en Allemagne. Il est satisfaisant de rendre
ici justice à leur prudence.

tion d'un vain savoir. L'Académie fit de grandes
et inutiles opérations aux frais du Gouvernement; elle suivoit cette fameuse décision : *la
terre est un ellipsoïde allongé vers les pôles.*
Les suppositions se multiplièrent, et le résumé
de l'*inconnu,* ou de la prétendue valeur du
soi-disant aplatissement de la terre, offrit toute
la discordance qui met alors l'égarement au
niveau de l'incapacité. La différence du grand axe
au petit fut ainsi comparé. Les Cartésiens $\frac{1}{576}$;
les Newtoniens $\frac{1}{230}$; La Condamine $\frac{1}{215}$; Maupertuis $\frac{1}{178}$ (1); d'autres académiciens $\frac{1}{220}$; d'autres encore $\frac{1}{96}$.

Les députés de l'Académie de Paris envoyés

(1) Les algébristes qui ont établi leur mérite à soutenir l'hypothèse copernicienne, citent une *loi* de Maupertuis, que « *les degrés du méridien croissent vers les*
» *pôles comme le carré du sinus de la latitude.* » Et plusieurs ajoutent : « *ces observations sont parfaitement*
conformes aux lois de la physique. » Ainsi ces sages d'une
nouvelle espèce, ignoroient de plus quel physicien étoit
Maupertuis, son extravagante conception qui se développa pour le *fameux trou* qu'il désiroit qu'on fît *à*
travers le globe terrestre, afin de déterminer les *lois de*
la gravitation. Sa perspicacité même fut jusqu'à juger
la possibilité d'une telle entreprise. *Avec la tour de Babel*
et l'hypothèse philo-copernicienne, c'étoit trois fameuses
conceptions.

en Bothnie, protestèrent avoir trouvé le degré
de 57,438 toises. Mais des observations faites à
Quito, lat. aust. 13° 17, et qu'on nomma *degré
du Pérou*, changèrent les idées ; la terre passa
d'un *ellipsoïde* allongé à un *ovaloïde* , qui
avoit une courbure encore plus incompréhensible pour les sections coniques que l'ellipsoïde ;
aussi l'académicien démonstrateur prit le parti
de résoudre cette figure *par une autre*. « Il
» arriva ainsi (disent les mémoires du temps (1),
» à une construction *synthétique si heureuse*,
» qu'elle fut résolue avec la plus grande *sim-
» plicité*, sous les yeux de ses confrères, par
» le moyen *d'une aiguillée de fil* qui enve-
» loppoit la développée.... Ce fil fut coupé
» sur une courbe, etc.... » Enfin ce strata-
gême de la géométrie *sublime* (2), prouva la
non-sphéricité du globe terrestre. Par ce moyen
la troisième Ecole masqua son tâtonnement sur
les latitudes et les longitudes ; et elle combat-

(1) Années 1752, 1753 et suivantes.

(2) La *Géométrie* se considère 1°. en *Elémentaire ;* à
celle-ci se rapporte la solution des problèmes par les
lignes et le cercle. 2°. En *Transcendante*, terme des
Anciens, et que les modernes appellent *sublime :* elle
applique le calcul différentiel et intégral à la recherche
des propriétés des courbes de toute espèce, etc.

tit ardemment en faveur de cette supposition, qui étendoit le chemin couvert d'une philosophie protégeant les plus vains paradoxes pour parvenir, de toutes parts, à débusquer la raison.

Un académicien observateur étoit alors expédié au Cap de Bonne - Espérance, latit. aust. 33° 35′ ¼, pour y examiner les caprices de la lune (1) et du soleil. Il chercha à mesurer un degré du méridien de l'hémisphère *austral ;* le non-succès « frappa désagréablement la plupart » des géomètres (2). » Son travail rendoit cette partie encore plus platte que la boréale, et annonçoit beaucoup plus d'irrégularité dans la *loi* de la courbure.

Le peu de vraisemblance de ces théories inexplicables, sur la formation du *sphéroïde,* de l'*ellipsoïde,* de l'*ovaloïde,* résultant de la contradiction de toutes les mesures : « *ont porté* » *les* mathématiciens éclairés *à croire qu'il* » *ne pouvoit y avoir dans tout cela* que de » fortes erreurs, et qu'il faudroit chercher d'où » elles proviennent (3). »

On peut répondre aujourd'hui : elles prove-

(1) (2) (3) Journal des Savans, année 1756, pag. 15, 23, 26, etc.

noient, d'abord, d'avoir voulu défigurer le cercle dans tout le système astrostatique qu'on ne connoissoit pas; de là, détruire la courbe uniforme qu'on ne savoit pas mesurer; courbe qui entoure le centre du globe terrestre, et qui est la base de l'hydrostatique et de la régularité de tout mouvement. Elles provenoient donc aussi de l'impossibilité de niveler ce cercle sur sa vraie courbe dans une grande étendue, ce qui seroit la première base de l'opération pour s'assurer des angles de ce qu'on peut nommer surfaces extérieures. De ne pas employer, ou tenir compte, ou même connoître l'effet mobile des parallèles, deuxième base; ce qui fit négliger la marche exactement directe sur le point de longitude, troisième base et des plus difficiles. De n'avoir pas connu le principe générateur de toutes ces conséquences, c'est-à-dire, comment le plan de l'équateur, orbite de la terre, partage le zodiaque et l'écliptique; pourquoi le méridien prenoit l'apparence d'une forme elliptique.... ; et de plus, d'avoir fourré le *hasard* partout.

On a vu les opérations françaises tendre d'abord à faire croire que les degrés augmentoient de grandeur en avançant du nord *vers le midi* ou la ligne. On a vu les opérations anglaises

former une opinion contraire, et l'Académie
de Paris adopter ensuite l'accroissement des
degrés du midi *vers le nord*. Les Anglais insensiblement se guérirent de cette opinion, et
on peut lire actuellement dans les transactions
philosophiques, publiées à Londres, que dans
ce nouveau siècle, *d'après la mesure de 3
degrés*, prise avec les plus grandes précau-
tions, les DEGRÉS NORD *se trouvent être les*
PLUS PETITS.

Le degré mesuré en Bothnie, par la dépu-
tation de l'Académie des Sciences de Paris,
affirmé par elle de 57,438 toises, seroit encore
de cette étendue si, heureusement, plusieurs
savans du Nord n'avoient été en 1802 en Lapponie, vers le 67° lat. bor., mesurer les degrés,
qu'ils trouvèrent n'être que de 57,196 toises.

Ces examens, qui commencent à altérer les
faux principes, sont bien intéressans pour tous
les hommes qui n'aiment des sciences que la vérité, et quelques petits esprits l'avoient trop hardi-
ment bannie. Comme il est certain qu'on n'a pas
encore sur la *ligne* ou à l'équinoxial la vraie
valeur du degré, il est satisfaisant de prévoir
que dans d'autres siècles échappés au fanatisme
des paradoxes, la TERRE se retrouvera SPHÉ-

RIQUE. Déjà le XIXe. siècle (1) a l'avantage de la savoir à la place qu'elle doit occuper parmi tous les autres globes qui décorent l'Univers.

ÉQUINOXE.

Mouvement des Étoiles, nommées fixes.

Il ne faut pas s'imaginer que l'équinoxe, équation directe entre le soleil et la terre sur leur orbite respective, dépende d'un point réel dans le zodiaque ; et quand on lit : « *l'équi-* » *noxe aura lieu dans le signe du* Belier *ou* » *de la* Balance, *à tel point ou minute de* » *leur premier degré,* » cela est aussi vague pour un autre temps que si on lisoit : ces équinoxes arrivèrent dans les 12 constellations. On a dit que pour les siècles modernes, le terme *signe* n'est qu'une formule. Ce n'est qu'en étudiant l'origine des choses qu'on peut mettre en parallèle l'aptitude aux sciences dans

(1) Ce XIXe. siècle, presque sur tous les points importans à l'existence humaine, s'annonce comme voulant hautement réclamer ce qui est *bon, juste, utile* et *vrai.* Qu'il y persiste donc, et qu'il sache que c'est à la suite de la tempête qu'on doit habilement s'emparer de la force des vagues pour doubler l'écueil et entrer plus vite dans le port.

les siècles anciens et ceux modernes ; car en rendant justice aux talens, au zèle même du praticien qui s'attacha à découvrir dans le firmament quelques globes de plus que ceux indiqués par les sages de l'antiquité, on doit aussi se demander : qu'est-ce que cela prouve ? et à quoi ont servi ces rencontres de nouvelles étoiles ou planètes, dont il existe encore des milliers qui échapperont pour long-temps aux recherches avides du télescope ? Cette occupation peut s'assimiler à celle de gens qui voudroient obtenir la forme ou la construction des racines profondément cachées d'un arbre immense, en se livrant sans cesse à compter ses feuilles ; les uns se félicitant d'en avoir trouvé plus que les autres.

Malgré tant de recherches, l'Astronomie moderne ne fut pas assez forte pour oser vouloir reprendre la série ou suite de la concordance des points solsticiaux et équinoxiaux, dans l'ordre des constellations, et ne pouvant suivre nominativement et avec certitude le mouvement propre ou particulier des étoiles *dites* fixes (1), elle abandonna tout à l'habitude instrumentale et à des tables de probabilités.

____

(1) 3oo ans av. l'ère Chr., Aristille et Timocharis

Si le système d'approximation des mouvemens, auquel se sont livrés les Modernes, n'a
pas fait le naufrage le plus complet, c'est que
les Anciens ont laissé des matières suffisantes
pour y échapper; mais plus efficacement encore: c'est que le merveilleux ouvrage de l'Univers se retrouve toujours ce qu'il doit être par
sa divine perfection. Un tout INIMITABLE, RÉ-
GULIER EN SOI, et établi pour contraindre la
vanité humaine au respect et à l'admiration
envers le CRÉATEUR.

On va donner l'explication des principes
anciens et modernes, d'après le mouvement
d'*occident* en *orient* des constellations du zodiaque, et par conséquent des autres étoiles
dites fixes; d'où il résulte que les points des

avoient déjà publié les mouvemens des étoiles fixes
qui opèrent la précession des équinoxes. Hypparque et
Ptolémée approximèrent ce mouvement de 1° par siècle,
d'autres de 1° en 70 ans, la révolution totale ou grande
année 25,920 ans. Les Arabes à 51″ 6‴ par année, ou
1° en 70 ans 5 mois. Tycho-Brahé à 50″ ⅓ par an.
L'Académie royale de Paris à 50″ ou 1 degré en 72 ans.
Cassini le fils, Maraldi, etc., préférèrent les observations
anciennes aux modernes, en déterminant 1 degré en
70 ans. La grande année 25,200 ans. Un géomètre porte
le mouvement d'une constellation à 2145 ans.

solstices et des équinoxes ne peuvent , aux époques suivantes, se rencontrer avec les mêmes étoiles. Rien de plus facile et de plus vrai à concevoir, et rien encore où l'on se soit le moins entendu. La troisième École changea l'application et les significations. Et d'après l'hypothèse copernicienne à ce sujet, connue pour tous autres principes, on reste convaincu que l'esprit d'une secte quelconque est l'ennemi des idées simples et exactes.

Les Anciens ayant reconnu un mouvement dans les étoiles, d'abord supposées fixes, nommèrent l'équation équinoxiale *rétrocession* , transport de l'équation par le mouvement des étoiles en avant à l'orient. Dans des temps modernes, on nomma cet effet *précession* des équinoxes, point qui précède le dernier point.

La 3e. École confondit ce simple effet produit par tous les mouvemens des parties de la sphère céleste d'occident en orient, dans un effet de mouvement imaginaire attribué à la terre : expliquant que la terre, parcourant l'écliptique autour du soleil fixe, ne pouvant arriver au terme de son *ellipse* dans l'année équinoxiale, donnoit l'apparence de ce mouvement, et le nomma *rétrogradation* des équinoxes. Ce fut le 4e. mouvement dont la terre étoit chargée.

Il faut actuellement passer à l'examen de la chose en elle-même. Les points célestes à l'équateur et aux solstices changent contre l'ordre des signes par un mouvement sensible et assez uniforme, qui donne un degré environ en 70 ans; mais le mouvement rétrograde de la terre ne peut exister, et tous les globes de la sphère sont en activité, aucun n'y peut être privé de mouvement : donc c'est une transposition gratuite des Képleristes, adoptée par les Coperniciens pour soutenir l'opinion du *Soleil Fixe*. Actuellement que ce prestige est inutile, on doit reconnoître la sagacité admirable des Anciens, qui firent la découverte du mouvement des étoiles, et par conséquent des constellations, et de la précession des équinoxes.

Au temps d'Hypparque, la première étoile du belier étoit dans le point même de l'équinoxe, et le soleil entroit dans cette constellation en même temps que dans l'équation terrestre; mais il y a quelques difficultés sur cette 1re. étoile. *Hypparque* a dit « que l'étoile de la » constellation du belier, qui se levoit la 1re., » étoit celle du pied de devant. » *Ad* Aratus. » *phœnom. lib.* 3, *cap.* 11. » Ptolémée remarque qu'Hypparque fit ses observations dans la Bithynie : c'est donc entre les 43 et 44° de lat. N. Une telle élévation du pôle donne une différence assensionelle à peu près égale à la déclinaison; mais aujourd'hui on n'en peut rien conclure; car l'Astronomie est partagée dans ses opinions sur la configuration du belier et autres.

En 1770, le soleil, pour l'équinoxe du printemps, fut indiqué entrer au signe *dit* du belier, dans la journée du 20 mars. Mais le soleil ne se trouva véritablement être entré dans la dodécatémorie de la constellation du belier que le 19 avril, d'où il suit que l'équateur céleste donné par l'équinoxe du printemps, et qui est actuellement dans la constellation des poissons, arrive insensiblement à celle du verseau.

Voilà ce qui forme le mouvement, mal à propos nommé *rétrograde*, des solstices et des équinoxes, et il ne peut plus se refuser aux étoiles. Newton, entraîné vers les nouveautés pour faire recevoir sa prétendue *loi* de l'attraction, affirma que : « *la figure de la terre étoit* » *un sphéroïde* aplati *par la rotation, et que* » *cette forme de la terre étoit l'origine et la* » *cause du mouvement rétrograde de l'équa-* » *teur vers l'occident.* »

Les détails qu'on a dû soumettre à l'examen, et l'analyse très-abrégée qu'on en présente, portent naturellement à croire qu'il est des hommes qui se plaisent à tout faire rétrograder. Comparant les temps antiques aux temps modernes, on remarque dans les premiers : la science naissante, échappant du berceau avec vigueur, cherchant pour aliment la vérité. Et trop souvent dans les derniers temps : on voit cette science, sous des formes caduques, ne digérant plus que des illusions, tracer elle-même avec une sorte de délire son tombeau, au milieu des vœux impuissans qui voudroient la rappeler à une plus belle vie.

Apogée et Périgée du Soleil.

L'apogée du soleil est le point où il se trouve le plus éloigné de la terre, et son périgée celui où il en est le plus rapproché. Ces deux points, pour l'*Astrostatique*, sont placés sur ceux produits par le diamètre composé dans ses extrémités de la circonférence combinée. Ainsi l'apogée est donné par le lieu du soleil en rapport à la plus grande étendue du rayon composé, et le périgée par le lieu en rapport au rayon simple qui est égal à celui de l'orbite du soleil, l'écliptique.

L'Astronomie française suppose l'apogée du soleil vers le 28 juin, et le périgée vers le 27 décembre. Comme la chose est peu naturelle, on ne peut en rendre compte que par le désordre de ses propres détails (1). D'abord elle établit les époques des solstices en donnant l'ascension droite du soleil à $90°\frac{1}{3}$, solstice d'été; et à $270°\frac{1}{6}$ environ, solstice d'hiver; ce seroit à peu près la ligne de l'apogée et du périgée. Mais la 3e. École ne l'entend pas ainsi; car tout est pour elle supposition. Elle fait passer cette ligne pour l'été au point du $98°\frac{1}{4}$, et pour l'hiver au point du $278°\frac{2}{3}$ environ.

Actuellement il faut dire qu'il doit nécessairement se trouver entre ces deux points cardinaux, deux autres points aussi cardinaux, semblables entre eux en distance (d'après le partage des deux demi-circonférences que l'Astronomie a considérées comme égales), dont l'un est la section *factice* du belier à l'équinoxe du printemps; et au premier point de cette section se termine l'écliptique, le zodiaque où le cercle de 360°. Or $278°\frac{2}{3}$ et $81°\frac{1}{3}$ font 360°. Donc il ne reste plus au quatrième arc du cercle que $81°\frac{1}{3}$. Ce calcul, relevé des élémens et des tables Astronomiques,

(1) On va trouver à la suite de cet article la Table Astrostatique, et l'analyse d'une Table Astronomique, base *de la Connoissance des Temps*.

met en évidence ce tâtonnement qui fit méconnoître la division de l'écliptique, les dimensions de son obliquité, et comment on se laissa aller à diminuer cette obliquité jusqu'à 23° 27′ $\frac{2}{3}$ (1).

Physiquement encore, n'y a-t-il pas une grossière négligence de pratique, quand on fait lever le soleil du 15 juin au 26 pendant 12 jours à la même heure et minute, et coucher avec la même précision (2); tandis qu'il y a au point de l'amplitude, *à l'horizon*, des accroissemens pour l'apparition, qui vont ensemble à 11 minutes du 15 au 21, et un décroissement relatif les 6 jours suivans, c'est-à-dire, après le solstice. A ce point on détermine l'obliquité à 23° 28′ 24″. Mais par le rapport même que donne le point de l'horizon de 11′, on peut rejeter la 1ʳᵉ. détermination; on a alors une toute autre connoissance de l'obliquité puisqu'il vient 23 deg. 39′ $\frac{1}{2}$, et elle détermine aussi le lieu le plus extrême, la grande distance ou apogée entre les 20 et 22 juin. Il est aisé de sentir que le soleil ne peut être stationnaire pendant 12 jours, la simple vue le prouve par

(1) Il est vrai que si on la réduit aujourd'hui à 23° 28′, demain on la reportera à 23° 28′ $\frac{1}{2}$, après à 23° 29′, etc. Ainsi l'arbitraire est dans tout.

(2) Voy. la Connoissance des Temps.

le

le point de l'horizon, et ce cercle est meilleur que tous ceux imaginés pour les observatoires.

De plus, les jours ne doivent décroître qu'après le point de l'apogée, qui ne peut être que le plus grand éloignement de l'équateur. Pourquoi donc dans les tables Astronomiques les jours décroissent-ils sensiblement, ainsi que les degrés sur la ligne oblique, peu après le solstice du 20 ou 21 juin, et que le 27 ils ont déjà perdu? Et par quel moyen surnaturel l'apogée, *pour l'observatoire de Paris,* peut-il ensuite avoir lieu le 28?

Je donnerai une table méthodique sur les distances du soleil à la terre, pendant le cours de l'année, faite d'après le mouvement concordant; elle précédera l'examen d'une autre table faite par *l'observatoire de Paris,* et relativement à ces deux objets, je dois revenir ici sur les quatre points cardinaux que l'Astronomie française a donné par ses équations, ses apogée et périgée.

Selon elle, le soleil marchant ou *vîte* ou *lentement,* etc., s'éloigne du point du bélier, pour parcourir un cercle de 360° dans lequel elle place l'apogée de cet Astre à 98° 14, et de ce point à l'équation d'automne il parcourt 82° 28, ce qui

produit d'un équinoxe à l'autre...... 180° 42'.
De ce dernier équinoxe au périgée
98°, et chose remarquable, le soleil
pour arriver au belier, n'a plus à parcourir que 81° 18................... 179 18.

La différence bien importante à rencontrer ici est de........... ..... 1° 24'.

Elle fait nettement voir, 1°. qu'elle est en
analogie aux deux demi-circonférences inégales
du zodiaque, ainsi qu'il a été expliqué par l'Astrostatique, la plus grande dans la partie boréale et la plus petite dans l'australe. 2°. Que le
soleil marche également toute l'année sur son
orbite, l'écliptique, et la terre aussi également
sur son orbite, l'équateur, et que toutes les
suppositions contraires étoient des chefs-d'œuvres d'une mauvaise routine.

TABLE ASTROSTATIQUE,

Qui donne la formation des Jours et la dis-
tance journalière du Soleil à la Terre,
d'après les produits du mouvement annuel
et concordant qu'exécutent les deux globes
sur leur orbite.

La position de l'orbite de la terre dans celle du soleil, l'écliptique, fait connoître que l'écliptique doit être considérée, *pour les temps relatifs aux deux mouvemens qui forment la con-cordance,* sous quatre grandes divisions conte-nant chacune 91 parties $\frac{1}{16}$, peu moins, ce qui donne 364 parties $\frac{1}{4}$, peu moins, de points divisi-bles, lesquels répondent de 4 en 4 ans à 366 mouvemens de la terre ou jours, peu moins, donc pour les trois années intermédiaires à 365 jours, 5 heures, 49 minutes peu moins; d'où il suit que prenant sur l'orbite du soleil, l'éclip-tique, quatre points cardinaux à angles droits, dont les sommets sont le centre de cette orbite, l'ouverture des angles contient, en valeur d'é-tendue de points divisibles 91 $\frac{1}{16}$ environ : dans laquelle étendue les mouvemens de la terre sont 91 $\frac{1}{4}\frac{1}{16}$ environ. Ce qui donne l'année de 365 jours, 5 heures, 49 minutes peu moins, dans les années intermédiaires : c'est sous ce rapport que cette même distribution est en concordance au cercle de l'orbite de la terre.

Le quart aux 91 parties, forme chaque année un entier qui donne le 365e. jour, et le seize, peu moins, donne par an $\frac{1}{4}$ environ ou l'étendue qui répond à 5 heures 49 minutes environ, lesquelles servent à donner au bout de quatre années le 366e. jour.

Le 365e. jour de l'année commune s'achève ou devient complet dans la partie du solstice d'été des deux orbites où son principe générateur a commencé, et il paroît s'établir du 20 au 22 juin.

Le 366e. jour s'achève ou devient complet dans la partie du solstice d'hiver desdites deux orbites, et paroît s'établir du 20 au 22 décembre. Comme ce mois est de 31 jours, ainsi que janvier, ce mouvement inconnu fit donner un jour supplémentaire au mois de février, ce qui le porte à 29 dans l'année bissextile.

Ainsi la division et progression de la table astrostatique, ont leur génération d'après tous les principes que fit rencontrer la découverte; ce qui sert à rendre compte, par les rayons d'incidence du diamètre de la CIRCONFÉRENCE COM-

BINÉE, des effets de la mutation des jours, ou ORGANISATION DU MOUVEMENT CONCORDANT, effectuée par le mécanisme des deux orbites. On place, avant la table des distances entre les deux globes, celle des jours comme ils sont en relation aux points ci-dessus désignés dans le cercle de l'orbite du soleil, et tels qu'ils s'y forment par la terre sur son orbite près le centre de l'écliptique, avec la quantité de jours qui appartiennent aux deux demi-circonférences grande et petite, lesquelles sont déterminées par l'intersection des deux orbites ou l'équateur vrai.

Il faut donc considérer (à part de la distribution de tout cercle en degrés) que l'orbite du soleil et l'orbite de la terre ont leurs quatre points cardinaux ; ceux employés dans la table générale astrostatique, dont on donne ici les résumés, sont formés par deux diamètres, l'un traversant de l'extrémité de la partie d'hiver à la partie d'été, l'autre le coupant à angles droits, d'un point près l'équinoxe du printemps à un autre point opposé près l'équinoxe d'automne : ces deux diamètres passant par le centre de l'orbite du soleil, l'écliptique, et il en est de même pour les deux autres diamètres de l'orbite de la terre.

Quantité de Jours donnés par la position de l'équateur.	*Quantité de Jours entre l'étendue des points cardinaux ou des angles droits dans chacune des Orbites.*

Points cardinaux des Temps.	Points cardin. des mouvemens.	Jours.	Jᵣˢ.	365ᵉ. jour.	366ᵉ. jour.

1ᵉʳ. Équinoxe, entre les 20 et 21 Mars .... $89\frac{1}{4}, \frac{1}{16}$. — Jours.

1ᵉʳ. Point. $91\frac{1}{16}$. $\left\{\begin{array}{ll}\text{Déc. reste} & 10\\ \text{Janvier. .} & 31\\ \text{Février. .} & 28\\ \text{Mars. . . .} & 22\end{array}\right\}$ $91\left(\frac{3}{4}\right)\left(\frac{1}{16}\right)$. .... 91 jᵣˢ

1ᵉʳ. Solstice, entre les 20 et 21 Juin........ $93\frac{1}{4}, \frac{1}{16}$.

2ᵉ. Point. $91\frac{1}{16}$. $\left\{\begin{array}{ll}\text{Mars, reste} & 9\\ \text{Avril. . . .} & 30\\ \text{Mai. . . . .} & 31\\ \text{Juin. . . . .} & 21\end{array}\right\}$ $91\ \frac{4}{4}\left(\frac{1}{16}\right)$. *

22 Juin............. * Complément du 365ᵉ. jour , 92.

2ᵉ. Équinoxe, entre les 22 et 23 Septembre... $93\frac{1}{4}, \frac{1}{16}$.

3ᵉ. Point. $91\frac{1}{16}$. $\left\{\begin{array}{ll}\text{Juin, reste} & 8\\ \text{Juillet. . .} & 31\\ \text{Août. . . .} & 31\\ \text{Septemb. .} & 21\end{array}\right\}$ $91\left(\frac{1}{4}\right)\left(\frac{1}{16}\right)$. .... 91.

2ᵉ Solstice, entre les 20 et 21 Décembre... $89\frac{1}{4}, \frac{1}{16}$.

4ᵉ. Point. $91\frac{1}{16}$. $\left\{\begin{array}{ll}\text{Sept. reste} & 9\\ \text{Octobre. .} & 31\\ \text{Novemb.} & 30\\ \text{Décemb. .} & 21\end{array}\right\}$ $91\left(\frac{1}{2}\right)\ \frac{4}{16}$. .... 92.

Année ordinaire $365 + \frac{1}{4}$.

$365\frac{1}{4}$.

Année bissextile........ 366.

Étendue des 4 ouvertures d'angles données par les quatre points...... $364\frac{1}{4}$.

$\left.\begin{array}{l}\text{Du 1ᵉʳ. Éqᵉ.}\\ \quad\text{au 2ᵉ..... } 186\frac{1}{2}, \frac{1}{8}.\\ \text{Du 2ᵉ. Éqᵉ.}\\ \quad\text{au 1ᵉʳ.... } 178\frac{1}{2}, \frac{1}{8}.\end{array}\right\}$ $365 + \frac{1}{4}$ env.

Quant aux fractions, elles se trouvent sous-entendues dans ces sommes rondes, et cette sorte de complication est si peu difficile à saisir pour retrouver les détails de toutes les fractions, qu'elle est encore une solution de la beauté de la découverte.

La progression qu'on va présenter des distances qui s'opèrent par le mouvement du soleil sur son orbite, l'écliptique, et la terre sur son orbite, l'équateur, contient les principales époques de l'année, et elle est extraite de la table générale, qui développe toute l'organisation du mouvement concordant en temps égaux sur des arcs égaux relatifs aux deux orbites.

On y remarquera facilement que toutes ces distances progressives et harmoniques, sont sans aucun nombre impair, et marchent en s'augmentant depuis le point du *rayon simple* de la circonférence de l'orbite du soleil, jusqu'au point du plus grand *rayon composé*, formé par le rayon simple et le diamètre de l'orbite de la terre, et quelles diminuent par les mêmes progressions ; ce qui résout tous les effets de la *circonférence combinée* dans l'orbite même du soleil pendant le cours de l'année. Les progressions et les parties fluentes journalières réunies, sont expliquées dans les colonnes n°s. 1 et 2.

N°. 2.	N°. 1.	21 Décembre.		N°. 1.	N°. 2.
		21,626.			
40	40	31... 21,666.	10... 21,670.	40	40
		Janvier.	Novembre.		
80	40	10... 21,706.	30... 21,710.	42	84
122	42	20... 21,748.	20... 21,752.	40	126
166	44	31... 21,792.	10... 21,792.	42	166
		Février.	Octobre.		
210	44	10... 21,836.	31... 21,836.	44	210
250	40	20... 21,876.	20... 21,880.	40	254
282	32	28... 21,908.	10... 21,920.	44	294
		Mars.	Septembre.		
326	44	10... 21,952.	30... 21,964.	36	338
		17... 21,980.	26... 21,980.		
366	48	20... 21,992.	23... 21,992.		366
374		22... 22,000.	21... 22,000.	48	374
414	40	31... 22,040.	10... 22,048.	40	422
		Avril.	Août.		
454	40	10... 22,080.	31... 22,088.	46	462
494	40	20... 22,120.	20... 22,134.	40	508
536	42	30... 22,162.	10... 22,174.	40	548
		Mai.	Juillet.		
576	40	10... 22,202.	31... 22,214.	46	588
618	42	20... 22,244.	20... 22,260.	40	634
662	44	31... 22,288.	10... 22,300.	40	674
		Juin.	Juin.		
704	42	10... 22,330.	30... 22,340.	34	714
748		22,374.			748
		20 au 21 Juin.			

N°s. 1. Décomposition en parties fluentes et comparées, pour montrer la régularité; car le peu de variation qui s'y rencontre, provient de l'irrégularité des mois.

N°s. 2. Formation en parties progressives, depuis le 21 décembre au 21 juin, et déclinaison progressive du 21 juin au 21 décembre, effet de l'excentricité et produit de l'orbite de la terre.

Il faut observer dans la susdite table toutes
les relations en temps et en mouvemens qui s'y
trouvent parallèlement exposées, et que l'on
rapporte ci-après pour en faciliter une plus
grande intelligence. L'équinoxe se forme par
l'équation des centres du soleil et de la terre sur
la commune section que fournit la position des
deux orbites, c'est l'équation de temps; mais
il y a une autre équation géométrique, que je
nomme de mouvement, qui est relative aux
deux globes lorsqu'ils arrivent sur les diamètres
parallèles, c'est-à-dire ceux qui coupent à angles
droits les orbites sur le grand et petit rayon,
savoir : au printemps peu après l'équinoxe, et
vers l'automne peu avant. Ce qui donne la différence en nombre de jours dans l'une et l'autre
demi-circonférence.

Il est extrêmement important de bien remarquer les relations en temps et en mouvemens
qu'offre la table Astrostatique pour juger de la
difformité de la table Astronomique; c'est pourquoi je vais ajouter, avant de passer à l'examen
de la seconde table, un détail comparatif des
résultats de l'effet annuel du mouvement du
soleil autour de la terre, et du mouvement de
la terre sur sa propre orbite, d'après l'Astrostatique.

Relations de Temps et de Mouvemens.	*Mouvement sur les diamètres parallèles au centre des orbites.*
	Mars. —
Apogée . . . .⎫ Parties. Solstice d'été . . . . .⎬ 22,374. Grande distance . .⎭	1re. Équation . . . . . 22,000. Septembre. — 2e. Equation . . . . . . 22,000.
	44,000.
Périgée . . . .⎫ Solstice d'hiver . . .⎬ 21,626. Petite distance . . . .⎭	Orbite de la Terre. 748.
	1re. Équation parallèle. V. ci-dessus. 374. 2e . . . . 374.
44,000.	= 748.
Mars.	*Équation des Orbites ou Équinoxe.*
1er. Équinoxe . . . . . 21,992. Rayon d'incidence 19 — septembre . . . 22,008.	Mars . . . . 366. Rayon incident. V. ci-dessus . . . . 382.
= 44,000.	= 748.
Septembre. 2e. Équinoxe . . . . . 21,992. Rayon d'incidence 21 — mars . . . . 22,008.	Septembre . . . . . . 366. Rayon incident . . . 382.
= 44,000.	= 748.

Après l'exposition du mouvement concordant,

développé avec autant d'évidence dans toutes ses bases ou ses vérités, je pouvois me dispenser d'examiner la forme et les détails de la table astronomique, qui défigurent les traces éclatantes de la perfection d'une organisation dans laquelle brille sans cesse la puissance du CRÉAteur. Je le fais donc seulement pour éclairer, s'il est possible, des esprits subjugués par l'absurde scolastique moderne : *que les savans n'ont pas besoin, pour faire des progrès naturels dans les sciences humaines, du secours de* CELUI *qui dirige tout.*

Il faut, pour confondre ce misérable argument de l'ingratitude (1), prouver : *que les sciences humaines, sous le rapport de cette malheureuse idée, ne peuvent devenir qu'un tissu* de choses non-seulement nulles mais encore des plus dangereuses.

(1) Vice éminent du XVIIIᵉ. siècle; il pullula parmi tous les sophistes, les beaux esprits, les âmes prostituées à la fausse célébrité; il se répandit même dans les rangs obscurs, où l'on se piquoit de lire la moderne philosophie. On n'en doit jamais oublier le triste résultat, preuve de cette monstrueuse instruction. Qu'il sera vraiment grand le chef d'un état, qui embrassera le vaste plan de purifier toutes les sciences, et d'en extirper le charlatanisme !

EXAMEN d'une Table Astronomique formée par l'Académie des Sciences de Paris.

Nous allons achever d'analyser ici ce qui a déjà été défini sous divers rapports dans le cours de cet Ouvrage : Que *l'Astronomie* ne *savoit point ce qu'étoit l'Essence du principe de* l'EXCENTRICITÉ; c'est-à-dire : comment il devoit s'appliquer. Les meilleurs praticiens dans l'Astronomie moderne regardèrent les points équinoxiaux comme partageant également le zodiaque, et malgré cette erreur, on peut les justifier, parce qu'ils reconnoissoient le mouvement du soleil autour de la terre, et que, si dans l'Astrostatique ils n'avoient pas tenté d'arriver au dernier terme, au moins ils n'en détruisirent pas la route.

Mais la troisième Ecole pouvoit bien moins qu'eux encore procurer des progrès à l'Astrostatique. Volontairement plongée dans l'entêtement de l'hypothèse Philolaïque, cette École ne devoit produire que des opérations douteuses et sans but. Un de ses principaux maitres détruisant les orbites circulaires et les lieux des mouvemens, avoit, par une supposition gratuite, fait entendre que dans l'hypothèse des

Tychoniciens, *il y avoit deux centres du mouvement universel* (1). De faux principes ne pouvant produire que de faux raisonnemens, la troisième École cria hautement contre ces deux prétendus centres, tandis qu'elle établissoit insidieusement tous les mouvemens *autour de deux centres positifs*, en intronisant l'ELLIPSE dont le SOLEIL *occupoit l'un ou l'autre* FOYER. Privée de réflexion, toujours brouillée avec l'extrême régularité des globes célestes, cette École ne voyoit dans la sphère que désordre : ainsi elle n'auroit jamais pu prévoir, découvrir, ou deviner le motif de son aveuglement. Une autre crédulité l'affectoit : la voici. Après avoir adopté que l'équateur coupoit également les cercles du zodiaque, elle supposa *l'Écliptique ovale, plaça le soleil dans l'un ou l'autre des foyers*, et assura que *l'un* ou *l'autre* de ces foyers divisoient, aux équinoxes, également l'ellipse de l'une à l'autre de ses extrémités. Cependant ses calculs, tout mauvais qu'ils étoient, promulguoient le ridicule de ses démonstrations.

Il résulta donc une défectuosité surprenante dans les tables hypothétiques, quoique calculées à volonté, d'après les préjugés qui obstruoient

(1) Voy. 1re. Partie de notre Ouvrage, pag. 156.

la science. Cela répandit dans ces tables un vrai chaos; nous allons l'exposer; et parmi les *quiproquo*, on remarque *l'inégalité entre l'étendue des deux rayons équinoxiaux*, entre les points cardinaux, les ouvertures d'angles, etc. Ainsi on fera d'abord observer comment ont été disposés les points cardinaux et les ouvertures d'angles, avant de passer à la table des distances en temps et en mouvemens.

Points cardinaux de la Table Astronomique.

Jours.

La 1re. ouverture d'angle contient, du 31 Décembre au 20 mars inclus........ 81

La 2e. ouvert. d'ang. du 21 mars au 30 juin inclus 102

La 3e. ouvert. d'ang. du 1er. juillet au 23 septembre inclus................. 85

La 4e. ouvert. d'ang. du 24 septembre au 30 décembre....................... 98

Jours. 366.

On trouve entre les points équinoxiaux du printemps à l'automne 187 jours (année ordinaire 186), et entre les points d'automne au printemps 179 jours. Mais comment sont-ils placés ces 4 points cardinaux, qui sont les indicateurs directs des vrais mouvemens? Les voici tels qu'ils se présentent par les tables Astronomiques. On a dans les 1ers. 90° : 81 jours , dans les 90° suivans : 102 jours, donc en plus 21 jours; les 3es. 90° : 85 jours, donc 17 jours de moins; et dans les derniers 90° : 98 jours, donc 15 jours de plus que dans l'angle précédent (1).

Tels sont encore les résultats de l'opinion de la prétendue *lenteur* et *vitesse*, et les énormes bévues où l'on peut reconnoître à la fois le tâtonnement, ou plutôt une mauvaise routine, le défaut de sages conceptions, qui seules peuvent conduire à de prudentes réflexions et à l'art de comparer, enfin il y manque l'esprit de discernement; car la physique newtonienne et l'algèbre ne sont rien vis-à-vis de l'arithmétique et de la géométrie élémentaire.

On remarquera dans la Table Astronomique qui va suivre, le désordre qui se trouve dans les colonnes n°. 1 et 2.

(1) Doit-on s'étonner, d'après ces distributions des temps et des mouvemens, si :

> *Par le délire honteux d'un esprit déplorable,*
> *L'astre brillant du jour, ce Soleil admirable,*
> *Dans son cours régulier n'en fut pas moins traité*
> *Comme un être fougueux et toujours indompté.*

Table Astronomique.

N°. 2.	N°. 1.	30 Décembre.		N°. 1.	N°. 2.
		Petite distance.			
		21,630.			
		Janvier.			
8	8	10... 21,638.	20... 21,635.	17	5
29	21	20... 21,659.	10... 21,652.	33	22
		Novembre.			
60	31	30... 21,690.	30... 21,685.	33	55
		Février.			
100	40	10... 21,730.	20... 21,718.	49	88
180	50	20.. 21,780.	10... 21,767.	62	137
		(1)	Octobre.		
200	56	30... 21,836.	30... 21,829.	56	199
		Mars.			
256	56	10... 21,886.	20... 21,885.	64	255
321*	65	20... 21,951.	10... 21,949.	65	319
		27... 22,000.	3... 22,000.		
		Septembre.			
386	65	30... 22,016.	30... 22,014.	62	384
		Avril.	23... 22,067.		*437
453	67	10... 22,083.	20... 22,076.	61	446
511	58	20... 22,141.	10... 22,137.	58	507
		Août.			
567	56	30... 22,197.	30... 22,195.	57	565
		Mai.			
623	56	10... 22,253.	20... 22,252.	33	622
656	33	20... 22,286.	10... 22,285.	36	655
		Juillet.			
690	34	30... 22,320.	30... 22,321.	28	691
		Juin.			
719	29	10... 22,349.	20... 22,349.	16	719
735	16	20... 22,365.	10... 22,365.	5	735
740		22,370.			740
		Grande distance.			
		30 Juin.			

(1) Le 30 février n'a encore été connu que de l'Académie de Paris.

Actuellement

Actuellement il faut examiner la contexture de cette table, et d'abord les rayons équinoxiaux. Celui du 20 mars est de 21,951 parties, et celui du 23 septembre de 22,067=44,018 ; ainsi inégaux comparativement, et ensemble plus forts de 18 parties que le diamètre de l'excentricité, quoiqu'ils doivent être moindres. Et si on comparoit le rayon du 28 mars, de 22,010, joint à celui du 30 septembre, de 22,014, qui doivent donner le diamètre de 44,000, on auroit 24 parties en plus. Entre le 20 ou 21 mars, *équinoxe*, et le 28 ou le 29 mars, il se trouve 8 jours de distance, et entre le 23 septembre et le 30, il se trouve 7 jours ; où est la progression comparative du rayon en accord aux prétendus rayons des équinoxes ?

On a vu ci-dessus que le grand diamètre du mouvement annuel est 44,000 parties, examinons si les 2 rayons équinoxiaux ont quelque chose de la plus simple idée géométrique subordonnée à la base de l'excentricité, qui appartient à la contexture de toute bonne table. Nous allons établir, ainsi qu'on l'a déjà vu pour la table Astrostatique et que l'ont fait les anciens observateurs, deux diamètres se croisant à un centre commun, lesquels passent par les points des solstices et des équinoxes.

Établissement du nombre de jours entre les ouvertures d'angles que donnent les-dits deux diamètres.

		jours.		
21 Mars inclus au 21 juin.	93			
22 Juin au 23 septᵉ.	94	} 187		} 366.
24 Sepᵉ. au 21 décᵉ.	89			
22 Décᵉ. au 20 mars	90	} 179		

Par cette opération on retrouve, à peu près, la somme des jours entre les quatre ouvertures d'angles; mais on ne retrouve point la somme des distances partielles : sous ce point de vue il faut reprendre l'examen des rayons équinoxiaux dans la susdite table Astronomique.

Nous avons précédemment montré que du 30 juin au 30 décembre, se trouvent les valeurs extrêmes des grandes et petites distances, dont l'accroissement entier, en différence, est de 740 parties, la moyenne alors devant être de 370.

Du 20 au 21 juin, la grande distance, par cette table, est de 22,365, et du 20 au 21 décembre, la petite distance 21,635, qui donnent ensemble toujours 44,000 parties. Mais il y a ici un vice caché, c'est que l'excédent de la grande à la petite distance n'est plus que de 730 parties, et la moyenne qui en résulteroit ne seroit que de 365. Ainsi, il faut revenir sur la table même aux distances moyennes du soleil à la terre aux époques des équinoxes. On trouve la distance, au 21 mars, 21,951, et en septembre 22,067; différence 116 parties: erreur dont voici le motif, en comparant l'accroissement, qui est l'excentricité.

L'accroissement, au 20 mars, est de 321 ; pour aller à 740, il reste de progression jusqu'au 30 juin 419 parties. A l'équinoxe d'automne, le décroissement est porté à 437 parties ; pour aller à 740, il ne reste de progression que 303 parties. Ainsi cette table entière est sans proportion (1), et ce désordre prouve, avec ceux déjà indiqués, l'utilité de la découverte et tous ses avantages.

————————

AYANT FAIT, relativement à cette Table

(1) Comparaison en jours. 1er. juillet au 23 septembre: 85 jours; et 20 mars au 30 juin: 103 jours. Différence 18 jours. — Comparaison en valeur ou lieux des distances. 1er. juillet: 23 septembre, valeur 437 parties excentriques. — 30 juin, lieu de la grande distance, au 20 mars, valeur 419 part. excent. Différence 18. Les deux comparaisons montrent la transposition de lieux auxquels appartiennent les vraies distances. D'où il suit qu'il faudroit porter celle du 27 mars au 22 mars, parties d'étendue 22,000; et celle du 3 octobre au 20 septembre, parties d'étendue 22,000 ; ce qui remet la ligne diamétrale passant alors par le point de l'excentricité géométrique, auquel appartient la moyenne distance.

Astronomique, un autre rapprochement que celui brièvement indiqué dans la précédente note, pour compléter l'Examen je vais en donner tous les détails.

Il a été dit à l'apogée, que ce terme indiquoit la plus extrême distance du soleil à la terre. Au fond du Nord, cet apogée se détermine non-seulement par la plus grande hauteur du soleil, dont l'ascension devient imperceptible en accroissement dans le vertical du 20 au 22 juin; mais aussi par l'apparition permanente du soleil sur l'horizon, au 67°. deg. lat. il y paroît du 20 au 22 juin consécutivement, c'est-à-dire 3 jours entre deux minuits; mais au point de l'amplitude à l'horizon, la descension est visible du 23 au 24; ce qui est bien la preuve de sa plus grande élévation et distance à la terre.

Plaçant le solstice d'été du 20 au 21 juin, prenant la grande distance de la table astronomique au 30 juin: la différence est de 9 à 10 jours. Ainsi la moyenne distance n'arrive, *selon cette table*, que 9 à 10 jours après l'équinoxe d'automne (faute très-considérable). Ensuite, *comme cette table* (ce qui est une grave erreur) offre la grande distance et l'apogée astronomique, supposés du 27 au 28 juin : nous voyons, en considérant que l'équinoxe du printemps se trouve du 20 au 21 mars, que pour arriver à la moyenne distance de 22,000 parties, elle est placée au 27 mars environ ; d'où il résulte que : du solstice d'été à l'apogée *supposé*, il s'écoule 6 à 7 jours, et que de l'équinoxe du printemps à la moyenne distance, il s'écoule aussi de 6 à 7 jours. J'appelle cette erreur parallèle, et il falloit la faire voir.

Si l'on résout toutes ces comparaisons, les unes par les autres, elles se partagent et fournissent 3 jours $\frac{1}{7}$ environ, qui appartiennent à chaque côté des équinoxes et des moyennes distances, et faute d'avoir connu le vrai point de l'équateur, cela flue déjà dès le premier équinoxe, ce qui joint au 365^c. mouvement ou jour qui se forme chaque année aux dépens des 564, fait près de 8 jours qui dépendent à la fois du point de l'excentricité et du point de l'équateur. Enfin la table, par sa mauvaise spéculation, repoussoit ce qui appartient au solstice d'été, en portant la grande distance au 29 et 30 juin. C'est ainsi qu'on séparoit une seule et même chose en plusieurs, employant ensuite pour l'apogée *simulé*, comme pour toute autre inégalité, la trigonométrie et l'algèbre, afin de se repaître d'illusions qu'on vouloit faire regarder comme les résultats des progrès de la science. Par cette marche, la grande distance qui appartient au solstice d'été se trouvant placée au 3o juin, repoussoit à plus de 12 jours la moyenne distance (qui doit avoir lieu avant l'équinoxe d'automne), et aussi elle tombe du 2 au 3 octobre par la mauvaise progression de la table.

Or il y a un principe très-invincible et fort évident, qui est que les diamètres fournis par les rayons incidens ne peuvent, en aucun temps, surpasser en grandeur le diamètre composé par le rayon de la grande et le rayon de la petite distance, dont la moitié ou rayon moyen est 22,000 parties, quelque forme la plus fausse qu'on voudroit donner à l'orbite.

Mais il est un objet plus précieux à retrouver dans cette table. On a dit qu'il y avoit de grands et de petits signes formés naturellement par la commune section du plan de l'équateur et du plan de l'écliptique, sur laquelle se rencontroient les deux globes aux équinoxes, en décrivant chacun leur orbite respective qui sont ces plans mêmes ; et qu'en comptant d'un équinoxe à l'autre les grands signes contiennent un arc de 181 degrés 55 minutes environ, et les petits signes 178° 5'. On a aussi fait voir que ces deux arcs du zodiaque ou les six signes de part et d'autre étant comptés par les praticiens également de 180 degrés, ils ôtoient 116 minutes à peu près au grand arc et les donnoient gratuitement au petit, et qu'ils repoussoient dans leur calcul environ 58 minutes à partir du point de l'équinoxe du printemps, qui avec les 58 opposées repassent dans les calculs ou tables, dehors de l'équinoxe d'automne, ce qui faisoit considérer la marche du soleil *comme plus lente en été qu'en hiver*.

Il faut donc résoudre ce grand principe du zodiaque dans cette table, par le lieu de la terre, le lieu du soleil, le lieu de l'équateur vrai, et le lieu de l'excentricité géométrique. Et on doit rappeler que le plus ou moins d'étendue que l'idée attribueroit aux points cardinaux par des valeurs hypothétiques, ne changent rien à la valeur constante de tout cercle, qui est 360 degrés, et que l'orbite du soleil et l'orbite de la terre étant des cercles parfaits, la solution pour les points cardinaux en degrés et minutes, *n'est qu'une* pour soumettre toutes les autres sortes de valeur d'approximations (1). Par exemple

(1) Le cercle est invariable pour les distances en degrés et minutes. *Pour la distance du soleil à la terre*,

pour cette table se présentera en minutes l'opération de sa décomposition, afin d'y retrouver
le grand et le petit arc du zodiaque, d'après les
rapports organiques dont la *découverte* est la
base.

Opération de la décomposition en temps et
en distance, considérés de la ligne diamétrale
de l'orbite du soleil, parallèle à la ligne des
équinoxes ou équateur vrai, qui est aussi parallèle à la ligne diamétrale du plan de l'équateur, celle-ci passant sur le point central de
l'excentricité géométrique, d'où les rayons incidens sont la moyenne distance 22,000 parties.

Entre ces deux lignes diamétrales parallèles,
se trouvent en minutes de l'écliptique la moitié
de l'excentricité mécanique dont le diamètre
entier étant de 118 minutes 31 sec. 25 tierc.,
environ, la moitié ou excentricité géométrique
entre les points de centre des orbites est de 59
minutes $\frac{1}{4}$; et pour ôter les détails en fractions,
tant pour la table astronomique que pour le

*d'après d'autres mesures que les degrés et les minutes,
elles sont arbitraires, soit demi-diamètres, soit lieues. On
peut les diminuer de $\frac{1}{3}$, $\frac{1}{2}$, $\frac{2}{3}$, etc. d'après la Découverte.
L'hypothèse de Philolaé-Copernic força à supposer des
distances immenses ; c'est une grande réforme à faire.*

principe de la table astrostatique, on donnera compte rond du point des équinoxes à la ligne diamétrale parallèle dans l'orbite du soleil 58 min.

La distance moyenne ou excentricité géométrique, qui porte sur la ligne parallèle diamétrale de l'orbite de la terre, est pour *la table* Astronomique de 370. Ainsi pour abréger la solution, $370 = 321 + 49$. Et $437 = 370 + 67$. Or 67 et $49 = 116$ minut., dont moitié 58 minutes. D'où les 116 minutes sont en perte pour le petit arc du zodiaque, quoiqu'on compte cet arc de 180 degrés. Pour preuve, comparer les arcs opposés ainsi qu'il suit : moitié de l'arc des grands signes 1er. juillet à l'équinoxe d'automne, il vient 437, et pour moitié des petits signes de l'automne au 30 janvier, 303. La différence est 134, dont la moitié est 67 : moitié de l'arc des grands signes du printemps au 30 juin : 419, et pour moitié des petits signes du 30 janvier au printemps 321, différence 98, dont la moitié est 49. Joignant ces deux différences 67 et $49 = 116$, dont moitié est 58. Ainsi 116 ou l'équivalent de deux fois 58 minut., appartiennent en plus de 180 degrés à la grande demi-circonférence du zodiaque, et 116, ou deux fois 58 min. sont en moins sur les 180 deg. supposés à la petite demi-circonférence. Dans cette analyse se retrouve le vrai point de l'équateur

à 55 secondes près environ, pour chaque équinoxe, en soumettant exactement le résultat de
cette opération aux données de la Découverte.

De tout ceci il sort un effet curieux : c'est
qu'en faisant faire à la composition de cette
table astronomique rétrograde, un mouvement *vrai,* alors la moyenne distance portée au
2 ou 5 octobre, se replace au 21 de septembre :
la grande distance du 50 juin retourne au 20 21
juin, et celle du 27 mars environ, n'étant qu'a-
lors moitié de 10 jours, rentre au 22 de mars ;
enfin celle du 50 décembre repasse au 21 ou 20
décembre. Alors toute cette table astronomique,
qui décore *la connoissance des temps,* dont
les *fluxions* et les *progressions* n°s. 1 et 2
restent très-fausses, reprend une *apparence* de
réalité pour les points cardinaux.

La table auroit donc, par cette réintégration,
sa grande distance le 21 juin, sa petite le 21 décembre, ses moyennes un jour trois quarts après
l'équinoxe du printemps, et un jour trois quarts
avant l'équinoxe d'automne, c'est-à-dire, environ
les 22 mars et 21 septembre : ce qui répond à
l'effet *de l'excentricité géométrique* qui doit
se retrouver précis dans tout le cours de l'année,
en comparant les valeurs des rayons d'incidence

diamétrale, ce que nous ferons voir à l'examen de notre *table Astrostatique*.

Enfin, lorsque les *tables Astronomiques* seront purgées de leurs propres inégalités et de leurs fausses apparences, relativement à tous les autres globes célestes, l'homme reconnoîtra l'admirable perfection que le CRÉATEUR mit partout; alors ce sera l'époque de la science réelle. Vérité que je suis heureux d'indiquer.

EXAMEN

DE LA TABLE ASTRÓSTATIQUE.

La donnée entière, formée par le rayon de la petite distance réunie à la grande, est de 44,000 parties, et reste invariable pour le mouvement entier, comparé pendant l'année ordinaire ou bissextile.

Ce grand diamètre composé, doit donc se retrouver à toutes les époques des deux mouvemens périodiques du soleil et de la terre, par les rayons opposés ou d'incidence; car les solstices et les équinoxes, dans leur position respective, sont des points de divisions immuables entre eux, n'importe sous quel lieu du ciel le mouvement annuel des étoiles fixes en place l'exécution.

Et par une conséquence immédiate, les points cardinaux établis d'après les mouvemens sont aussi immuables, relativement à l'étendue qu'ils contiennent, soit en division, soit en distance. Sauf, d'après la mutation des fractions, les jours qui y sont indiqués ; par exemple l'équinoxe du 21 mars peut arriver le 20, etc. comme le 21 , ainsi du reste.

Rayons d'incidence comparés sur des points quelconques.

20 Juillet	22,260.	21 Septembre	22,000.
18 Janvier	21,740.	23 Mars	22,000.
	44,000.		44,000.
20 Août	22,134.	20 Octobre	21,836
17 au 18 Février	21,866.	30 Avr., 1er. Mai.	22,164.
	44,000.		44,000.
10 Septembre	22,048.	30 Novembre	21,710.
10 Mars	21,952.	31 Mai au 1er. Juin	22,290.
	44,000.		44,000.
17 Mars.	21,980.	29 Décembre	21,658
16 Septembre	22,020.	29 au 30 Juin	22,342.
	44,000.		44,000.

Effet de l'excentricité mathématique, donné

par le mouvement concordant, d'après l'excentricité géométrique de l'orbite du soleil et de l'orbite de la terre ; et qui doit se retrouver précis, dans tout le cours de l'année, par les jours *diamétraux*. L'exemple suivant forme une sorte de preuve physique de l'existence de l'orbite de la terre : elle se montre pour chaque jour, en comparant la valeur des rayons d'incidence, sur le rayon vrai de l'orbite du soleil, l'écliptique, ou rayon simple qui est la petite distance.

Solution d'après la Table générale Astrostatique.

20 Janvier, le rayon d'incidence est   Parties.
de. .... 21,748.
Comparé au rayon simple de...... 21,626.

       Vient. .... 122. ci... 122.

Point diamétral, 18 juillet, le rayon
d'incidence est de............. 22,252.
Comparé au rayon simple de...... 21,626.

       Vient. .... 626. ci... 626.

                    748.

Ce qui donne le diamètre de l'orbite de la
Terre................... $= 748$ parties.

1er. Mai, le rayon d'incidence est
de...................... 22,166.   Parties.

Comparé au rayon simple de...... 21,626.

     Vient................. 540. ci... 540.

Point diamétral, 31 octobre au 1er.
novembre, le rayon d'incidence
est de...................... 21,834.

Comparé au rayon simple de...... 21,626.

     Vient................. 208. ci... 208.

                         748.

Ce qui donne le diamètre de l'orbite de la
Terre................. =748 parties.

COMME on le voit, dans cet extrait de la table
générale Astrostatique, partout on retrouve les
mouvemens vrais du soleil, et les plus géométriques possibles ; il n'y existe, ni contrainte, ni
effort ; partout se déploie entre les mouvemens
des deux globes une rectitude dans laquelle on
pressent intelligiblement la supputation délayée
d'heures et de minutes qui, dans la table Astrostatique, concourent avec les fractions réunies
dans le *triple mouvement* qui s'exécute à chaque
instant et que la table contient.

Ces trois mouvemens sont 1°. celui de l'étendue, accroissement et décroissement du rayon

journalier de la terre au soleil pendant que les deux globes décrivent leur route continuelle d'opposition sur leur orbite. 2°. La marche de la terre sur son orbite, qui est le point mobile de centre de la circonférence combinée sous le compas de DIEU. 3°. La marche du soleil sur son orbite, l'écliptique; lequel, en formant par son propre cours un cercle parfait sur le centre particulier de son orbite, est en même temps un crayon de feu, suspendu à l'autre pointe du compas, qui décrit visiblement, par cette double mutation, la trace d'un autre cercle exact : *le grand cercle combiné*. Opération merveilleuse, par laquelle se succède toujours cette marche égale, calme, sublime par son extrême simplicité, et qui forme l'organisation jusqu'à présent mystérieuse du mouvement concordant du soleil et de la terre. Organisation dévoilée à la foible créature, qui ne pourra se lasser de l'admirer sans cesse !

Ces autres milliers de globes répandus dans le firmament, sont de même soumis à une organisation précise; ils servent à publier, dans le silence profond de l'immensité, la munificence du Créateur et sa puissance incompréhensible. Par ce silence, ils n'en parlent que plus éloquemment à la créature humaine; en emprun-

tant la voix de son âme, ils lui disent : « nous
» sommes formés (1) par le Divin maître de
» l'univers pour embellir votre exil, et pour
» une utilité que vous ne deviez point mécon-
» noître : nous existons pour attirer à chaque
» moment vers l'Auteur de l'univers, l'hom-
» mage de votre reconnoissance. Sa suprême
» volonté tient, et fait seule agir, le ressort des
» effets que vous attribuez à la nature ; il nous
» forma pour contraindre vos regards à la con-
» templation, et unir votre pensée à l'éternité.
» Ainsi que tous les globes célestes ont reçu la
» même organisation, les hommes ont reçu les
» mêmes devoirs à remplir. Se trouveroit-il
» parmi vous quelqu'un qui, ayant un seul ins-
» tant aperçu le spectacle des prodiges que nous
» offrons à tous les regards, pût avoir le plus
» léger doute sur l'existence d'un Dieu aussi
» puissant que juste et bienfaisant. »

(1) Théorie de l'Existence.

PRINCIPE

PRINCIPE ASTROSTATIQUE.

Époque naturelle du commencement de l'Année.

On ne sauroit trop considérer les choses en grand et sous leur rapport parfait pour obtenir de grandes idées et les avoir justes ; comme on ne sauroit aussi trop connoître les détails pour étendre ses conceptions et les appliquer utilement. Par cela même rien n'est à négliger dans la recherche de la conduite du génie humain ; celui-ci pouvant seul servir aux progrès des vraies connoissances, sert aussi de fanal pour distinguer les écueils où peut périr la raison qui se laisse guider par l'esprit faux. Cet esprit se forme lorsque l'instruction a dévié des bons principes, c'est-à-dire, de la simplicité, qui est le premier caractère de la vérité.

L'esprit faux ne peut s'étendre que dans la corruption des temps, l'anihilation de la morale, la décadence des États ; enfin il brille en proportion qu'un savoir imaginaire, embrassé par une portion d'hommes, fait effort pour bannir la raison ou l'esprit naturel, ce qui place bientôt une autre portion au-dessous même de l'ignorance. Alors l'esprit faux ou sophistique, brille, séduit; et cherchant à faire tomber dans le mépris les plus sages lois, il renverse, il détruit, pour produire des dangers ou des erreurs, en rejetant l'utile et le solide.

Agissant par caprices et gloriole, il veut s'égarer lui-même pour mieux en imposer et tromper le commun des hommes : cette grande masse est facilement entraînée, privée du loisir de tout étudier, et négligeant de cultiver l'aptitude qui porte à n'adopter que ce qui se comprend.

Un peuple en éprouvant une telle subversion dans l'enseignement, reste long-temps le jouet des illusions, ne sachant plus démêler le mensonge, la vérité, le mal et le bien. Ce fléau qui s'est accru d'une manière effrayante dans les trois derniers siècles, seroit d'un bien fatal présage pour les temps à venir, si toutes les vertus ne brisoient promptement leurs liens, et n'accouroient pour aider à détourner les dangers. Mais ces vertus il faut encore les connoître si on a le désir de les employer ! Pour les distinguer plus sûrement il faut reposer de nouveau ses regards sur les temps antiques. On y voit des peuples formés entièrement par les soins maternels, sans écoles, sans livres, n'ayant heureuse-

ment pour guide que la tradition, et pour
exemple que les plus sages d'entre eux ; on
suit leurs générations parcourant la route de
la saine raison, y exerçant les immenses facultés
d'un esprit naturel, lequel se développe et se
redresse de lui-même, augmentant ainsi paisi-
blement la somme de sécurité qui appartient à
tous. Là on retrouve toujours les traces de la
profondeur du génie, soit dans les usages le
plus généralement adoptés, soit dans les obiiga-
tions religieuses, soit dans les fonctions privées,
soit enfin dans les grandes institutions civiles.

Dans cet esprit naturel et moral, on ne cesse
d'y apercevoir d'abord le puissant effet de l'existence de DIEU , et l'on y découvre ensuite les
heureux produits de l'âme par le sentiment *inné*,
bien différens du produit des facultés machinales
où conduit une déplorable instruction. Ce sentiment inné indique encore aujourd'hui une âme
pure et forte, qui se connoissant elle-même dans sa
sublime essence, repousse et domine le matériel
qui l'enveloppe et qui veut la subjuguer. On
conçoit, en méditant ces souvenirs antiques,
qu'à l'âme seule appartient la perception des
idées exactes : du *bon*, du *juste*, du *vrai* et de
l'*utile*, et que cette connoissance sans bornes
l'élève fort au-dessus des prétentions confuses et

vaines qui naissent des affections machinales et de l'esprit faux.

Les marques de la double existence des facultés, mises également à l'entière disposition de l'homme, se déterminent dans les grandes et sages conceptions des choses d'abord pressenties, qui semblent s'établir d'elles-mêmes, ou par une puissance invisible; et qu'on reçoit, qu'on adopte sans savoir qu'elles ont un fondement réel, ou un principe de vérité. C'est que la vérité a cet heureux pouvoir d'agir d'elle seule sur les hommes, lorsque la mauvaise foi ne peut leur tendre ses pièges. Cette simple admission des choses d'abord inconnues et pourtant réelles, les uns la regardent comme le résultat naturel du bon sens, et les autres comme la suite de réflexions profondes et parfaites.

Telle fut, parmi d'antiques nations déjà oubliées, et aussi en Europe, parmi ses plus anciens peuples, l'adoption du *commencement de l'année vers le solstice d'hiver.*

Les lois qui émanent de la création, assujétissant la nature à des devoirs, prouvoient suffisamment le motif ou la raison physique, sur quoi s'étoient fondés les Sages pour établir le commencement de l'année à une telle époque. On l'esprit égaré, ou l'ignorance pouvoient seuls mé-

connoître ce motif; mais l'un et l'autre pourroient - ils l'anéantir parmi des hommes instruits (1)? Il seroit trop long de retracer ici les
noms des peuples qui avoient placé le commencement de l'année à l'époque du solstice d'hiver.
Les climats où ils se trouvoient ne leur faisoient
distinguer que deux saisons opposées. Habiles
dans l'art d'observer, non pas la *nature per-
sonnifiée,* mais les produits de la création, ils
savoient que la végétation se renouveloit bien
avant le printemps, au sein même de la terre, et
sans paroître de quelque temps à sa superficie.
En calculant d'avance cette gradation jusqu'au
point où tout finit, le génie sentit qu'à ce terme

(1) Chez les Grecs, *Cléostrate*, l'Astronome, travailla à une période pour fixer l'année luni - solaire,
qu'il porta à 365 jours 6 heures.

Harpale, novateur de peu d'esprit, et d'une grande
jactance, induisit à adopter *l'année équinoxiale;* il la
porta même à 367 jours. L'ordre des affaires publiques
et des sacrifices fut interverti. Le peuple léger d'Athènes, qui se piquoit de tout admettre et de rire de tout,
suivit en particulier le calendrier de *Cléostrate,* et ensuite se moqua hautement du MANACH *d'Harpale,* des
Astronomes qui l'avoient approuvé, et des Magistrats
qui s'en rapportoient à de tels Astronomes. *Voyez*
l'Histoire et la Chronologie.

tout recommençoit. Ce terme est le solstice d'hiver (1).

On ne pouvoit se dispenser de rappeler dans cet Ouvrage, que la démence a quelquefois tenté la ridicule entreprise d'enlever à ce point si bien déterminé son privilége, lorsqu'on avoit depuis long-temps la conviction, qu'offre aujourd'hui la Découverte de l'Orbite de la Terre, que les hommes vraiment judicieux qui se fixèrent à commencer l'année au solstice d'hiver, s'y sont trouvés conduits d'après un sentiment particulier qui est inspiré par la sagesse, et soutenu par la raison.

En effet, dans les définitions sur l'orbite du soleil, l'écliptique, on a vu que l'orbite du globe terrestre touchoit par son extrémité à l'axe des pôles célestes, et que la TERRE étoit en ce lieu du 20 au 21 décembre, ce qui forme en toute réalité le terme de la fin et du commencement de l'année, principalement pour l'hémisphère

____

(1) Les Égyptiens regardoient le soleil, au solstice d'hiver, comme étant dans un état de foiblesse ; et ils comparoient cet état à celui de sa renaissance, et à celui où les plantes commencent à germer pour pousser des feuilles et des fleurs au printemps suivant. On attribue aux Phéniciens ce proverbe : *nouveau Soleil, nouvel An.*

terrestre septentrional ou boréal. Sur cette position, il résulte une observation particulière qu'on indiquera ici, en abandonnant les détails à l'expérience future.

La terre arrivant au solstice d'hiver, dans le lieu indiqué, centre de la sphère, il ne peut y avoir qu'une étroite partie qui y soit en contact ; et on doit penser que cette partie n'est jamais la même à chaque période. Ce point nécessite des différences dans les observations, et exige une profonde méditation ; car ces différences, quelque petites possible qu'on les suppose, peuvent encore se classer dans le long chapitre des variations. On renvoie à cet égard à la composition harmonique du mouvement concordant, à la formation et au principe du 365e. jour, enfin au terme du complément du 366e. jour. Ce champ si vaste en travaux utiles est ouvert à l'émulation de la future Astronomie, et fera peut-être connoître un jour la période des années bissextiles.

PRINCIPE UNIVERSEL.

*La Terre considérée dans l'état général
de la Sphère céleste.*

Il a fallu retarder jusqu'ici l'indication du
PRINCIPE UNIVERSEL *de la véritable* ASTRO-
STATIQUE, pour le présenter à l'endroit qui lui
convenoit le plus.

Dans l'existence de la sphère céleste, il y a
un but unique : c'est l'homme ; et relativement
à l'homme il y a un Principe Universel, sur
lequel l'esprit de vertige a pu égarer quelque
temps, mais qu'il ne pouvoit détruire.

Ce PRINCIPE est fixé de nouveau, c'est celui
irrévocable par lequel on doit considérer le
lieu de la terre comme il se trouve dans son
rapport à l'état général de la sphère céleste, et
tel que celle-ci se manifeste avec persévérance
pour les mouvemens généraux. Les preuves sont
1°. La TERRE point mobile de la circonférence
combinée, que son ORBITE détermine, pendant
que le soleil exécute sa marche autour d'elle,
aussi sur son orbite, l'écliptique. 2°. Les points
excentriques appartenant aux orbites des pla-

nètes, ayant l'étendue relative aux effets assignés par la LOI DE L'HARMONIE UNIVERSELLE (1) des mouvemens propres et périodiques.

DONC la TERRE, par son vrai lieu, n'a pu et ne devoit être considérée que comme placée dans le centre de la sphère céleste, ainsi qu'on va le présenter physiquement d'après les globes les plus connus et l'ordre qui leur appartient, en les considérant de la région la plus élevée jusqu'au centre de la sphère.

Position des Planètes d'après leur Ordre Principal.

Les Étoiles ou le Firmament.

Conjonction universelle.....

Uran....
Saturne..
Jupiter..
Mars....
} *Planètes supérieures.*

LE SOLEIL.

Mercure.
Vénus...
La Lune.
} *Planètes inférieures.*

LA TERRE.   Au CENTRE de la sphère.

(1) Loi générale de l'Univers : « *Numquam in eodem » statu permanet.* » Rien ne persiste en une même si-tuation, *dit l'Esprit Saint.*

Autre Position d'après les mouvemens généraux et particuliers.

MOUVEMENT
autour du Soleil {Uran.... / Saturne.. / Jupiter.. \ Mars. } *et leurs Satellites.*
et de la Terre..

LA TERRE. Au CENTRE de la sphère.

aut. de la Terre. La Lune. *Satellite de la Terre.*

autour du Soleil. {Vénus... / Mercure..} *Satellites du Soleil.*

aut. de la Terre. LE SOLEIL.

Le tout enfermé par les Étoiles dont le mouvement est d'environ 52" par an.

Apparences. L'orbite de Mercure est entourée par l'orbite de Vénus, ce qui fait que ces deux étoiles errantes précèdent et suivent alternativement, selon leur période, le SOLEIL *dans sa marche autour de la* TERRE. Quant à la disposition générale des planètes supérieures : *Mars* (1) par-

(1) Par la découverte, le lieu de cette planète est mieux déterminé : mouvemens apparens, distances à la terre et au soleil, excentricité, résolution du *cercle* de son orbite. Ces détails de la sphère céleste sont réservés à des temps plus opportuns pour l'auteur. *Voyez l'Avertissement placé à la fin de cet Ouvrage.*

courant son orbite est entouré par l'orbite de *Jupiter*; celle-ci par l'orbite de *Saturne*; l'orbite de la planète nommée *Uran*, embrasse toutes celles désignées, et se trouve entourée par les cercles des autres planètes et *étoiles* (dites fixes), qui composent la Voûte Céleste, et ornent le Firmament.

Quoique la connoissance de la Sphère céleste soit encore assez imparfaite relativement à l'ordre qui y est établi; cependant on doit avouer que dans l'étonnante harmonie de sa simplicité se rencontre la cause même de son apparente complication : ce qui met en évidence une sagesse infinie, et qui commande le respect à toutes les idées possibles. Dans ce sublime mécanisme, il est naturel de penser que les planètes supérieures doivent se trouver fort rarement en *conjonction*; cependant il est, à leur égard, quelques périodes connues. Képler, d'après Tycho-Brahé, qui le tenoit des écrits antiques, a indiqué : « *que la grande conjonction* de » Saturne et Jupiter, *par laquelle ces deux* » *astres après avoir parcouru tous les quatre* » *trigones se retrouvent dans le même degré* » *du zodiaque, a lieu au bout de* 800 *ans.* » Depuis la Création du Monde il ne s'est fait que *huit* de ces grandes conjonctions; la huitième est arrivée en décembre 1603, dans le 1er. degré de la section *dite* du belier (1).

Loi organique et fonda-mentale.

Par la seule LOI ORGANIQUE ou division des points excentriques, les planètes se rapprochent et s'éloignent, non-seulement de la Terre et du Soleil, mais entre elles toutes. Voilà la cause principale des apparences de *lenteur* et de *vîtesse* et autres effets nommés *inégalités* : variations des plus naturelles, des plus faciles à comprendre, et si mal à propos attribuées par des prétentions mesquines, à *des influences* ATTRACTIVES. C'est aussi par cette seule LOI fondamentale que les Planètes sont toujours *Directes* dans leur mouvement *d'occident en orient*, tandis que cette marche même, par le mouvement du soleil joint au petit mouvement du globe terrestre, produit des résultats optiques qui les font paroître en divers temps *Stationnaires* et *Rétrogrades*.

Enfin il est incontestable : QUE LE SOLEIL TOURNE AUTOUR DE LA TERRE. Or il est reçu en Astronomie, malgré toutes les erreurs

(1) Les astrologues en tirèrent un adroit présage en l'appliquant à de grands événemens très-probables. Lisez *Prophéties du temps*. Voyez aussi : DE MAGNIS CONJUNCTIONIBUS, etc.

des hypothèses détruites par la Découverte, que Mercure et Vénus ont un mouvement périodique autour du Soleil. Donc Vénus et Mercure tournent autour de la terre. D'où il suit que tout ce qui marche autour du soleil est soumis à ce même principe.

ALORS se retrouve cette ÉTERNELLE VÉRITÉ, qui éclata dès le commencement des siècles : LA TERRE EST DANS LE CENTRE DES MOUVEMENS *de la sphère céleste;* ELLE Y EST INDÉPENDANTE, ET LE SOLEIL TOURNE AUTOUR DU GLOBE TERRESTRE AINSI QUE TOUTES LES PLANÈTES.

Éternelle vérité.

La Lumière Astrostatique, dissipant à la fois les ombres d'un faux savoir, et les ténèbres de l'instruction moderne, fait reparoître dans toute sa Majesté la dignité incessible du séjour de l'homme ; et cette dignité devient aussi le Triomphe du SOLEIL : *qui s'élance dans sa carrière comme un géant,* pour parcourir sans cesse son Orbite, l'Écliptique.

Restituer au SOLEIL son vrai mouvement (1),

(1) Le Soleil est un instrument admirable du Très-Haut ; c'est par son ordre qu'il fournit sa course.

ECCL. 43. 25.

Répétons-le sans cesse : « les Saintes Écritures ren» ferment la sagesse des Sciences. » THÉOR. DE L'EXIST.

et à la TERRE sa place, c'est en augmentant le domaine de la raison, concourir à la perfection réelle de l'esprit, et à l'entier rétablissement de la morale Divine dont l'étendue, qui renferme tout, convient seule au bonheur de l'existence humaine. LA TERRE N'EST EN RIEN DANS LE SORT DES PLANÈTES ! « *Les autres globes sont* » *un embellissement de la voûte céleste, sous* » *laquelle la créature humaine doit accom-* » *plir les devoirs qui lui furent imposés* » *par son exil.* » Le CRÉATEUR ayant voulu opérer le retour de l'AME vers lui, annonça par la profusion de cette magnificence, la prodigalité de ses miséricordes, et par l'exactitude des grands mouvemens de la sphère céleste, la sévérité du dernier terme.

« *Les étoiles ont chacune leur éclat, l'une plus que l'autre* (1). » La cause en est secrète, mais l'effet en est sensible ; il doit servir à rappeler la différence qu'il y aura entre les mérites et la gloire des hommes. Ceux-ci accoutumés aux merveilles des cieux ne les entendent plus, ils méconnoissent le grand miracle de tous les jours : Pourquoi *le ministre* (2) *de Dieu* con-

____

(1) St.-Paul : Corinth. 15.
(2) Nom ordinaire du soleil dans le texte hébreu.

tinue encore d'éclairer également le juste et l'injuste : « *Qui Solem suum oriri facit super* » *bonos et malos* (1). » C'est constamment pour ramener les pensées de l'homme vers DIEU lui-même ; mais non pas pour former un Univers Matériel, et élever par là un Temple à l'Impiété, créer une Doctrine Stupide dictée par de folles imaginations, et enseignée par un savoir inepte.

La nation la plus fastueuse, la plus puissante, la première en possession des sciences et des arts dans les temps antiques ; la nation Chaldéenne disparut du monde par son abandon de la connoissance du vrai DIEU et son absurde orgueil d'un faux savoir ; mais la voix du prophète (2) traverse les siècles et fait retentir ce juste reproche : « *ó Babylone! que sont devenus* » *ceux qui te créoient un ciel imaginaire,* » *qui contemploient les Astres, comptoient* » *les mois, formoient des prédictions et* » *vouloient donner des* LOIS *au passé, au* » *présent et à l'avenir? Ils sont maintenant* » *comme la paille que le feu a dévoré.* »

(1) Math. 5. 45.
(2) ISAIE.

RÉSUMÉ.

Corrompre une science pour subvenir, en la pratiquant, à ce qu'on en ignore, ou la dénaturer pour la faire coïncider à la paresse trop naturelle à l'homme, c'est arrêter par amour-propre les progrès du développement de cette science, c'est mépriser la verité! Ce fut le sort de Philolaé et de Copernic.

Montrer pour une science utile du doute sur ses principes les plus importans ; il faut alors qu'elle renferme de monstrueuses contradictions, ou de visibles impossibilités dans ses bases. Ce fut le motif des critiques qui parurent chez les Grecs, contre l'hypothèse philolaïque, et en Europe contre sa promulgation et son adoption.

Examiner dans la contexture qu'offre cette science, ce qui lui appartient de bon et de plus vraisemblable, divulguer les faux principes qui absorbent son éclat et suspendent ses progrès, c'est rendre à la fois service à ceux qui la chérissent, et à ceux qui ne la regardoient plus qu'avec indifférence. Ce fut mon but, et la route m'en a sans doute été ouverte avec tant de facilité par la pureté de cette intention.

Ayant

Ayant été obligé de chercher des moyens précis pour développer l'antiquité des connoissances sur la sphère céleste, avant d'en détailler les principes imaginaires et d'en expliquer la base, qui étoit inconnue; c'est le temps qui me fera connoître si j'ai réussi dans cette méthode simplifiée. Mais elle est relative à mon seul désir de mettre cet ouvrage à la portée de tout le monde, réveiller de toute part le génie, même en faveur des autres sciences, et indiquer l'appui suprême qu'on doit chercher dans l'entreprise de tous les travaux. Pour être intelligible, j'ai éloigné le *mode* en usage dans les Hautes Sciences, jargon qui y fut introduit pour les rendre mystérieuses dans leurs erreurs; abus d'un perpétuel embrouillement nécessaire au faux savoir; longues et stériles démonstrations qui ne prouvent rien, lorsqu'on veut se donner la peine de les analyser.

Le talent de présenter l'histoire aux yeux de la postérité à un guide fidèle, et qui s'emploie fort rarement lorsqu'on écrit sur le progrès des sciences. L'ingénue et sincère vérité est ce guide, elle donne le développement des faits et des causes pour comparer les résultats; c'est par elle qu'il est possible de peindre d'une touche ferme et saillante les analogismes (1): de là, bientôt

(1) Essai employé par l'auteur dans deux Ouvrages :

tous les rapports intimes font pénétrer les mobiles secrets des événemens ou des opinions qui les dirigèrent. Alors la postérité, bien instruite et réellement éclairée, reconnoît enfin ce cercle étroit des affections machinales qui servent à exercer et étendre l'empire immense des passions, dont le cœur paroît ne pouvoir jamais s'assouvir. Dans ce cercle on voit également, sous le crêpe funèbre de la politique, comme sous le masque du progrès de l'instruction, l'orgueil, la vanité, le désir de subjuguer et d'abuser la multitude, y occuper le plus d'espace; de loin en loin on découvre à travers une sorte d'obscurité quelques sacrifices en faveur de l'utilité; mais ils sont suffisans pour assurer que la vraie vertu, quoiqu'isolée, finit par tout surmonter; cet hommage, qu'on lui doit dans tous les temps, m'a conduit à présenter un abrégé des progrès de l'Astronomie, pour faire un peu plus honorer les grands hommes de l'Antiquité auxquels on doit ses plus solides principes.

Actuellement il faut dire que quant à la partie

« Causes anciennes et modernes des événemens de la
» fin du XVIIIe. siècle, 4 vol. *in-fol.* Biblioth. de S. M.
» l'Emp^r. de toutes les Russies, Alexandre Ier. — His-
» toire des époques mémorables du règne de Gustave III.
» roi de Suède, des Goths, etc., 2 vol. *in-4°.* »

de la Découverte, je n'ai pas voulu m'abandonner à y joindre différens aperçus qu'elle présente d'elle-même, désirant attendre l'encouragement de ceux qui aiment et cultivent la vérité.
Avant de s'occuper d'une foule d'opinions qui dérivent d'une physique spécieuse que la troisième
École eut besoin de glisser au rang des lois de sa
sphère céleste, on a dû renverser une erreur des
plus graves et des plus nuisibles; car l'Astronomie,
par l'adoption de cette erreur, eut sa décadence
aussi prononcée que toutes celles qui éclatèrent
dans le XVIIIe. siècle. Le moment semble être
arrivé pour sortir d'un période accablant, et y
substituer la saine raison ou une sorte de sagacité générale qui peut seule perfectionner la vie
des hommes. Les générations suivantes seront
intéressées au redressement de l'instruction ;
mais la génération actuelle doit plus essentiellement l'être; elle en a un grand et pressant besoin.

Le public sentira facilement qu'ayant à faire
connoître la principale base de l'organisation de
la sphère céleste, on ne devoit en rien sacrifier
aux frivoles prétentions de quelques initiés dans
les travaux routiniers qui forment l'emploi de
l'Astronomie usuelle; voués à des erreurs, ils
n'exercent dans la science Astrostatique qu'un
métier.

Pour les ouvrages d'instruction *positive*, on ne doit de sacrifice qu'aux vérités : l'estime n'est jamais tardive lorsqu'on souhaite sincèrement de réveiller les conceptions et de fortifier l'enseignement. Les jeux de l'imagination, les suppositions, leurs inventeurs, les sophistes sont jugés tour à tour; et, tôt ou tard, on les oublie; mais la Vérité se reproduit par sa propre substance, et on est fort heureux de chercher à faire revivre le désir de la rencontrer.

La VÉRITÉ est semblable à ces étoiles que les observateurs retrouvent après les avoir cru perdues. ELLE peut quelquefois avoir été éloignée de tous les regards, mais c'est pour paroître de nouveau avec un éclat plus pur; alors sa lumière arrive jusqu'à la vue la plus foible. Ainsi la route de la science ne se dégage que très-lentement des suppositions amoncelées par l'entendement humain, qui se ressent beaucoup trop de son alliance avec la matière.

C'EST dans les grands travaux, où la pratique a induit à de fausses démonstrations, et où l'opinion et le préjugé ont fabriqué une sorte de puissance, que les difficultés semblent se succéder d'une manière décourageante, et qu'on peut s'effrayer en les apercevant; combien de temps il faut employer pour les diriger à se détruire les unes par les autres !

Quant à moi, j'avais de plus à vaincre toutes les contradictions répétées dans des milliers d'ouvrages, et quoiqu'elles fussent de simples prestiges que l'évidence de l'*orbite de la terre et de son lieu* devoit dissiper, encore falloit-il les comparer et les résoudre ; mais ayant eu constamment dans ma pensée cette belle maxime des Croisés, lorsqu'ils couroient renverser les infidèles et les mécréans pour faire triompher leur religion et leur patrie : « *sont difficultés » fard de vertu !* » je fis de nouveaux efforts, encouragé par ma propre devise : EN DIEU TOUT ESPOIR.

La Découverte est propice à l'utilité générale, son succès et sa gloire sont à l'avantage de l'Astronomie elle-même. Ainsi il seroit peu convenable d'entreprendre ici l'apologie de l'ouvrage que je publie ; mais s'il étoit possible que quelqu'un pût penser qu'il est écrit avec sévérité, il méconnoîtroit alors l'essence de cet ouvrage : l'analyse et la justice.

Les vrais savans, les personnes désintéressées susceptibles de méditer sur l'analyse et d'aimer la justice, ne peuvent les regarder que comme les fondemens seuls capables de rehausser l'honneur de l'existence humaine, qui sans cela s'enfonceroit au plus bas degré de l'avilissement de la raison. Ce degré est assez connu; il est la dernière limite du sort de toutes les nations dans une totale décadence; arrivées à ce terme, elles finissent

Il ne pouvoit appartenir qu'à la cécité de quelques Modernes de montrer *inscience* et peut-être mauvaise foi, en décriant Ptolémée, en le sacrifiant à Philolaé et à son écolier. Ptolémée chercha seulement un effet qui rendroit les apparences sans nuire au vraisemblable; Tycho-Brahé se conduisit avec la même précaution : tous deux enfin conservent encore aujourd'hui l'avantage honorable de n'avoir point immolé la science et de n'avoir point égaré l'instruction. Je m'empresse à cet égard de déterminer ma critique sur Képler : je n'ai point entendu le blâmer directement pour avoir saisi d'adroites suppositions; ce que jai dit étoit indispensable pour mettre en évidence les demi-talens de ses disciples, qui les soutinrent comme des vérités.

La science ne peut intéresser quand elle n'a pour cortége que des paradoxes et des contradictions; elle n'est point invulnérable sous le bouclier des sophistes; mais lorsqu'elle cherche à s'en dégager, on reconnoît dans ses efforts la preuve de sa sagesse et de son utilité.

L'utile a un résultat si glorieux, que les esprits les plus modestes et les plus timides éprouvent le désir secret de marcher sous son étendart; c'est aussi là seulement que l'ambition de la gloire peut se pardonner. Mais lorsqu'on croit avoir fait un pas de plus vers l'augmentation des connoissanses humaines, on se doit, et on doit aux autres, pour l'émulation d'une juste gratitude, de rendre à DIEU ce qui lui appartient; car, vis-à-vis de lui souvent, la gloire est répréhensible ou mensongère, et toute science illusion, lorsqu'elle n'est fondée que sur les prétentions mondaines. Ainsi je le répète avec enthousiasme : JE DOIS CETTE DÉCOUVERTE A DIEU, JE LA LUI CONSACRE; *c'étoit mon vœu le plus ardent, je l'ai rempli.*

Pour terminer, j'observerai qu'on peut facilement remarquer que la découverte, en dévoilant le vrai lieu du mobile des apparences, résout tous les systèmes généraux de la Sphère céleste et les hypothèses de détails, jusqu'à celle des formes *elliptiques,* qu'on imaginoit être partout; et qu'incontestablement : *les opinions les plus opposées, les plus importantes à vaincre, disparoissent, étant toutes renfer-*

mées et en même temps détruites par les définitions du vrai mobile.

Puisse cette publication participer à l'illustration du XIXe. siècle! Illustration qui doit se former par le rapprochement des esprits vers la culture d'un sens droit, le retour des âmes vers le Maître de l'Univers , qui abaisse l'orgueil des erreurs, punit tôt ou tard l'abandon des devoirs, et daigne sortir de l'oubli, en les inspirant, ceux qui restent humiliés devant sa profonde sagesse et son éternelle justice ; c'est enfin lui qui permet à ces derniers de dire : Virtus non territa monstris.

FIN.

TABLE DES SOMMAIRES

ET

DES PRINCIPES.

PREMIÈRE PARTIE.

SECONDE PARTIE.

Fin de la Table des Sommaires, etc.

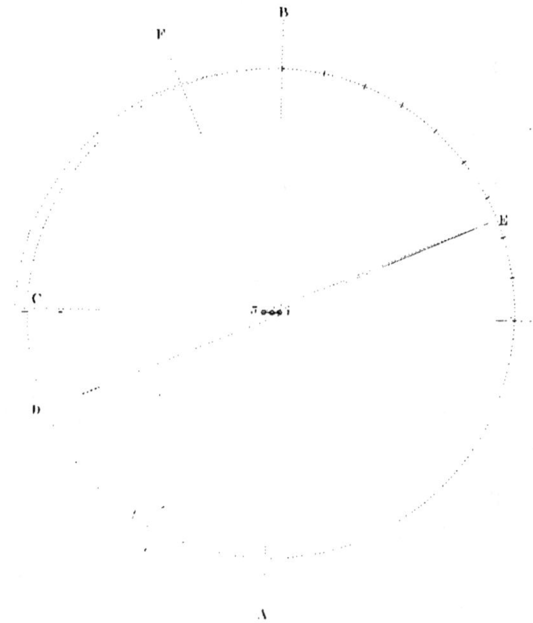

Fig. 1.
B
F
E
C
Foci
D
A
C.H. d'Ag. Fec 1804.

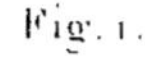

Fig. 2.

C.H. d'Agc. Juin 1804.

Fig. 3.

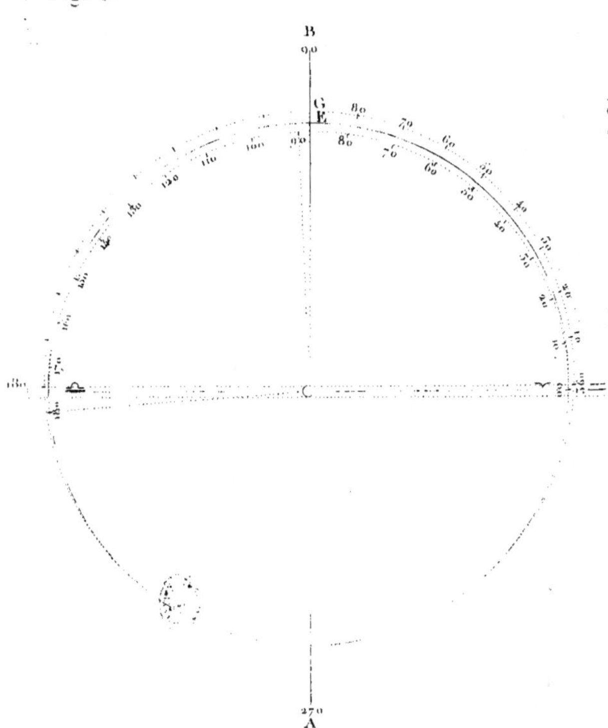

d'Agr. Fée.

Fig. 4.
B
90
A
d'Ag. Fec.

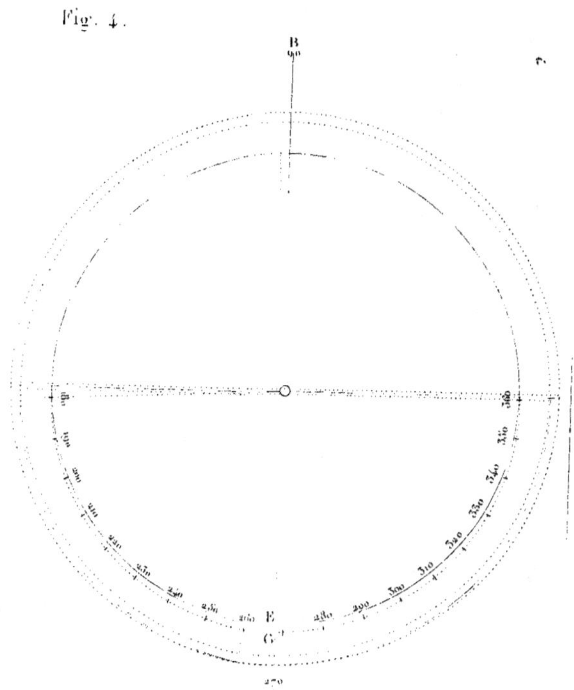

Fig. 5.

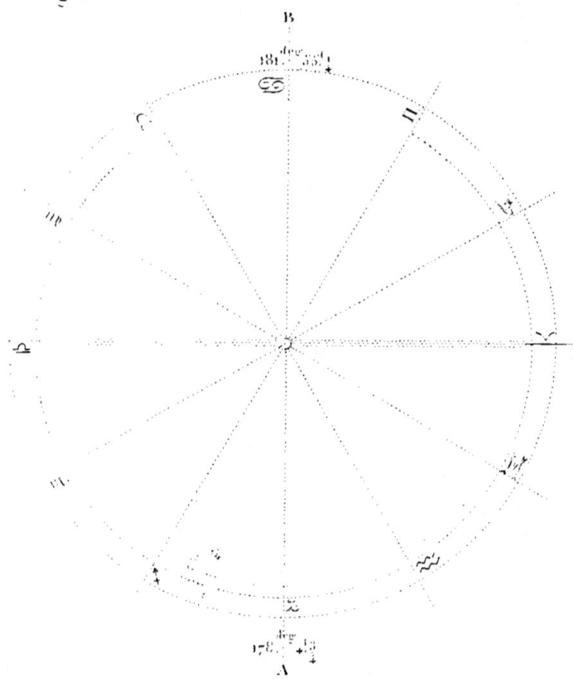

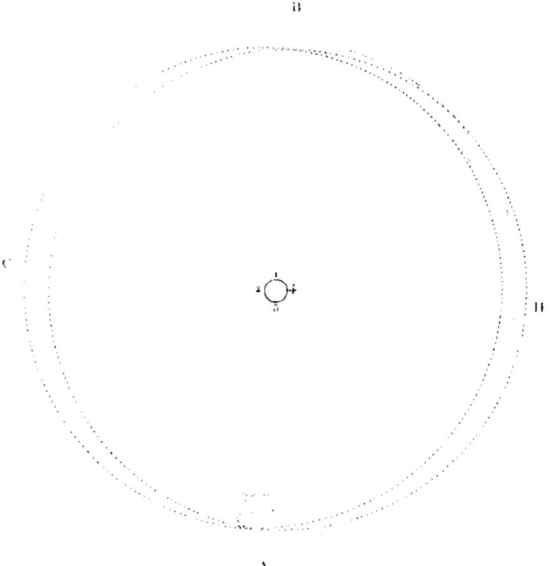

Pl.
B
C
H
A
d'Ag. Fec.

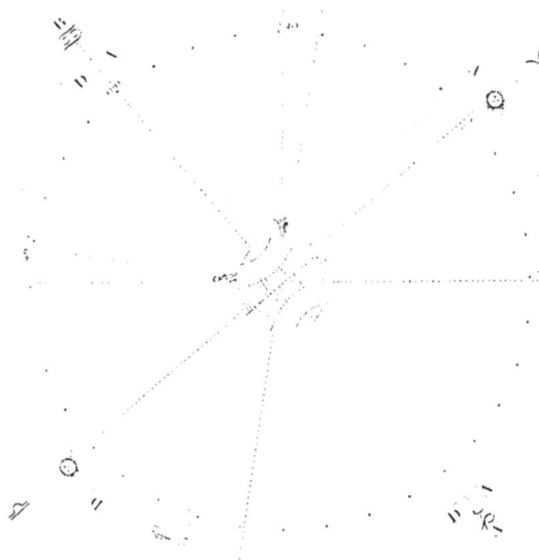

Fig. 7.

Fig. 8.

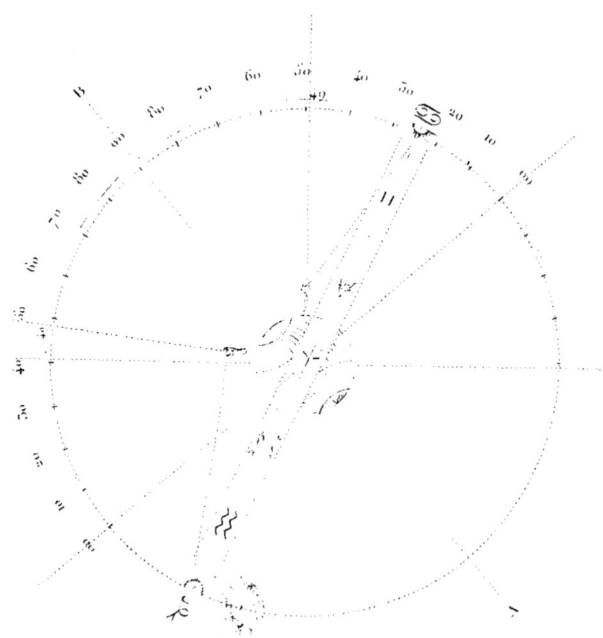

d'Ag. Fec.